普通高等教育"十三五"规划教材

化工设备设计

（第二版）

王学生　惠　虎　主编

华东理工大学出版社
EAST CHINA UNIVERSITY OF SCIENCE AND TECHNOLOGY PRESS
·上海·

图书在版编目(CIP)数据

化工设备设计 / 王学生,惠虎主编. —2 版. —上海:华东理工大学
出版社,2017.9
ISBN 978-7-5628-5156-1

Ⅰ.①化… Ⅱ.①王… ②惠… Ⅲ.①化工设备-设计 Ⅳ.①TQ050.2

中国版本图书馆 CIP 数据核字(2017)第 209222 号

内容提要

本书主要阐述了化工设备设计的原理、特点和基本要求,系统地介绍了一些典型设备的结构型式与设计方法,补充和修订了部分内容,更新了相关设计规范及标准,同时反映了化工设备设计最新的发展趋势,展现了学科的发展前沿。本书共 5 章:第 1 章换热设备,第 2 章塔设备,第 3 章反应设备,第 4 章储存设备,第 5 章承压容器计算机辅助设计。各章增加了例题与思考题,便于教学应用。本书可作为过程装备与控制工程(化工机械)等相关专业本科生的教材或学习参考书,也可供从事化工设备设计、运行和科研的工程技术人员参考。

策划编辑 / 徐知今
责任编辑 / 徐知今
出版发行 / 华东理工大学出版社有限公司
　　　　　　地　址:上海市梅陇路 130 号,200237
　　　　　　电　话:021-64250306
　　　　　　网　址:www.ecustpress.cn
　　　　　　邮　箱:zongbianban@ecustpress.cn
印　刷 / 常熟市大宏印刷有限公司
开　本 / 787 mm×1092 mm　1/16
印　张 / 17.5
字　数 / 426 千字
版　次 / 2011 年 9 月第 1 版
　　　　　2017 年 9 月第 2 版
印　次 / 2017 年 9 月第 1 次
定　价 / 48.00 元

第二版前言

本书是"十二五"上海市重点图书。本书第一版自 2011 年 9 月出版发行以来,受到了广大读者,特别是兄弟院校师生的好评。近年来随着科学技术的飞速发展,化工设备的设计方法、设计标准规范不断更新,新的研究成果也不断涌现,我们认为有必要对原教材进行修改和补充,以展现本专业技术的发展前沿。

本书本着服务教学、与时俱进的原则,根据国家及行业标准的更新进行修订。本次修订主要参考的国家标准与规范有 TSG 21—2016《固定式压力容器安全技术监察规程》、GB 150.1～150.4—2011《压力容器》、GB/T 151—2014《热交换设备》、NB/T 47042—2014《卧式容器》、NB/T 47041—2014《塔式容器》、GB 12337—2014《钢制球形储罐》等。

本书各章新增了例题和思考题,并将计算与设计所需要的必要的数据以及相关的标准内容纳入教材,同时将最新版本的过程设备设计强度计算通用软件 SW6 进行了详细的介绍与应用举例,使学生体验设计计算的全过程,着重培养学生理论联系实际,解决工程实际问题的能力,使学生在学完本课程以后能初步建立化工设备整体的设计思路。

本书对文字、图表等进行了全面修订,使其更规范、更完善。同时根据教学过程中发现的问题以及读者提出的意见进行了适当的更改。

本版仍由王学生、惠虎主编。参加编写的有王学生(第 1 章的 1.1 节、1.6 节,第 2 章)、惠虎(第 1 章的 1.3 节、1.5 节,第 3 章)、周帼彦(第 4 章)、洪瑛(第 1 章的 1.2 节、1.4 节,第 5 章)。王学生负责全书统稿和最后修改工作。

限于编者水平,书中难免还有不少不当及不足之处,深望广大师生和读者批评指正。

编者
2017 年 7 月

第一版前言

为适应过程装备与控制工程专业教材建设与人才培养的需要,作者根据多年从事过程设备设计课程教学和科研工作的经验与体会编写了本教材。本书的出版得到了华东理工大学出版社优秀教材出版基金的资助。

本教材以培养高等院校过程装备与控制工程专业高水平设计型人才为目标。编写过程力求简单明了,淡化繁琐的理论推导,以学科发展和实际应用为导向,力求将常用的过程设备全面地、深入浅出地进行介绍,同时反映最新的压力容器和化工设备设计的标准规范。

本教材主要阐述了过程设备设计的原理、特点和基本要求,系统全面地介绍了一些重要设备的结构形式与设计方法,同时有选择性地增加介绍了某些新型化工设备的结构与技术进展情况。本书共五章:第1章换热设备,第2章塔设备,第3章反应设备,第4章其他设备,包括核电设备和球形储罐,第5章承压容器计算机辅助设计。本书特别介绍了先进压水堆核电厂蒸汽发生器的结构及其设计。以例题形式详细介绍了过程设备强度设计通用软件SW6的使用方法。

本教材可作为过程装备与控制工程等相关专业本科生教材或学习参考资料,也可供从事化工设备设计、运行和科研的工程技术人员参考。

本教材由王学生、惠虎主编。参加编写的有王学生(第1章的1.1节、1.2节、1.6节,第2章)、惠虎(第1章的1.3节、1.4节、1.5节,第3章)、周帼彦(第4章)、洪瑛(第5章)。王学生负责全书统稿和修改工作。本书编写过程中,王争昇、门启明、孙志广、张崇、刘延斌、王建甫等同学在本书制图、校对等方面付出了辛勤劳动,在此表示衷心的感谢。

作者编写过程中参考和学习了许多本专业的优秀教材,如聂清德教授编写的《化工设备设计》、郑津洋教授编写的《过程设备设计》、卓震教授编写的《化工容器与设备》等,在此对这些作者表示诚挚的谢意。

借此机会,向对本教材的编写提出过宝贵建议的李培宁教授、王志文教授、蔡仁良教授、潘家祯教授、涂善东教授、徐宏教授、轩福贞教授、安琦教授等,深表谢意。

限于水平,虽经努力,书中不妥甚至错误之处在所难免,敬请同仁和读者指正。

编者

2011 年 9 月

目　录

第1章 换热设备

1.1 换热设备概述

1.1.1 换热设备的应用

换热设备是化工、炼油工业中普遍应用的典型工艺设备，用来实现热量的传递，使热量由高温流体传送给低温流体。在化工厂，用于换热设备的费用约占总费用的 $10\%\sim20\%$，在炼油厂约占总费用的 $35\%\sim40\%$。其他在动力、原子能、冶金、食品、交通、家电等工业部门也有着广泛的应用。

在化工生产中，为了工艺流程的需要，往往进行着各种不同的换热过程：如加热、冷却、蒸发和冷凝等。换热器就是用来进行这些热传递过程的设备，通过这种设备，能使热量从温度较高的流体传递给温度较低的流体，以满足工艺上的需要。换热器作为一个单独的化工设备，有时则把它作为某一工艺设备中的组成部分，如氨合成塔中的下部热交换器、精馏塔底部的再沸器和顶部的回流冷凝器或分凝器等。其他如回收排放的高温气体中的废热所用的废热锅炉，有时在生产中也是不可缺少的。总之，换热器在化工生产中应用十分广泛，提高热能利用率，降低燃料消耗和电耗，提高工业生产经济效益，任何化工生产工艺几乎都离不开它。

1.1.2 换热设备应满足的基本条件

根据工艺过程或热量回收用途的不同，换热设备可以是加热器、冷却器、蒸发器、再沸器、冷凝器、余热锅炉等，因而换热设备的种类、型式很多。完善的换热设备在设计或选型时应满足以下各项基本要求。

1. 合理地实现所规定的工艺条件

传热量、流体的热力学参数（温度、压力、流量、相态等）与物理化学性质（密度、黏度、腐蚀性等）是工艺过程所规定的条件。设计者应根据这些条件进行热力学和流体力学的计算，经过反复比较，使所设计的换热设备具有尽可能小的传热面积，在单位时间内传递尽可能多的热量。为此，具体的做法可以是：

（1）增大传热系数　在综合考虑了流体阻力与不发生流体诱发振动的前提下，尽量选择高的流速。

（2）增大平均温度差　对于无相变的流体，尽量采用接近逆流的传热方式。因为这样不仅可以增大平均温度差，还有助于减少结构中的温差应力。在条件允许时，可提高热流体的进口温度或降低冷流体的进口温度。

（3）妥善布置传热面积　例如在管壳式换热器中，采用合适的管间距或排列方式，不仅可以加大单位空间内安置的传热面积，还可以改善流动特性。错列管束的传热效果比并列管束的好。如果换热设备中的一侧流体有相变，另一侧流体为气相，可以在气相一侧的传热面上加翅片以增大传热面积，则有利于热量的传递。

2. 安全可靠

换热设备也是压力容器，在进行强度、刚度、温差应力及疲劳寿命计算时，应该遵照我国

《压力容器》与《热交换器》等有关规定与标准。这对保证设备的安全可靠起着很大的作用。《美国机械工程师学会(ASME)锅炉与压力容器规范》,美国的《管式换热器制造商协会(TEMA)标准》以及《膨胀节制造商协会(EJMA)标准》等也都有很好的参考价值。

材料的选择是一个重要的环节,不仅要了解材料的机械性能、物理性能、屈服极限、最小强度极限、弹性模量、延伸率、线膨胀系数,导热系数等,还应了解其在特殊环境中的耐电化学腐蚀、应力腐蚀、点腐蚀的性能。例如低温退火的奥氏体不锈钢具有很好的机械性能,在许多腐蚀性介质中具有很好的抗腐蚀能力,但在有卤化物的环境中,几天之内便遭受腐蚀。

受压的与非受压的部分,焊接的与非焊接的部分,设备的支承部分,在材料选择上应予以不同对待。

3. 有利于安装、操作与维修

直立设备的安装费往往低于水平的或倾斜的设备。设备与部件应便于运输与装拆,在厂房中移动时不会受到楼梯、梁、柱等的妨碍。根据需要可添置气、液排放口、检查孔与敷设保温层。对于一台高效的换热设备,如果操作上出现一些波动,很可能难以控制操作,以致引起快速的结垢或部件的失效。故在设计时便应提出相应的对策,决不能让换热设备在操作时出现的问题转嫁到下一工序。对易结垢的换热设备,如在流体中加入净化剂,便可不必停工清洗,否则就应采取快速清洗的办法以缩短停工的时间。有时也可以将换热设备分作两个部分,当一部分在清洗时,另一部分仍维持正常的运行。操作场地应留有足够的空间以便换热设备在报废之前可以将其内件抽出在现场进行焊接、堵漏与修理。

4. 经济合理

评定换热设备最终的指标是:在一定时间内(通常为一年)固定费用(设备的购买费、安装费等)与操作费(动力费、清洗费、维修费等)的总和为最小(图1-1)。当设计或选型时,如果有几种换热器都能完成生产任务的需要,这一指标尤为重要。

动力消耗费与流速的平方成正比,而流速的提高又有利于传热,因此存在一最适宜的流速。传热面上垢层的产生与增厚,使传热系数不断降低,传热量随之减少,故有必要停止操作进行清洗。在清洗时不仅无法传递热量,还要支付清洗费,这部分费用必须从清洗后传热条件的改善得到补偿。因此还存在一最适宜的运行周期。

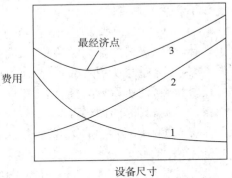

图1-1 设备的费用
1—固定费;2—操作费;3—总费用

严格地讲,如果孤立地仅从换热设备本身来进行经济核算以确定最适宜的操作条件与最适宜的尺寸是不够全面的,最好是以整个系统中全部设备为对象进行经济核算或设备的优化。但要解决这样的问题难度很大。当影响换热设备的各项因素改变后对整个系统的效益关系不大时,按照上述观点单独地对换热设备进行经济核算仍然是可行的。

1.1.3 换热设备的分类及其特点

按照传热方式的不同,换热设备可分为三类。

(1) 混合式换热器 利用冷、热流体直接接触与混合的作用进行热量交换。这类换热器的结构简单、价格便宜,常做成塔状。图1-2是一搁板式冷却塔的示意图。

（2）蓄热式换热器　在这类换热器(图1-3)中，热量传递是通过格子砖或填料等蓄热体来完成的。首先让热流体通过，把热量积蓄在蓄热体中，然后再让冷流体通过，把热量带走。由于两种流体交替转换输入，因此不可避免地存在着一小部分流体相互掺和的现象，造成流体的"污染"。

蓄热式换热器结构紧凑、价格便宜、单位体积传热面积大，故较适合用于气-气热交换的场合。

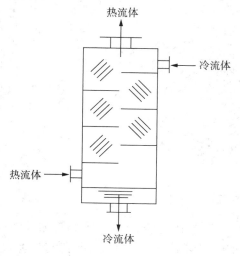

图1-2　搁板式冷却塔

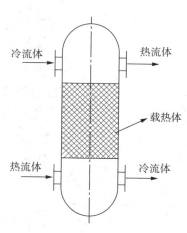

图1-3　蓄热式换热器

（3）间壁式换热器　这是工业中最为广泛应用的一类换热器。冷、热流体被一固体壁面隔开，通过壁面进行传热。按照传热面的形状与结构特点它又可分为：

① 管式换热器，如蛇管式、套管式、管壳式、缠绕管式等；

② 板面式换热器，如板式、板翅式、螺旋板式、板壳式、伞板式等；

③ 其他型式换热器，如石墨换热器、聚四氟乙烯换热器、热管换热器等。

1. 管式换热器

这类换热器是通过在换热管壁面进行传热的。虽然在换热效率、设备结构紧凑性(换热器在单位体积中的传热面积 m^2/m^3)和单位传热面积的金属消耗量(kg/m^2)等方面都不如其他新型换热器，但它具有结构坚固、可靠、适应性强、易于制造、能承受较高的操作压力和温度等优点。尤其在高温、高压和大型换热器中，仍占有相当优势。

（1）蛇管式换热器

它是最早出现的一种结构简单和操作方便的换热设备。一般由金属或非金属管子，按需要弯曲成各种形状，根据形状的不同，蛇管换热器又可分为沉浸式和喷淋式蛇管两种。

① 沉浸式蛇管换热器　蛇管多以金属管子弯绕而成，或由弯头、管件和直管连接组成，也可制成适应容器的形状，沉浸在容器内的液体中，两种流体分别在管内、管外进行换热。几种常用的蛇管形状如图1-4所示。

沉浸式蛇管换热器的优点是结构简单、价格低廉、便于防腐、管子能承受较大的流体压力。其缺点是由于管外流体的流速很小，需要的传热面积大，因而传热系数较小，故常需加搅拌装置，以提高其传热效率。

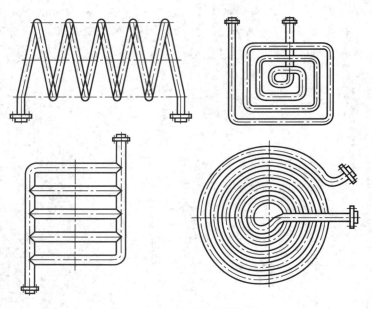

图 1-4　沉浸式蛇管换热器

②　喷淋式蛇管换热器　这种形式的换热器多用来冷却管子内的热流体,将蛇管成排地固定在钢架上,热流体在管内流动,冷却水由管排上方的喷淋装置均匀淋下,洒布在蛇管上,并沿管面两侧下降至下面的管子表面,最后流入水槽排出,如图 1-5 所示。与沉浸式蛇管相比较,主要优点是管外流体的传热系数大,且便于检修和清洗。其缺点是体积大,冷却水用量大,喷淋效果不够理想。

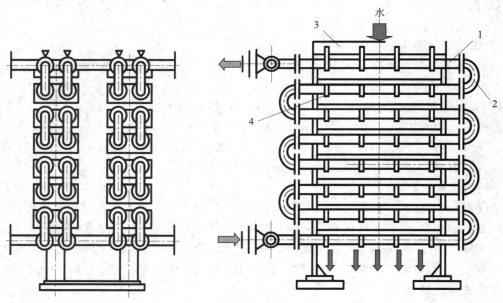

图 1-5　喷淋式蛇管冷却器
1—直管;2—U 形管;3—水槽;4—齿

（2）套管式换热器

套管式换热器是由两种不同直径的直管套在一起组成同心套管，其内管用 U 形肘管顺次连接，外管与外管互相连接而成的，其构造如图1-6所示。每一段套管称为一程，程数可根据传热面积要求而增减。换热时一种流体走内管，另一种流体走环隙，内管的壁面为传热面。

套管式换热器的优点是结构简单，能耐高压，传热面积可根据需要增减，且两种流体呈逆流流动，适当地选择管子内、外径，可提高流体

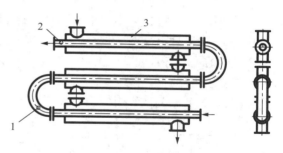

图1-6　套管式换热器
1—U形肘管；2—内管；3—外管

的流速，使传热面两侧都可有高的传热系数。其缺点是单位传热面积的金属消耗量大，管子接头多，检修、清洗和拆卸都不方便，可拆连接处容易造成泄漏。此类换热器适用于高温、高压及小流量流体和所需的传热面积不大的场合。

（3）管壳式换热器

管壳式换热器又称列管式换热器，是一种通用的标准换热设备，它具有结构简单、可靠性高、易于制造、选材广泛、清洗方便、适应性强等特点，应用最为广泛，在换热设备中占据主导地位。

它的形式有多种，其主要结构如图1-7所示，圆筒形壳体内安装由许多平行管子（称为列管）组成的管束，管子的两端（或一端）固定在管板上，管子的轴线与壳体的轴线平行。为了增加流体在管外空间的流速并支承管子，改善管外膜的传热性能，在筒体内间隔安装多块折流板（或其他折流元件），用拉杆和定距管将其与管子组装在一起。换热器的壳体上和两侧的端盖上（对偶数管程而言，则在一侧）装有流体的进、出口，有时还在其上装设检查孔，为安置测量仪表用的接口管、排液孔和排气孔等。有关管壳式换热器的详细介绍见1.2节。

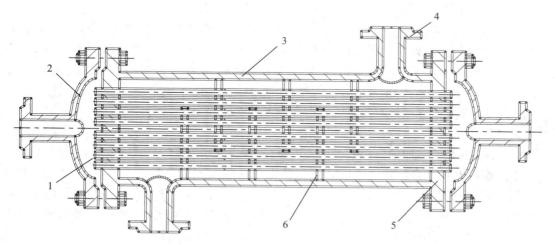

图1-7　管壳式换热器
1—管子；2—封头；3—壳体；4—接管；5—管板；6—折流板

（4）缠绕管式换热器

该换热器是在芯筒与外筒之间的空间内将传热管按螺旋线形状交替缠绕而成，相邻两层

螺旋状传热管的螺旋方向相反,并采用一定形状的定距件使之保持一定的间距。缠绕管可以采用单根绕制,也可以采用两根或多根组焊后一起绕制。管内可以通过一种介质,称单通道型缠绕管式换热器,如图1-8(a)所示;也可分别通过几种不同的介质,而每种介质所通过的传热管均汇集在各自的管板上,构成多通道型缠绕管式换热器,如图1-8(b)所示。缠绕管式换热器适用于同时处理多种介质、在小温差下需要传递较大热量且管内介质操作压力较高的场合,如制氧等低温过程中使用的换热设备。

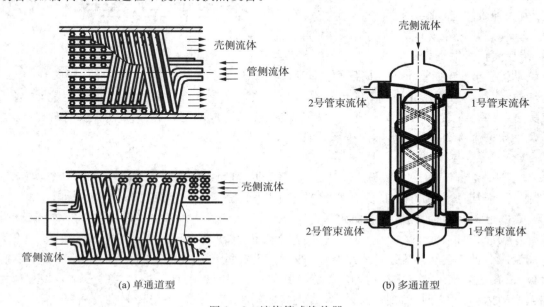

(a) 单通道型　　　　　　　　　　(b) 多通道型

图1-8　缠绕管式换热器

2. 板面式换热器

板面式换热器是通过板面进行传热的换热器,其传热性能要比管式换热器更加优越,由于其结构上的特点,使流体能在较低的速度下就达到湍流状态,从而强化了传热。该设备采用板材制作,故在大规模组织生产时,可降低设备成本,但与管式换热器相比其耐压性能较差。

板面式换热器按传热板面的结构形式可分为以下五种。

(1) 板式换热器

板式换热器其结构如图1-9所示。它是由一组长方形的薄金属板平行排列,夹紧组装于支架上面构成,两相邻板片的边缘衬有垫片,压紧后板间形成密封的流体通道,且可用垫片的厚度调节通道的大小。每块板的四个角上,各开一个圆孔,其中有两个圆孔与板面上的流道相通,它们的位置在相邻板上是错开的,以分别形成两流体的通道。冷、热流体交替地在板片两侧流动,通过金属板片进行换热。

板片是板式换热器的核心部件,为使流体均匀通过板面,增加传热面积,并促使流体湍动,常将板面冲压成凹凸的波纹状。波纹形状有几十种,常用的波纹形状有水平波纹、人字形波纹和圆弧形波纹等。

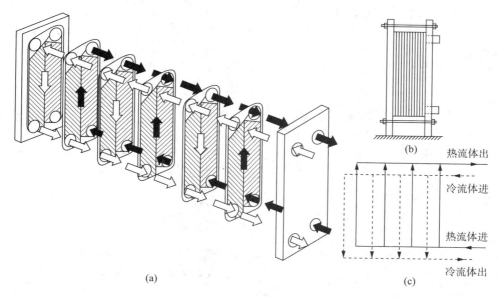

图 1-9 板式换热器

板式换热器的优点是结构紧凑,单位体积设备所提供的换热面积大;安装灵活,可根据需要增减板数以调节传热面积;板面波纹使截面变化复杂,流体的扰动作用增强,具有较高的传热效率;拆装方便,有利于维护和清洗。其缺点是处理量小,操作压力和温度受密封垫片材料性能限制而不宜过高。板式换热器适用于经常需要清洗,工作环境要求十分紧凑,工作压力在 2.5 MPa 以下,温度在 −35∼200℃ 的场合。

（2）板翅式换热器

板翅式换热器由许多单元体组成,所谓单元体是在两块平行的金属薄板之间安放波纹状或其他形状的金属翅片(一般称为"二次表面"),其两侧边缘以封条密封,如图 1-10 所示。然后将各单元体进行适当的排列并焊接固定,即可得到逆流、并流和错流的板翅式换热器的组装件,称为芯部或板束,如图 1-11 所示。最后将带有流体进、出口的集流箱焊接到板束上,就成为板翅式换热器。

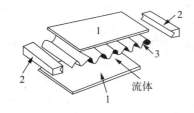

图 1-10 单元体分解
1—平隔板;2—侧封条;3—翅片(二次表面)

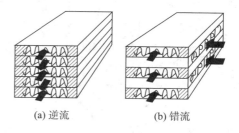

图 1-11 板翅式换热器的板束

冷、热流体分别流向间隔排列的冷流层和热流层而实现热量交换,一般翅片的传热面积占总传热面积的 75%∼85%,翅片与隔板间通过钎焊连接,大部分热量由翅片经隔板传出,小部分热量直接通过隔板传出。不同几何形状的翅片使流体在流道中形成强烈的湍流,使热阻边界层不断破坏,从而有效地降低热阻,提高传热效率。板翅式换热器的翅片型式见图 1-12。另外,由于翅片焊于隔板之间,起到骨架和支承作用,使薄板单元件结构有较高的强度和承压能力。

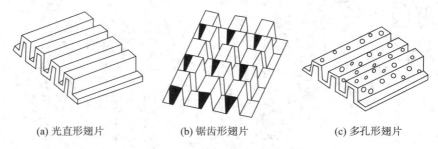

(a) 光直形翅片　　　　　(b) 锯齿形翅片　　　　　(c) 多孔形翅片

图 1-12　板翅式换热器的翅片类型

板翅式换热器结构紧凑,是目前传热效率较高的换热设备,其传热系数比管壳式换热器大 3~10 倍,1 m³ 的体积可提供 2 500~4 000 m² 的换热面积,几乎是管壳式换热器的十几倍到几十倍,而相同条件下板翅式换热器的质量只有管壳式换热器的 10%~65%。可用于气-气、气-液和液-液的热交换,也可用作冷凝和蒸发;板翅通常用铝合金制作,特别适用于低温或超低温的换热。其缺点是流道窄小,易堵塞且压力降较大,一旦结垢,清洗和检修均很困难,故只能用于洁净物料和对金属铝无腐蚀作用的物料传热。

(3) 螺旋板式换热器

螺旋板式换热器如图 1-13 所示。它是由两张间隔一定的平行薄金属板卷制而成的,两张薄金属板形成两个同心的螺旋形通道,两板之间焊有定距柱以维持通道间距,在螺旋板两侧焊有盖板。冷、热流体分别通过两条通道,通过薄板进行换热。

因用途不同,螺旋板式换热器的流道布置和封盖形式,有下面几种型式:

① "Ⅰ"型结构,两个螺旋流道的两侧完全为焊接密封的"Ⅰ"型结构,是不可拆结构,如图 1-13(a)所示。两流体均作螺旋流动,通常冷流体由外周流向中心,热流体从中心流向外周,即完全逆流流动。这种型式主要应用于液体与液体间传热。

② "Ⅱ"型结构,结构如图 1-13(b)所示。一个螺旋流道的两侧为焊接密封,另一流道的两侧是敞开的,因而一种流体在螺旋流道中作螺旋流动,另一种流体则在另一流道中作轴向流动。这种型式适用于两流体流量差别很大的场合,常用作冷凝器、气体冷却器等。

③ "Ⅲ"型结构,结构如图 1-13(c)所示。一种流体作螺旋流动,另一流体是轴向流动和螺旋流动的组合。适用于蒸气的冷凝冷却。

④ "G"型结构,结构如图 1-13(d)所示。常被安装在塔顶作为冷凝器,采用立式安装,下部有法兰与塔顶法兰相连接。气体由下部进入中心管上升至顶盖折回,然后沿轴向从上至下流过螺旋通道被冷凝。

螺旋板式换热器的优点是螺旋通道中的流体由于惯性离心力的作用和定距柱的干扰,在较低雷诺数下即达到湍流,故传热系数大;因流速较高,又有惯性离心力的作用,流体中悬浮物不易沉积下来,故螺旋板式换热器不易结垢和堵塞;由于流体的流程长和两流体可进行完全逆流,故可在较小的温差下操作,能充分利用低温热源;结构紧凑,单位体积的传热面积约为管壳式换热器的 3 倍。其缺点是操作温度和压力不宜太高,目前最高操作压力为 2 MPa,

温度在400℃以下；因整个换热器为卷制而成，一旦发现泄漏，维修很困难。

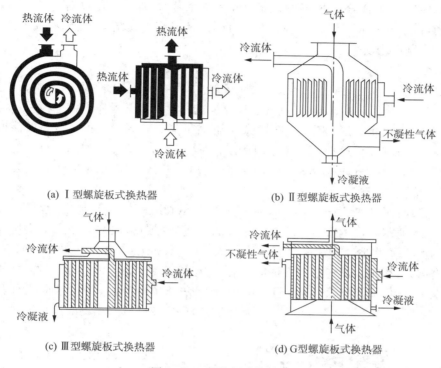

(a) Ⅰ型螺旋板式换热器　　　　　　　(b) Ⅱ型螺旋板式换热器

(c) Ⅲ型螺旋板式换热器　　　　　　　(d) G型螺旋板式换热器

图1-13　螺旋板式换热器

（4）板壳式换热器

板壳式换热器介于板式和管壳式换热器之间，由板束和壳体两部分组成，如图1-14(a)所示。板束相当于管壳式换热器的管束，每一板束元件相当于一根管子，由板束元件构成的流道称为板壳式换热器的板程，相当于管壳式换热器的管程；板束与壳体之间的流通空间则构成板壳式换热器的壳程。板束元件的形状可以是多种多样的，一般用冷轧钢带滚压成型再焊接而成，如图1-14(b)所示。板壳式换热器的壳体有圆形和矩形的，但一般均采用圆筒形，其承压能力较好。为使板束能充满壳体，板束每一元件应按其所占位置的弦长来制造。一般板壳式换热器不装设壳程折流板。

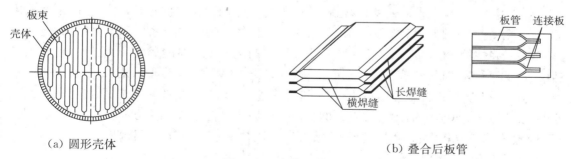

（a）圆形壳体　　　　　　　　　　　　（b）叠合后板管

图1-14　板壳式换热器

板壳式换热器兼有管式和板式两类换热器的特点，能较好地解决耐压、耐温与结构紧凑、高效传热之间的矛盾。其传热系数约为管壳式换热器的 2 倍,而体积为管壳式的 30% 左右,压降一般不超过 0.05 MPa。由于板束元件互相支承,刚性强、能承受较高的压力或真空,最高工作压力可达 6 MPa,工作温度达 800℃。此外,还具有不易结垢,便于清洗等优点。其主要缺点是板束制造较复杂,对焊接工艺要求较高。

(5) 伞板式换热器

伞板式换热器是中国独创的新型高效换热器,由板式换热器演变而来。伞板式换热器是由伞形传热板片、异形垫片、端盖和进口接管等组成。它以伞形板片代替平板片,从而使制造工艺大为简化,成本降低。伞形板式结构稳定,板片间容易密封。但由于设备的流道较小,容易堵塞,不宜处理较脏的介质。该设备的螺旋流道内具有湍流花纹,增加了流体的扰动程度,因而提高了传热效率。伞板式换热器具有结构紧凑、传热效率高、便于拆洗等优点。

(6) 印刷线路板换热器

印刷线路板换热器只有主换热面,由应用制作印刷线路板技术制成的换热板面组装而成,如图 1-15 所示。换热板面一般是在相应的金属板上用腐蚀的方法加工出所需流道,流道横截面的形状多为近似半圆形,其深度一般为 0.1~2.0 mm。把加工好的板面按一定的工艺要求组合起来,用扩散焊连接等方法组装在一起,即成为印刷线路板换热器。印刷线路板传热效率与紧凑度非常高,传热面积密度为 650~1 300 m^2/m^3,可以承受工作压力 10~50 MPa,温度可达 150~800℃,可用于非常清洁的气体、流体以及相变的换热过程。

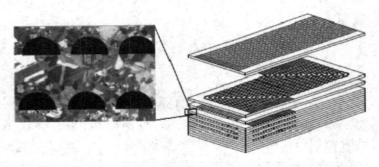

图 1-15 印刷线路板换热器

3. 其他型式换热器

(1) 石墨换热器

它是用一种不渗透性的石墨材料制造的。由于石墨具有优良的化学稳定性,除了强氧化酸以外,几乎可以处理一切酸、碱、无机盐溶液和有机物。高的导热系数和不易结垢,使石墨具有良好的耐腐蚀性和传热性能,将它用于腐蚀性的液体和气体的场合,最能发挥它的优越性。但由于石墨的抗拉和抗弯强度较低,易脆裂,在结构设计中应尽量采用实体块,以避免石墨件受拉伸和弯曲,同时在受压缩的条件下装配石墨件,以充分发挥它的抗压强度高的特点。此外,换热器的通道走向必须符合石墨的各向异性所带来的最佳导热方向。根据这些情况,石墨换热器有管壳式、块式和板式等多种形式,其中尤以管壳式和块式目前更为广泛采用。

(2) 聚四氟乙烯换热器

它是最近十余年所发展起来的一种新型耐腐蚀的换热器。主要的结构形式有管壳式和沉浸式两种。由于聚四氟乙烯耐腐蚀、不生锈,能制成小口径薄壁软管,因而可使换热器具有结构紧凑、耐腐蚀等优点。但是其机械强度低、导热性能差,故使用温度一般不超过150℃,使用压力不超过1.5 MPa。

（3）热管换热器

热管换热器由壳体、热管和隔板组成。热管是一种具有高导热性能的新型传热元件,是一根密闭的金属管子,管子内部装有一定材料制的毛细结构和载热介质。当管子在加热区加热时,介质从毛细结构中蒸发出来,带着所吸取的潜热,通过输送区沿温度降低的方向流动,在冷凝区遇到冷表面后冷凝,并放出潜热,冷凝后的载热介质通过它在毛细结构中的表面张力作用,重新返回加热区,如此反复循环,连续不断地把热端热量传递到冷端。

热管换热器的主要特点是结构简单、质量轻、经济耐用;在极小的温差下,具有极高的传热能力;通过材料的适当选择和组合,可用于大幅度的温度范围,如从−200～2 000℃的温度范围内均可应用;一般没有运动部件,操作无声,不需要维护,寿命长;换热效率高,其效率可达到90%。热管换热器的结构形式多种多样,具有多种用途,如用作传送热量、保持恒温、当作热流阀和热流转换器等。

1.1.4　换热器选型

换热器的种类繁多,有多种多样的结构,每种结构形式的换热器都有其自身的结构特点及其相应的工作特性。某种结构形式的换热器,在某种情况下使用效果可能是较好的,但是在另外的情况下使用却不一定很合适,甚至根本就不能使用。换热器选型将直接影响到换热器的运行及生产工艺过程的实现。因此若要使换热器能在给定的实际条件下很好地运行,必须在熟悉和掌握换热器的结构及其工作特点的基础上,并根据所给定的具体生产工艺条件,对换热器进行合理的选型。

在对换热器进行选型时,有诸多因素需要考虑,主要包括流体的性质、压力、温度、压降及其可调范围;对清洗、维修的要求;材料价格及制造成本;动力消耗费;现场安装和检修的方便程度;使用寿命和可靠性等。

若选定一台换热器使其完全满足上述全部条件几乎是不可能的。一般情况下,在满足生产工艺条件的前提下,仅考虑一个或几个相对重要的影响因素就可以进行选型了。所谓重要影响因素是相对而言的,具有不确定性。

其基本的选择标准可总结如下。

（1）所选换热器必须满足工艺过程要求。流体经过换热器换热以后必须能够以要求的参数进入下一个工艺过程。

（2）换热器本身必须能够在所要求的工程实际环境下正常工作。换热器需要能够抵抗工作环境和介质的腐蚀,并且具有合理的抗结垢性能。

（3）换热器应容易维护。这就要求换热器容易清理,对于易腐蚀、强振动等破坏的元件应便于更换,换热器应满足工程实际场地的要求。

（4）换热器应尽可能地经济。选用时应综合考虑换热器的制造成本、安装费用、维护费用等且应使换热器尽可能地经济。

（5）选用换热器时要根据场地的限制考虑换热器的直径、长度、质量和换热管结构等。

对于使用单位来说,在对换热器进行选型时首要考虑的因素并不一定是费用,而往往是其运行参数,主要是指运行压力和温度。运行压力决定了承压部件的厚度,其对换热器的选型具有重要影响。换热器的设计温度也是一个极为重要的运行参数,它表明了换热器材料在设计温度下是否能承受操作压力和其他负荷。在较低温度和低温深冷的应用场合,对材料韧性有严格要求;在高温的应用场合,要求材料具有较高的抗蠕变能力。当然,有些材料耐热程度很高,但这样的材料价格往往也很昂贵。综合考虑这些情况,则材料热强度最高极限不宜取得过高。

除换热器运行参数外,换热器中冷、热流体的种类和流量、热导率、黏度等物理性质以及腐蚀性、热敏性等化学性质,对换热器的选型也有很大的影响。

换热器内流体的流量决定了所需要的流通面积。由于较大的流速容易造成换热器内较大的压力降与冲击,增加材料腐蚀的可能性,在管壳式换热器壳程内还容易造成流体诱导振动。因而流量越大,需要选择具有较大流通面积的换热器,从而可以降低换热器内流体的流速。

为保证所使用换热器的可靠性与耐久性,换热器的制造材料应有适宜的使用环境下的腐蚀速率,并能承受操作压力和温度。若流体腐蚀性强,应选择由高抗腐蚀材料制成的换热器,比如可选用由石墨材料或玻璃钢等耐腐蚀材料制成的换热器。如在冷却湿氯气时,由于湿氯气的强腐蚀性,因此必须选用由聚四氟乙烯等耐腐蚀性材料制成的换热器,这样就限制了可能采用的换热器的结构范围。不过这类换热器通常不能承受高压,而且通常其容量也不能过大。

在实际选型时,除要考虑上述的运行参数、流体性质等影响因素外,还应根据所给工艺条件、现场安装条件、各种费用的允许范围等因素,力求使换热器在整个使用寿命内最经济地运行。

对于所选择的换热器,应尽量满足以下要求:具有较高的传热效率、较低的压力降;质量轻且能承受操作压力;有可靠的使用寿命;产品品质高,操作安全可靠;所使用的材料不与过程流体相容;设计计算方便,制造简单,安装容易,易于维护与维修。

在实际选型中,这些选择原则往往是相互矛盾、相互制约的。在具体选型时,我们需要抓住实际工况下最重要的影响因素或者说是所需换热器要满足的最主要目的,解决主要矛盾。有时,还需要考虑换热器的吊装、容量及存放等因素。

1.2 管壳式换热器

目前,在换热器中,应用最多的是管壳式换热器,它是工业过程热量传递中应用最为广泛的一种换热器。虽然管壳式换热器在结构紧凑性、传热强度和单位传热面积的金属消耗量方面无法与板式或板翅式等紧凑式换热器相比,但管壳式换热器适用的操作温度与压力范围较大,制造成本低,清洗方便,处理量大,工作可靠。长期以来,人们已在其设计和加工制造方面积累了许多的经验,建立了一整套程序,人们可以容易地查找到其可靠的设计及制造标准,而且方便地使用众多材料制造,设计成各种尺寸及型式。故管壳式换热器迄今为止在各种换热器中占主导地位。

1.2.1 管壳式换热器基本类型

根据管壳式换热器的结构特点,可分为固定管板式、浮头式、U形管式、填料函式和釜式重沸器五类。

1. 固定管板式换热器

固定管板式换热器的结构如图 1-16 所示,其结构特点是两块管板分别焊于壳体的两端,管束两端固定在管板上。固定管板式换热器的优点是结构简单紧凑,能承受较高的压力,在相同的壳体直径内,排管数最多,旁路最少,每根换热管都可以进行更换,且管内清洗方便,造价低。

其缺点是壳程不能进行机械清洗,当换热管与壳体的温差较大(>50℃)或材料的线膨胀系数相差较大时,壳体和管束中将产生较大的热应力。固定管板式换热器适用于壳侧流体清洁且不易结垢,两流体温差不大或温差较大但壳程压力不高的场合。

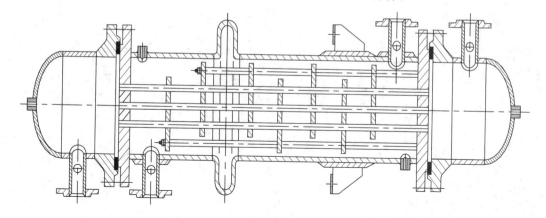

图 1 - 16　固定管板式换热器

通常在壳体上设置柔性元件(如膨胀节、挠性管板等)来吸收热膨胀位差,减小热应力,因此壳程压力也受膨胀节强度的限制而不能太高。

2. 浮头式换热器

浮头式换热器的结构见图 1 - 17。其结构特点是两端管板之一不与壳体固定连接,可在壳体内沿轴向自由伸缩,该端称为浮头。浮头由浮头管板、钩圈和浮头端盖组成,是可拆连接,管束可从壳体内抽出。当换热管与壳体有温差存在,壳体或换热管膨胀时互不约束,不会产生温差应力。

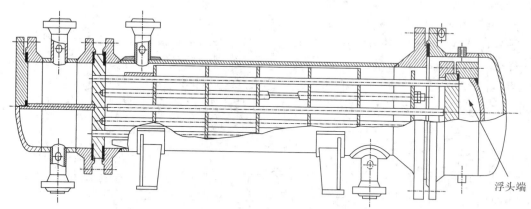

浮头端

图 1 - 17　浮头式换热器

浮头式换热器管内和管间清洗方便,但结构较复杂,设备笨重,材料消耗量大,造价高,浮头盖与浮动管板之间若密封不严,易发生内漏,造成两种介质的混合。浮头式换热器适用于壳体和管束壁温差较大或壳程介质易结垢的场合。

3. U 形管式换热器

U 形管式换热器的典型结构如图 1 - 18 所示。这种换热器的结构特点是,只有一块管板,管束由多根 U 形管组成。管的两端固定在同一块管板上,管子可以自由伸缩。当壳体与

U 形换热管有温差时,不会产生热应力。

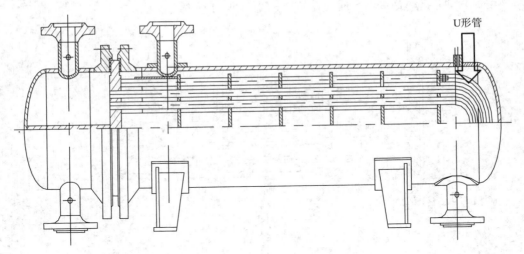

图 1-18   U 形管式换热器

　　由于受弯管曲率半径的限制,其换热管排布较少,管束最内层管间距较大,管板的利用率较低,壳程流体易形成短路,对传热不利。当管子泄漏损坏时,只有管束外围处的 U 形管才便于更换,内层换热管坏了不能更换,只能堵死,而坏一根 U 形管相当于坏两根管,报废率较高。

　　U 形管式换热器结构比较简单、价格便宜,承压能力强,适用于管、壳壁温差较大或壳程介质易结垢需要清洗,又不适宜采用浮头式和固定管板式的场合。特别适用于管内走清洁而不易结垢的高温、高压、腐蚀性大的物料。

　　4. 填料函式换热器

　　填料函式换热器的结构如图 1-19 所示。其结构特点是管板只有一端与壳体固定连接,另一端采用填料函密封,管束可以自由伸缩,不会产生因壳壁与管壁温差而引起的温差应力。其优点是结构较浮头式换热器简单,制造方便,耗材少,造价低,管束可从壳体内抽出,管内、管间均能进行清洗,维修方便。其缺点是填料函耐压不高,一般适用于压力小于 4.0 MPa 的

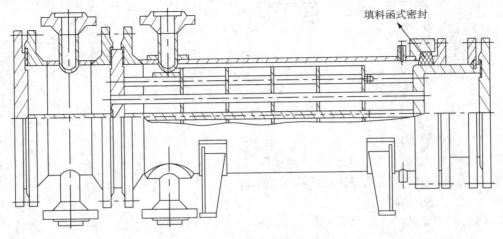

图 1-19   填料函式换热器

工况,壳程介质可能通过填料函外漏,对易燃、易爆、有毒和贵重的介质不适用。填料函式换热器适用于管、壳壁温差较大或介质易结垢,需经常清理且压力不高的场合。

5. 釜式重沸器

釜式重沸器的结构如图 1-20 所示。这种换热器的管束可以为浮头式、U 形管式和固定管板式结构,所以它具有浮头式、U 形管式换热器的特性。在结构上与其他换热器不同之处在于壳体上部设置了一个蒸发空间,蒸发空间的大小由产气量和所要求的蒸气品质所决定。产气量大、蒸气品质要求高者蒸发空间大,否则可以小些。

此种换热器与浮头式、U 形管式换热器一样,清洗维修方便,可处理不清洁、易结垢的介质,并能承受高温、高压。

1.2.2 管壳式换热器基本结构

管壳式换热器的主要零部件有壳体、接管、封头、管板、换热管、折流元件等。对于温差较大的固定管板式换热器,还应包括膨胀节。管壳式换热器的结构应该保证冷、热两种流体分别走管程和壳程,同时要有承受一定温度和压力的能力。图 1-21 中指出了固定管板式换热器的基本结构,更详细的介绍见 GB/T 151—2014 中 6.1 节。

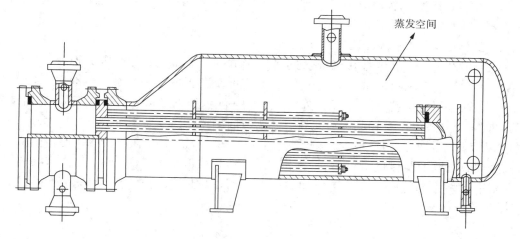

图 1-20 釜式重沸器

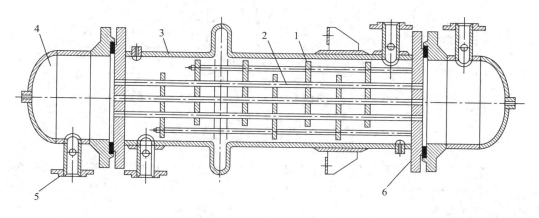

图 1-21 固定管板式换热器

1—折流板;2—管束;3—壳体;4—管箱;5—接管及管法兰;6—管板

1. 换热管

(1) 换热管形式　除光管(普通换热管)外,换热管还可采用各种各样的强化传热管,如波纹管、螺旋槽管、螺纹管、翅片管等。随着能源短缺日益严重,同时制造加工技术的发展,高效强化换热管正日益得到了重视,具体的强化传热技术将在1.6节中详细介绍。

(2) 换热管尺寸

换热管常用的尺寸(外径×壁厚)主要为 $\phi19\ mm×2\ mm$、$\phi25\ mm×2.5\ mm$ 和 $\phi38\ mm×2.5\ mm$ 的无缝钢管以及 $\phi25\ mm×2\ mm$ 和 $\phi38\ mm×2.5\ mm$ 的不锈钢管。推荐使用的管长系列有 1.5 m、2.0 m、3.0 m、4.5 m、6.0 m、9.0 m、12.0 m 等。采用小管径,可使单位体积的传热面积增大、结构紧凑、金属耗量减少、传热系数提高。据估算,将同直径换热器的换热管由 $\phi25\ mm$ 改为 $\phi19\ mm$,其传热面积可增加 40%左右,节约金属 20%以上。但小管径流体阻力大,不便清洗,易结垢堵塞。一般大直径管子用于黏性大或污浊的流体,小直径管子用于较清洁的流体。

(3) 换热管材料

常用材料有碳素钢、低合金钢、不锈钢、铜、铜镍合金、铝合金、钛等。此外还有一些非金属材料,如石墨、陶瓷、聚四氟乙烯等。设计时应根据工作压力、温度和介质腐蚀性等选用合适的材料。

(4) 换热管排列形式及中心距

如图 1-22 所示,换热管在管板上的排列形式主要有正三角形、正方形、转角正三角形、转角正方形。正三角形排列形式可以在同样的管板面积上排列最多的管数,故用得最为普遍,但管外不易清洗。为便于管外清洗,可以采用正方形或转角正方形排列的管束。正三角形排列形式可以在相同的管板面积上排列最多的管子,且其布管方式声振小,管外流体扰动大,传热好,故用得最为普遍,但不易清洗;转角正三角形,易清洗,但传热效果不如正三角形;正方形及转角正方形,管外清洗方便,但排管比正三角形少。总之,布管的原则是:无论哪种排列都必须在管束周围的弓形空间,尽可能多布管,增大传热面积,防止壳程流体短路。

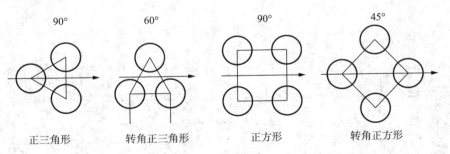

図 1-22　换热管排列方式
注:流向垂直于折流板缺口

换热管中心距要保证管子与管板相连接时,管桥(相邻两管间的净空距离)有足够的强度和宽度。管间需要清洗时还要留有进行清洗的通道。换热管中心距不宜小于 1.25 倍的换热管外径,常用的换热管中心距见表 1-1。

表 1-1　常用换热管中心距

换热管外径 d_o/mm	12	14	19	25	32	38	45	57
换热管中心距 s/mm	16	19	25	32	40	48	57	72

2. 管板

管板是管壳式换热器最重要的零部件之一。用来排布换热管,将管程和壳程的流体分隔开来,避免冷、热流体混合,并同时受管程、壳程压力和温度的作用。

（1）管板材料

在选择管板材料时,除力学性能外,还应考虑管程和壳程流体的腐蚀性,以及管板和换热管之间的电位差对腐蚀的影响。当流体无腐蚀性或有轻微腐蚀性时,管板一般采用压力容器用碳素钢或低合金钢板、锻件制造。当流体腐蚀性较强时,管板应采用不锈钢、铜、铝、钛等耐腐蚀材料。但对于较厚的管板,若整体采用价格昂贵的耐腐蚀材料,造价很高。例如,在高温、高压换热器中,管板厚达 300 mm 以上,在核电蒸汽发生器中,甚至超过 500 mm 以上。为节约耐腐蚀材料,工程上常采用不锈钢-钢、钛-钢、铜-钢等复合板或堆焊衬里。

（2）管板结构

当换热器承受高温、高压时,高温和高压对管板的要求是矛盾的。增大管板厚度,可以提高承压能力,但当管板两侧流体温差很大时,管板内部沿厚度方向的热应力增大;减薄管板厚度,可以降低热应力,但承压能力降低。此外,在开、停车时,由于厚管板的温度变化慢,换热管的温度变化快,在换热管和管板连接处会产生较大的热应力。当迅速停车或进气温度突然变化时,热应力往往会导致管板和换热管在连接处发生破坏。因此,在满足强度的前提下,应尽量减小管板厚度。薄管板适用于温差不大的场合,一般厚度为 10～15 mm。

薄管板换热器的突出优点是节约管板材料,一般可节约 70%～80%,压力较高时可节约 90%,此外薄管板的材料容易得到供应,加工也比较方便,已逐渐在中、低压换热器中推广应用。目前薄管板主要有平面形、椭圆形、碟形、球形、挠性薄管板等型式,最为常用的是平面形薄管板。

图 1-23 所示为用于固定管板式换热器中的薄管板四种结构型式。其中图 1-23(a)中的薄管板贴于法兰表面,当管程通过的是腐蚀性介质时,由于密封槽开在管板上,法兰不与管程介质接触,不必采用耐腐蚀材料。图 1-23(b)中的薄管板嵌入法兰内,并将表面车平。在这种结构中,不论管程和壳程有腐蚀性介质,法兰都会与腐蚀性介质接触,因此需采用耐腐蚀材料,而且管板受法兰力矩的影响较大。图 1-23(c)中,薄管板在法兰下面且与筒体焊接。当壳程通入腐蚀性介质时,法兰不与腐蚀性介质接触,不必采用耐腐蚀性材料,而且管板离开了法兰,减小了法兰力矩和变形对管板的影响,从而降低了管板因法兰力矩引起的应力,同时管板与刚度较小的筒体连接,也降低了管板的边缘应力,因此这是一种较好的结构。图 1-23(d)为挠性薄管板结构。由于管板与壳体之间有一个圆弧过渡连接,并且很薄,所以管板具有一定弹性,可补偿管束与壳体之间的热膨胀,且过渡圆弧还可以减少管板边缘的应力集中,同时该种管板也没有法兰力矩的影响。当壳程流体通入腐蚀性介质时,法兰不会受到腐蚀。但是挠性薄管板结构加工比较复杂。

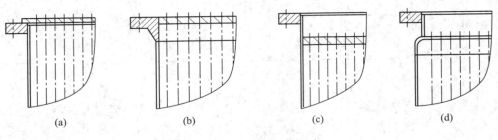

图1-23　薄管板结构型式

　　图1-24所示为椭圆形管板。所谓椭圆形管板,是以椭圆形封头作为管板,与换热器壳体焊接在一起。椭圆形管板的受力情况比平管板好很多,所以可以做得很薄,有利于降低热应力,故适用于高压、大直径的换热器。

　　当要求严格禁止管程与壳程中的介质互相混合时,可采用双管板结构(图1-25)。在双管板结构中,管子分别固定在两块管板上,两块管板保持一定距离。如果管子与管板连接处有少量流体漏出,可让其从两管板之间的空隙泄放至外界。也可利用一薄壁圆筒(短节)将此空隙封闭起来,充入惰性介质,使其压力高于管程和壳程的压力,达到避免两种介质混合的目的。

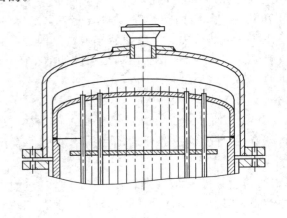

图1-24　椭圆形管板

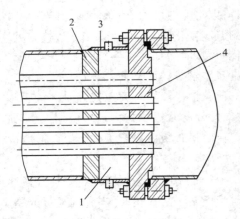

图1-25　双管板结构
1—空隙;2—壳程管板;3—短节;4—管程管板

　　3. 管箱

　　壳体直径较大的换热器大多采用管箱结构。管箱位于管壳式换热器的两端,管箱的作用是把从管道输送来的流体均匀地分布到各换热管和把管内流体汇集在一起送出换热器。在多管程换热器中,管箱还起改变流体流向的作用。管箱的结构型式主要以换热器是否需要清洗或管束是否需要分程等因素来决定。图1-26为管箱的几种结构型式。图1-26(a)的管箱结构适用于较清洁的介质情况。因为在检查及清洗管子时,必须将连接管道一起拆下,很不方便。图1-26(b)为在管箱上装箱盖,将盖拆除后(不需拆除连接管),就可检查及清洗管子。但其缺点是用材较多。图1-26(c)的型式是将管箱与管板焊成一体。从结构上看,可以完全避免在管板密封处的泄漏,但管箱不能单独拆下,检修、清理不方便,所以在实际使用中很少采用。图 1 - 26(d)为一种多程隔板的安置型式。

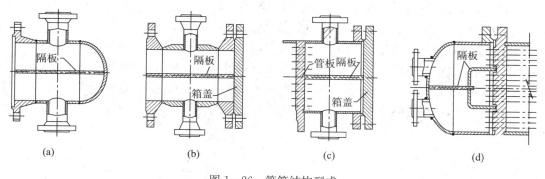

图 1 - 26　管箱结构型式

4. 壳体

壳体一般是一个圆筒,在壳壁上焊有接管,供壳程流体进入和排出之用。

为防止进口流体直接冲击管束而造成管子的侵蚀和振动,在壳程进口接管处常装有防冲挡板,或称缓冲板。当壳体法兰采用高颈法兰或壳程进、出口接管直径较大或采用活动管板时,壳程进、出口接管距管板较远,流体停滞区过大,靠近两端管板的传热面积利用率很低。为克服这一缺点,可采用导流筒结构。导流筒除可以减小流体停滞区,改善两端流体的分布,增加换热管的有效换热长度,提高传热效率外,还起防冲挡板的作用,保护管束免受冲击。

5. 折流板和折流杆

（1）折流板

设置折流板的目的是为了提高壳程流体的流速,增加湍动程度,并使壳程流体垂直冲刷管束,以改善传热,增大壳程流体的传热系数,同时减少结垢。在卧式换热器中,折流板还起支承管束的作用。

常用的折流板型式有弓形和圆盘-圆环形两种。其中弓形折流板有单弓形、双弓形和三弓形三种。各种型式的折流板见图 1 - 27。根据需要也可采用其他型式的折流板,如堰形折流板。

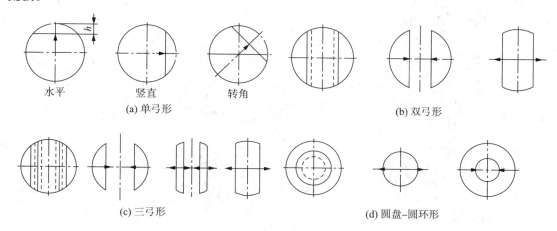

图 1 - 27　折流板型式

弓形折流板缺口高度应使流体通过缺口时与横向流过管束时的流速相近。缺口大小用切去的弓形弦高占壳体内直径的百分比来表示。如单弓形折流板,缺口弦高一般取 0.20~0.45 倍的壳体内直径,最常用的是 0.25 倍壳体内直径。

对于卧式换热器,壳程为单相清液体时,折流板缺口应水平上下布置。若气体中含有少量液体时,则在缺口朝上的折流板最低处开通液口,见图 1 - 28(a);若液体中含有少量气体,则应在缺口朝下的折流板最高处开通气口,见图 1 - 28(b)。卧式换热器的壳程介质为气、液相共存或液体中含有固体颗粒时,折流板缺口应垂直左右布置,并在折流板最低处开通液口,见图 1 - 28(c)。

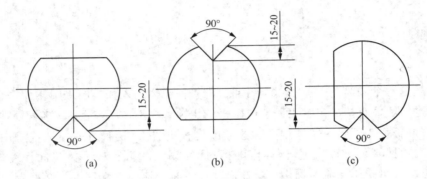

图 1 - 28　折流板缺口布置

折流板一般应按等间距布置,管束两端的折流板应尽量靠近壳程进、出口接管。折流板的最小间距应不小于壳体内直径的 1/5,且不小于 50 mm;最大间距应不大于壳体内直径。折流板上管孔与换热管之间的间隙以及折流板与壳体内壁之间的间隙应合乎要求。间隙过大,泄漏严重,对传热不利,还易引起振动;间隙过小,安装困难。

从传热角度考虑,有些换热器(如冷凝器)是不需要设置折流板的。但是为了增加换热管的刚度,防止产生过大的挠度或引起管子振动,当换热器的无支承跨距超过了标准中的规定值时,必须设置一定数量的支持板,其形状与尺寸均按折流板规定来处理。

折流板与支持板一般用拉杆和定距管连接在一起,如图 1 - 29(a)所示。当换热管外径不大于 14 mm 时,采用折流板与拉杆焊在一起而不用定距管,如图 1 - 29(b)所示。

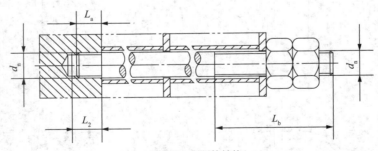

(a) 拉杆、定距管结构

图 1 - 29　拉杆结构

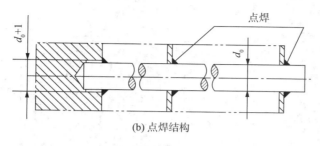

(b) 点焊结构

续图 1-29

在大直径的换热器中,如折流板的间距较大,流体绕到折流板背后接近壳体处,会有一部分流体停滞起来,形成对传热不利的"死区"。为了消除这个弊病,宜采用多弓形折流板,如双弓形折流板,因流体分为两股流动,在折流板之间的流速相同时,其间距只有单弓形的一半,不仅减少了传热死区,而且提高了传热效率。

(2) 折流杆

传统的装有折流板的管壳式换热器存在着影响传热的死区,流体阻力大,且易发生换热管振动与破坏。为了解决传统折流板换热器中换热管与

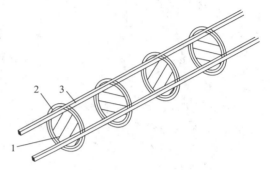

图 1-30 折流杆结构
1—支承杆;2—折流圈;3—滑轨

折流板的切割破坏和流体诱导振动,并且强化传热提高传热效率,近年来开发了一种新型的管束支承结构——折流杆支承结构。该支承结构由折流圈和焊在折流圈上的支承杆(杆可以水平、垂直或其他角度)所组成。折流圈可由棒材或板材加工而成,支承杆可由圆钢或扁钢制成。一般 4 块折流圈为一组。如图 1-30 所示,也可采用 2 块折流圈为一组。支承杆的直径等于或小于管子之间的间隙,因而能牢固地将换热管支承住,提高管束的刚性。

6. 管板与相邻零部件的连接

换热器中,管板是管程、壳程的屏障,与管板直接相连的有壳体、管箱和管子。管板与壳体的连接形式分为不可拆式和可拆式,前者如固定管板式换热器中管板与壳体的连接,后者如 U 形管式、浮头式、填料函式和滑动管板式的换热器管板与壳体的连接。不可拆式的连接将壳体与管板直接焊在一起;可拆式的连接,管板本身通常不直接与壳体接触,而是通过法兰与壳体间接相连,或是由连接在壳体与管箱上的两个法兰夹持固定。

(1) 换热管与管板连接

换热管与管板连接是管壳式换热器设计、制造最关键的技术之一,是换热器事故率最多的部位。所以换热器与管板连接质量的好坏,直接影响换热器的使用寿命。

换热管与管板的连接方法主要有强度胀接、强度焊接和胀焊并用。

① 强度胀接

强度胀接是指保证换热管与管板连接密封性能及抗拉脱强度的胀接。常用的胀接有非均匀胀接(机械滚珠胀接)和均匀胀接(液压胀接、液袋胀接、橡胶胀接和爆炸胀接等)两大类。强度胀接的结构型式和尺寸见图 1-31。

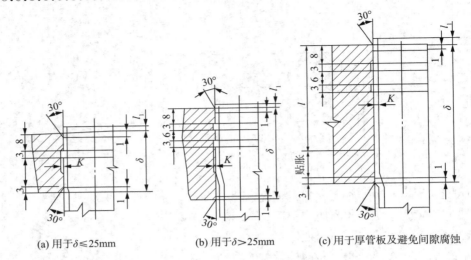

(a) 用于δ≤25mm　　　　(b) 用于δ>25mm　　　　(c) 用于厚管板及避免间隙腐蚀

图 1-31　强度胀接的结构型式和尺寸

机械滚珠胀接为最早的胀接方法,目前仍在大量使用。它利用滚胀管伸入插在管板孔中管子的端部,旋转胀管器使管子直径增大并产生塑性变形,而管板只产生弹性变形。取出胀管器后,管板弹性恢复,使管板与管子间产生一定的挤压力而贴合在一起,从而达到紧固与密封的目的。

液压胀接与液袋胀接的基本原理相同,都是利用液体压力使换热管产生塑性变形。橡胶胀接是利用机械压力使特种橡胶长度缩短,直径增大,从而带动换热管扩张达到胀接的目的。爆炸胀接是利用炸药在换热管内有效长度内爆炸,使换热管贴紧管板孔而达到胀接的目的。这些胀接方法具有生产率高,劳动强度低,密封性能好等特点。

强度胀接主要运用于设计压力不大于 4.0 MPa;设计温度不大于 300℃;操作中无剧烈振动、无过大温度波动及无明显应力腐蚀等场合。

② 强度焊接

强度焊接是指保证换热管与管板连接的密封性能及抗拉脱强度的焊接。

强度焊接的结构型式见图 1-32。此法目前应用较为广泛。由于管孔不需要开槽,且对管孔的粗糙度要求不高,管子端部不需要退火和磨光,因此制造加工简单。焊接结构强度高,抗拉脱力强。在高温、高压下也能保证连接处的密封性能和抗拉脱能力。管子焊接处如有渗漏可以补焊或利用专用工具拆卸后予以更换。

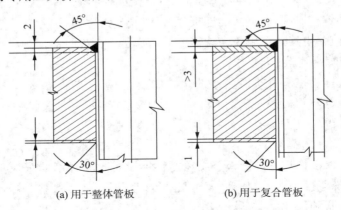

(a) 用于整体管板　　　　(b) 用于复合管板

图 1-32　强度焊接管孔结构

　　当换热管与管板连接处焊接之后,管板与管子中存在的残余热应力与应力集中,在运行时可能引起应力腐蚀与疲劳。此外,管子与管板孔之间的间隙中存在不流动的液体与间隙外的液体有着浓度上的差别,还容易产生缝隙腐蚀。除有较大振动及有缝隙腐蚀的场合,只要材料可焊性好,强度焊接可用于其他任何场合。管子与薄管板的连接应采用焊接方法。

　　③ 胀焊并用

　　胀接与焊接方法都有各自的优点与缺点。在有些情况下,例如高温、高压换热器管子与管板的连接处,在操作中受到反复热变形、热冲击、腐蚀及介质压力的作用,工作环境极其苛刻,很容易发生破坏。无论单独采用焊接或是胀接都难以解决问题。要是采用胀焊并用的方法,不仅能改善连接处的抗疲劳性能,而且还可消除应力腐蚀和缝隙腐蚀,提高使用寿命。因此目前胀焊并用方法已得到比较广泛的应用。

　　胀焊并用的方法,从加工工艺过程来看,主要有强度胀接-密封焊接、强度焊接-贴胀接、强度焊接-强度胀接等几种型式。这里所说的"密封焊接"是指保证换热管与管板连接密封性能的焊接,不保证强度;"贴胀接"是指为消除换热管与管孔之间缝隙并不承担拉脱力的轻度胀接。如强度胀接与密封焊接相结合,则胀接承受拉脱力,焊接保证紧密性。如强度焊接与贴胀接相结合,则焊接承受拉脱力,胀接消除管子与管板间的间隙。至于胀、焊的先后顺序,虽无统一规定,但一般认为以先焊后胀为宜。因为当采用胀管器胀管时需用润滑油,胀后难以洗净,在焊接时存在于缝隙中的油污在高温下生成气体从焊面逸出,导致焊缝产生气孔,严重影响焊缝的质量。

　　胀焊并用主要用于密封性能要求较高,承受振动和疲劳载荷,有缝隙腐蚀,需采用复合管板等的场合。

　　④ 爆炸胀接

　　爆炸胀接本质上也属于强度胀接,后者通常采用滚柱胀管器胀接。而爆炸胀接是利用炸药在极短时间内的爆炸产生高压气体冲击波使管子牢固地贴于管孔上口。爆炸胀接效率高,在胀接时不用润滑油,胀后容易焊接,抗拉脱力大,管子轴向伸长率和变形小。爆炸胀接适用于薄壁管、小直径管及大厚度管板的胀接,换热管的管端泄漏、机械胀管修复困难时,采用爆炸胀接是一种比较好的选择。

　　(2) 壳体与管板的连接

　　壳体与管板的连接采用焊接型式,随壳体直径、承受的压力及流体物性的变化,所选用的焊接方法与结构也有所不同。

　　延长部分兼作法兰的管板与壳体连接时,当壳体壁厚不大于 12 mm,壳程设计压力不大于 1 MPa 且壳程介质为非易燃、非易爆、非挥发性、无毒性时,使用图 1 - 33(a)所示的型式;壳程设计压力在 1.0～4.0 MPa 时,使用图 1 - 33(b)、(c)所示的型式;当壳程设计压力大于 4.0 MPa 时,使用图 1 - 34 所示的型式。

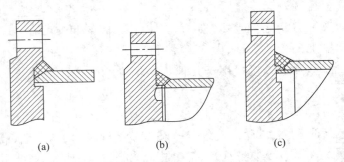

图 1-33　兼作法兰管板与壳体的连接(一)

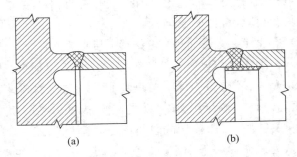

图 1-34　兼作法兰管板与壳体的连接(二)

(3) 管箱与管板的连接

管箱与管板的连接型式,同样受压力的大小、温度的高低、流体的物性等因素的影响,合理设计管箱与管板的连接型式,对换热器的制造、使用及维护都有至关重要的意义。

① 固定式管板与管箱的连接

管板与管箱一般是通过法兰连接成一体,固定管板式换热器的管板兼作法兰。与管箱法兰的连接型式比较简单。气密性要求不高的情况,可采用图 1-35(a)所示的结构。气密性要求较高时,采用图 1-35(b)所示的结构,该结构的密封面是榫槽面,具有良好的密封性能。但不易制造,安装不方便,所以工程上常用的是图 1-35(a)所示的凹凸面密封型式。

当管程介质具有腐蚀性时,管箱采用不锈钢。为降低制造成本,管板可以是碳钢,但必须在管板表面上衬不锈钢板[图 1-36(a)]或堆焊[图 1-36(b)]。衬板厚度为 3~6 mm,与管束焊接时,易变形,在衬板与管板之间产生间隙,当有少量泄漏时导致管板腐蚀。堆焊的效果要好于衬板。压力不太大时,也可以采用图 1-37 所示的混合结构。

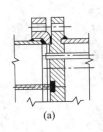
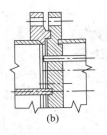

图 1-35　固定式管板与管箱的连接(一)

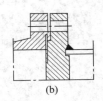

图 1-36　固定式管板与管箱的连接(二)

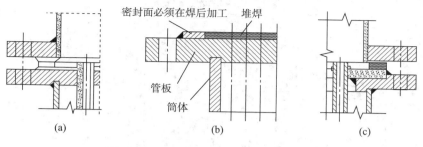

图 1-37 固定式管板与管箱的连接(三)

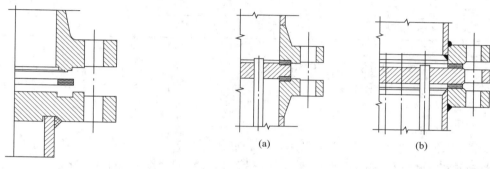

图 1-38 固定式管板与管箱的连接(四) 　　图 1-39 可拆式管板与管箱的连接

管程密封要求较高时,可采用图 1-38 所示的结构。该结构的密封面为榫槽面,但在榫槽面上加设了凸台。凸台的设置提高了密封性能,但在拆卸、更换垫片时注意不要使凸出部分受到损伤。

② 可拆式管板与管箱的连接

换热器内管束经常需要抽出时,宜采用可拆式连接。管板被夹持于同壳体、管箱相连的法兰对之间,如图 1-39 所示。

7. 分程

(1) 管束分程

在管内流动的流体从管子的一端流到另一端,称为一个管程。在管壳式换热器中,最简单最常用的是单管程的换热器。如果根据换热器工艺设计要求,需要加大换热面积时,可以采用增加管长或者管数的方法。但前者受到加工、运输、安装以及维修等方面的限制,故经常采用后一种方法。增加管数可以增加换热面积,但介质在管束中的流速随着换热管数的增多而下降,结果反而使流体的传热系数降低。故不能仅采用增加换热管数的方法来达到提高传热系数的目的。为解决这个问题,使流体在管束中保持较大流速,可将管束分成若干程数、使流体依次流过各程管子,以增加流体速度,提高传热系数。管束分程可采用多种不同的组合方式。对于每一程中的管数应大致相等,且程与程之间温度相差不宜过大,温差以不超过20℃为宜,否则在管束与管板中将产生很大的热应力。

表 1-2 列出了 1~6 管程的几种管束分程布置型式。从制造、安装、操作等角度考虑,偶数管程有更多的方便之处,最常用的程数为 2、4、6。

表 1-2　管束分程布置图

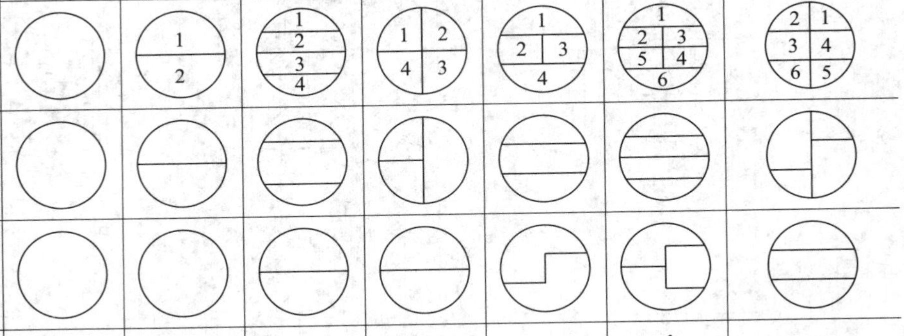

管程数	1	2	4		6		
流动顺序	○	○①/②	○①②/④③	○①②/④	○①③⑤/②④⑥	○②①③/⑥⑤④	
管箱隔板	○	○	○	○	○		
介质返回侧隔板	○	○	○	○	○		
图序	a	b	c	d	e	f	g

对于 4 管程的分法,有平行和工字形两种,一般为了接管方便,选用平行分法较合适,同时平行分法亦可使管箱内残液放尽。工字形排列法的优点是比平行法密封线短,且可排列更多的管子。

(2) 壳程分程

在图 1-40 中列出了几种代号的壳程型式。图 1-40(a)为 E 型,是最普通的一种,壳程是单程的,管程可为单程,也可为多程。为了增大平均温度差提高传热效率,对于二壳程的换热器,可采用图 1-40(b)所示的 F 型,在壳体中装入了一块平行于管子轴线方向的纵向隔板,成为二壳程的换热器,流体按逆流方式进行热交换。

图 1-40(c)为 G 型,也属二壳程的换热器,纵向隔板从管板的一端移开使壳程流体得以分流。壳体上的进、出口接管对称地分置于壳体的两侧且放在中央部位。壳程中流体的压力降与 E 型的相同,但在传热面积与流量相同的情况下,具有更高的热效率。G 型壳体也称对分流壳体。壳程中可通入单相流体,也可通入有相变的流体。如用作水平的热虹吸式再沸器,壳程中的纵向隔板起着防止轻组分的闪蒸与增强混合的作用。

图 1-40(d)为 H 型。与 G 型相似,同属二壳程的换热器,但进口接管、出口接管与纵向隔板均多一倍,故又称双分流壳体。G 型与 H 型两种壳体都可用于以压力降作为控制因素的换热器中,且有利于降低壳程流体的压力降。

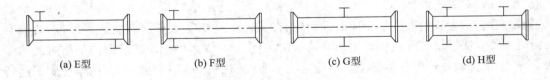

(a) E 型　　　　(b) F 型　　　　(c) G 型　　　　(d) H 型

图 1-40　换热器的壳程型式

尽管在工业中已成功地制造出六壳程的管壳式换热器,但考虑到制造方面的困难,一般的设计,壳程数很少超过 2。如有必要,可通过增加串联的台数来解决。

应该指出,在管外空间设置了垂直于管子轴线的折流板后,不能把换热器看成是多壳程的,实际上它仍属单壳程的范围。

8. 其他结构

1) 膨胀节

固定管板式换热器换热过程中,管束与壳体之间有一定的温差,而管板、管束与壳体之间是刚性地连在一起的,当温差达到某一温度时,由于过大的温差应力往往会引起壳体的破坏或造成管束弯曲,故温差应力很大时,可以选用浮头、U 形及填料函式换热器。但上述换热器的造价较高,若管间不需清洗时,亦可采用固定管板式换热器,但需要设置温差补偿装置,如膨胀节。

膨胀节是安装在固定管板式换热器壳体上的挠性构件,由于它的轴向挠度大,不大的轴向力就能产生较大的变形。依靠这种易变形的挠性构件,对管束与壳体之间的变形差进行补偿,以此来减小因温差而引起的管束与壳体之间的温差应力,同时也有利于管束与管板连接处不被拉脱。膨胀节还可应用于各种工业设备、机械和管道上,作为补偿位移和吸收振动的构件。

膨胀节最主要的部分是波纹管(亦称波壳)。波纹管横截面的形状有多种型式,通常有平板膨胀节、Ω 形膨胀节、波形膨胀节等,如图 1 - 41 所示。而在生产实践中,应用最多的是波形膨胀节,其次是 Ω 形膨胀节。后者多用于压力较高的场合。

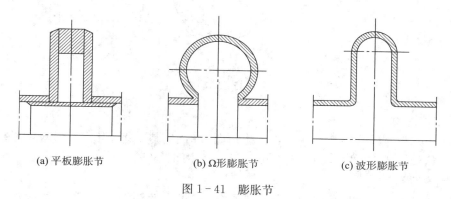

(a) 平板膨胀节   (b) Ω形膨胀节   (c) 波形膨胀节

图 1 - 41 膨胀节

膨胀节器壁越薄,柔性越好,补偿能力就越强,但所能承受的压力就越低。波形膨胀节一般有单层和多层两种形式。若器壁采用多层,则所能承受的压力就会增高,而且仍能保持较大的补偿能力。采用多层波形膨胀节的结构比单层膨胀节具有更多的优点,因多层膨胀节的壁薄且多层,故弹性大,灵敏度高,补偿能力强,承载能力及疲劳强度高,使用寿命长,而且结构紧凑。若要求更大的补偿量时,可采用多波膨胀节。

膨胀节一个波的补偿能力由其形状尺寸和材料等决定,如波高越低,耐压性能越好而补偿能力越差;波高越高,则补偿量越大,但耐压性能越差。

2) 导流筒

带有导流筒的管壳式换热器是国内为强化管壳式换热器传热效率、改进壳程结构而开发出的一种新型结构。由于壳程的进、出口接管受法兰和开孔补强等尺寸的限制,不能靠近管板,因此容易在接管与管板之间造成死区,使换热管的有效换热长度不能充分发挥作用。

设置导流筒不仅可以防止进口处高速流体对管束的直接冲击,并且可以使得壳程流体达到较均匀分布。从而使壳程进口段管束的传热面积得到充分利用,同时还起到减少传热死区及防止进口段可能会出现的流体振动的作用。导流筒根据其安装位置与壳体的相对位置关系可以分为内导流筒与外导流筒两种结构。

3) 防冲板

当管程采用轴向入口接管或换热管内流体流速超过 3 m/s 时,以及有腐蚀或有磨蚀的气体、蒸气和气液混合物时,为减少流体的不均匀分布和流体对换热管端的直接冲蚀,应在壳程进口管处设置防冲板。而在立式换热器中,为了使气、液介质更均匀地流入管间,防止流体对进口处的冲刷,并减少远离接管处的死区,提高传热效果,可考虑在壳程进口处设置导流筒。

图 1-42 所示为防冲板的结构形式。其中图 1-42(a)(b)是把防冲板两侧焊接在定距管或拉杆上,为牢固起见,也可焊接在靠近管板的第一个折流板或折流栅上。图 1-42(c)是把防冲板焊接在换热器壳体上。在实际应用中,也可将其用 U 形螺栓固定在换热管上。

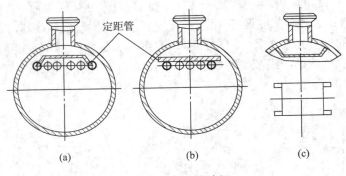

图 1-42　防冲板

4) 防短路结构

为了防止壳程流体流动在某些区域发生短路,降低传热效率,需要采用防短路结构。常用的防短路结构主要有旁路挡板、挡管(或称假管)、中间挡板。

(1) 旁路挡板

为了防止壳程边缘介质短路而降低传热效率,需增设旁路挡板,以迫使壳程流体通过管束与管程流体进行换热。旁路挡板可用钢板或扁钢制成,其厚度一般与折流板相同。旁路挡板嵌入折流板槽内,并与折流板焊接,如图 1-43 所示。通常当壳体公称直径 $DN \leqslant 500$ mm 时,增设一对旁路挡板;

500 mm $\leqslant DN \leqslant 1\ 000$ mm 时,增设两对挡板;

$DN \geqslant 1\ 000$ mm 时,增设三对旁路挡板。

(2) 挡管

当换热器采用多管程时,为了安排管箱分程隔板,在管束中心(或在每程隔板中心的管间)不排列换热管,导致管间短路,影响换热效率。为此,在换热器分程板板槽背面两管板之间设置两端堵死的管子,即挡管。挡管一般与换热管的规格相向,可与折流板点焊固定,也可用拉杆(带定距管或不带定距管)代替。挡管应每隔 3~4 排换热管设置一根,但不应设置在折流板缺口处,如图 1-44 所示。

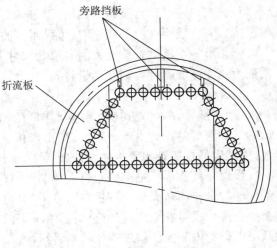

图 1-43　旁路挡板结构

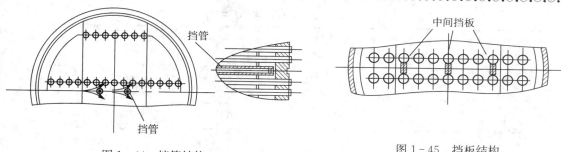

图 1-44 挡管结构   图 1-45 挡板结构

（3）中间挡板

在 U 形管式换热器中，U 形管束中心部分存在较大间隙，流体易走短路而影响传热效率。为此在 U 形管束的中间通道处设置中间挡板。中间挡板一般与折流板点焊固定，如图 1-45 所示。中间挡板的数量不宜多于 4 块。

5）拉杆与定距管

拉杆的结构型式有两种，如图 1-46 所示，换热管外径不小于 19 mm 的管束，采用图 1-46(a)所示的拉杆定距杆结构，换热管外径不大于 14 mm 的管束，采用图 1-46(b)所示的点焊结构。当管板较薄时，也可采用其他的连接结构。

折流杆换热器结构较紧凑，折流圈外、内径差值小，在选用 GB151—1999《管壳式换热器》所给定的拉杆总截面积的前提下，改变拉杆直径和数量，通常的做法是采用较多的拉杆数量和较小的直径，但直径不得小于 10 mm，数量不少于 4 根。

定距管的尺寸，一般与所在换热器的换热管规格相同。对管程是不锈钢、壳程是碳钢或低合金钢的换热器，可选用与不锈钢换热管外径相同的碳钢管作定距管，定距管的长度按照实际需要确定。

拉杆应尽量均匀布置在管束的外边缘，对于大直径的换热器，在布管区内或靠近折流板缺口处应布置适当数量的拉杆，任何折流板应不少于 3 个支承点。

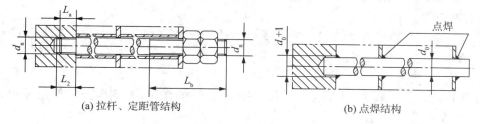

(a)拉杆、定距管结构   (b)点焊结构

图 1-46 拉杆结构

拉杆的连接尺寸按图 1-47 和表 1-3 确定，拉杆长度按需要而定。

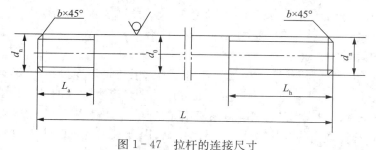

图 1-47 拉杆的连接尺寸

表 1－3　拉杆的连接尺寸

拉杆直径,d_o	拉杆螺纹公称直径,d_n	L_a	L_b	b
10	10	13	≥40	1.5
12	12	15	≥50	2.0
16	16	20	≥60	2.0

1.3　管板设计

　　管板是管壳式换热器最主要的部件之一,特别是在高参数的条件下,对管板的材料供应、加工工艺、检验技术等都有更为严格的要求,往往成为整台换热器生产的决定因素。如何正确地分析管板的受力状态,合理地确定管板的厚度,对保证换热器的安全运转,节约材料,降低成本,无疑起着相当重要的作用。

1.3.1　管板计算概述

1. 管板和圆平板的主要区别

　　从管板的受载分析可知,管板实际上是承受轴对称非均布载荷的圆平板。管板和受均布载荷或某种载荷作用下的圆平板的主要区别大致如下。

　　(1) 结构上的区别

　　① 固定管板式换热器(包括带膨胀节的固定管板式换热器)的两端管板通过管束和壳体组成一个静不定系统,这是因为它们在结构上是通过焊接方法把管板和壳体固定在一起,而管束又是通过焊接或胀接固定在管板上;

　　② 浮头换热器的两管板则是通过管束相连,但与壳体无关,因而管板和管束两者组成一个静不定系统,壳体则为静定系统;

　　③ U 形管式换热器只有一块管板,管板和管束相连,和壳体无关,因而管板、管束和壳体三者分别都为静定结构;

　　④ 填料函式换热器由于结构上的原因,壳程压力一般都不高。可以把填料函的摩擦力忽略,因而可以把它看成浮头式换热器处理。

　　(2) 载荷上的区别

　　① 管板两侧分别承受壳程压力 p_s 和管程压力 p_t 的作用,两侧压力的作用面积是不相同的;

　　② 固定管板式换热器由于管板、壳体和管束组成静不定系统,因而管壁和壳壁间的温差,将对三者产生附加的载荷;

　　③ 当管板的延长部分兼作法兰时,管板还要承受法兰弯矩的作用。

2. 影响管板强度和刚度的主要因素

　　(1) 管束对管板的支承作用

　　在流体压力作用下管板将产生挠度与转角。因管束与管板连接在一起,管束也将沿轴线方向产生压缩或伸长,而管束端部则产生弯曲变形。管束产生的这两种变形对管板会起到约束作用,具有减小管板中应力的作用。但是实际的分析计算表明,管束端部对管板的转角约束的作用而引起管板强度的变化很小,可予以忽略,因此只需考虑管束对管板挠度的约束作用。但是,由于管板的挠度在各处是不等的,因而管束对管板的弹性约束将随所在的半径位置而变化,即在管板挠度大的地方,管束对管板产生的弹性反力大;反之,弹性反力就小。

如果管板直径与管子直径相比足够大,而管数又足够多,则此弹性反力可用一连续分布的面载荷 q 来表示。管束的支承作用可简化为连续支承管板的弹性基础,此管板就可以看作弹性基础上的圆平板。

(2) 管孔对管板的削弱作用

管孔对管板的削弱作用有两个方面:

① 减小了管板的整体刚度和强度。可分别用刚度削弱系数 η 和强度削弱系数 ψ 表示。根据我国常用的换热管参数(管径 25～38 mm,壁厚 2.5～3.0 mm,管间距 32～48 mm),取 $\eta = \psi = 0.4$;

② 在管孔边缘产生局部应力集中。由于管板开孔后总连接有换热管(胀接或焊接),所以一般不计开孔后由于应力集中所引起的削弱,只是在疲劳设计计算峰值应力时才予以考虑。

(3) 管板外缘的支承方式

许多国家的有关标准或规范的不同,对管板外缘支承方式的影响采用不同的方法。有的管板计算公式为了简单起见而区分为简支或固支两类,但实际工程管板不存在绝对的简支或固支,管板的实际应力应由具体的支承情况决定。

(4) 管壁和壳壁温差的影响

这里所指的温差仅对管板、管束、壳体相连为一体的固定管板式换热器才有影响。在一些特定条件下,因管壁与壳壁温度的不同,可能致使管板产生很大的弯曲变形,在管板中产生的应力可能比压力所引起的应力大很多。因此是影响管板强度的重要因素之一。

至于管板上下表面的温差,对于厚管板也会产生相当的热应力。

(5) 管板周边不布管区的影响

我国 GB 151—1999《管壳式换热器》中,对管板周边不布管区进行了详细的分析,认为管板周边存在的环形不布管区,将使管板边缘的应力下降。国外一些标准假设管子均匀分布在整个管板上,没有计入环形不布管区的影响。

(6) 管板兼作法兰时,要考虑附加法兰弯矩对管板应力的影响。

(7) 其他

如折流板管孔大小和折流板间距对管束受压弯曲可能引起的影响,从而改变了管束对管板的支承作用;壳程压力 p_s、管程压力 p_t,在壳体和管壁上产生的轴向变形,从而改变了管束对管板的支承作用;折流板间距大小对管束诱导共振所引起的影响;管板上分程隔板对管板弯曲变形的支承作用等。

3. 管板强度的理论基础

目前,在许多国家的有关标准或规范中,如英国的 B.S.5500,美国的 TEMA 标准,日本工业标准 JIS,西德的 AD 规范,苏联的锅炉监察手册等都列入了管板的计算公式。这些公式的形式不同,之所以如此皆因对管板诸多影响因素进行了不同的简化和假设所致。尽管管板计算公式各不相同,计算结果也有很大差异,但大体上是基于不同的理论依据提出的。

(1) 将管板看成周边支承条件下受均布载荷的圆平板,应用平板理论得出计算公式。考虑到管孔的削弱,再引入经验性的修正系数。这种公式为 TEMA(一至四版)、JIS 标准所采用,形式简单实用,但是局限性较大。

(2) 将管束当作管板的固定支承,而管板是受管束支承着的圆平板。该理论认为管板的厚度取决于管板上不布管区的范围,如西德 AD 规范所采用的公式。实践证明,这种公式适用于各种薄管板的强度校核。

(3) 认为管板是弹性基础上受轴对称载荷的多孔圆平板,既考虑到管束弹性反力约束的加强作用,又考虑到管孔的削弱作用。如英国 B. S. 标准推荐的管板计算公式。

GB/T 151—2014《管壳式换热器》中列入的管板计算公式就是根据上述第三种理论基础,经过比较严密的推导得出的,作为我国管板计算的标准。如前所述,GB/T 151—2014 采用的方法比较复杂,且多处采用图表。为简化繁琐的计算过程,现有经过我国压力容器标准化技术委员会批准的软件包在计算机上进行计算,并打印出计算书。

我国 GB/T 151—2014 管板计算原理与英国 B. S. 标准都是采用弹性基础上的圆平板理论,所不同的是我国标准考虑了更多的影响因素。为此,下面先讲述考虑因素较少的 B. S. 管板计算方法,即通常称之为米勒法。在此基础上再介绍我国 GB 151—1999 所综合考虑的因素以及设计准则等。

1.3.2　以米勒法为基础的管板计算

1. 基本假设

(1) 管束和管板连接处无滑动,否则就影响了管束对管板的支承作用。

(2) 管束在受压缩时不产生弯曲而只有轴向压缩,因此管束对管板的支承作用可以直接用管子的轴向压缩量予以反映。

(3) 管板受载后的弯曲为小挠度弯曲,且忽略管束对管板弯曲的约束作用。

(4) 管束均匀分布在整个管板上,即把管束视为管板的均匀弹性基础。

(5) 管板开孔后的削弱。

① 刚度削弱系数。设无孔板的弯曲刚度为 D,则开孔后的弯曲刚度为 D',刚度的削弱系数为 η,则有如下关系:

$$D = \frac{E p_t^{3}}{12(1-\mu^2)} \qquad (1-1)$$

$$D' = \eta D \qquad (1-2)$$

② 强度削弱系数。设无孔板的最大径向弯曲应力为 $\sigma_{r,max}^0$,则开孔板的最大径向弯曲应力为 $\sigma_{r,max}$,强度削弱系数为 ψ,则有如下关系:

$$\sigma_{r,max} = \frac{\sigma_{r,max}^0}{\psi} \qquad (1-3)$$

当无其他更可靠依据时,可取 $\eta = \psi$;强度削弱系数与换热器程数等有关,可取:单程换热器,$\psi = 0.4$;双程换热器,$\psi = 0.5$;大于或等于四程的换热器,$\psi = 0.6$。

2. 固定管板式换热器

此类换热器管板的特点为:

(1) 管板、管束和壳体三者组成一个静不定系统,而两块管板的结构和受载条件完全相同;

（2）管板承受管程和壳程压力的作用，同时还承受管壁和壳壁的温差而引起的附加载荷。

计算时，在换热器的对称面（即 1/2 管长处，垂直于换热器中心轴的面）处，将换热器截成两段，又认为在其对称面处管子与壳体的轴向位移都等于零。现以此包括半管长的壳体、半长管束和一块管板、封头在内的半只换热器作为一个分析的系统，见图1-48。

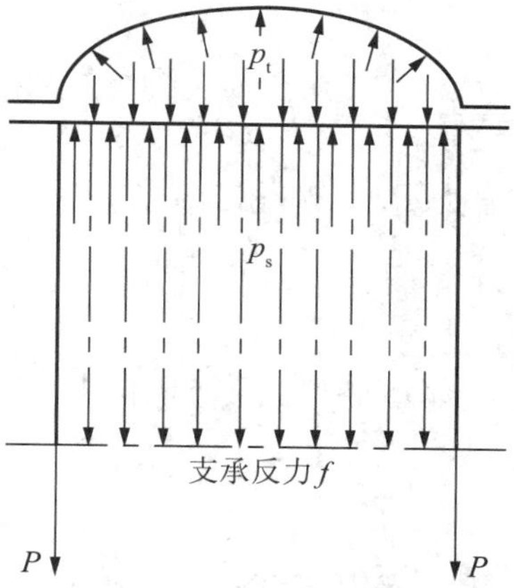

分析的思路为：

（1）根据力学模型，分析作用于管板上的载荷，这些载荷不仅包括管、壳程压力和温差，而且还包括作为弹性基础的管束对管板的支承反力。

图 1-48　固定管板式换热器的受力示意图

（2）根据作用在管板上的载荷，由弹性基础圆平板理论列出管板的挠曲微分方程，其中作用在管板上的载荷为轴对称非均布载荷，因此所得的挠曲方程的解为四阶变系数非齐次方程，通过挠曲方程的解可得管板挠度为所在点的位置坐标 r 的函数：

$$\omega = f(r)（包括两个积分常数）$$

根据平板理论，由管板挠度可求得管板转角 φ，径向弯矩 M_r 和周向弯矩 M_θ，

$$\varphi = \frac{\mathrm{d}\omega}{\mathrm{d}r} \tag{1-4}$$

$$M_r = -\eta D\left(\frac{\mathrm{d}^2\omega}{\mathrm{d}r^2} + \frac{\mu}{r}\frac{\mathrm{d}\omega}{\mathrm{d}r}\right) \tag{1-5}$$

$$M_\theta = -\eta D\left(\frac{1}{r}\frac{\mathrm{d}u}{\mathrm{d}r} + \mu\frac{\mathrm{d}^2\omega}{\mathrm{d}r^2}\right) \tag{1-6}$$

（3）由管板的支承方式即边界条件求取式 $\omega = f(r)$ 中的两个积分常数。

（4）据式（1-5）、式（1-6），可求取管板上的最大弯曲应力；由管束对管板的支承反力，可求取管束的最大轴向应力，再由此求出管子在管板上的拉脱力；由壳体的轴向载荷求取壳体的轴向应力。

（5）根据以上求出的管板最大弯曲应力、管子的最大轴向应力、管子在管板上的拉脱力以及壳体的轴向应力进行相应的强度校核。如不能满足强度校核条件，则针对性地采取措施，或调整管板厚度，或改变管子和管板的连接结构，或采用取消或者补偿温差应力的措施。

1）管板受载分析

（1）只考虑管、壳程压力，不计温差作用时

设 $p_s > p_t$（如果 $p_s < p_t$，则分析方法相同，仅受载方向相反）。

① 由管、壳程压力 p_s、p_t 作用在管板上的载荷。

见图1-48，由壳程压力 p_s 作用在管板上引起向上的轴向载荷

$$P_1 = p_s(A - A_t) \tag{1-7}$$

由管程压力 p_t 作用于管板上引起向下的轴向载荷

$$P_2 = p_t(A - A_t) + p_t na \tag{1-8}$$

式中，$A = \dfrac{\pi}{4}D_i^2$；$A_t = n\dfrac{\pi}{4}d_0^2$；$a = \pi(d_0 - S_i)S_i$；$d_0$、$S_i$ 分别为管子的外径和壁厚。

合力 $P_1 - P_2$，相当于作用在单位管外管板面积上 $(A - A_t)$ 的当量压力为

$$p_a = \frac{P_1 - P_2}{A - A_t} = p_s - p_t(1+\beta)，其中 \beta = \frac{na}{A - A_t} \tag{1-9}$$

合力 $P_1 - P_2$，相当于作用在单位管板面积 A 上的当量压力为

$$\frac{P_1 - P_2}{A_t} = p_0 \frac{A - A_t}{A} \tag{1-10}$$

$(P_1 - P_2)$ 的方向，视管、壳程压力 P_t、p_s 的大小和管子外径、壁厚、数量而定。如 $(P_1 - P_2)$ 为正值，则管板应向上拱起，管束受拉而使管板的向上拱起弯曲变形受到限制；反之，则管板下凹，管束受压缩而使管板的下凹弯曲变形也受到限制。所以管束对管板的支承反力 f 和由 p_s、p_t 所引起的载荷净值 $(P_1 - P_2)$ 的方向总是相反的。

② 管束对管板的支承反力 f

支承反力 f 可由静不定系统中管束、管板和壳体的变形协调关系推求。见图 1-49，取管束中间基准面，则壳体在轴向载荷 P 作用下对基准面的伸长为

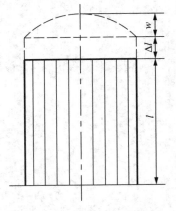

$$\Delta l = \frac{Pl}{A_s E_s} \tag{1-10}$$

式中，$A_s = \pi(D_i + S)S$；l 为两管板间换热器长度之半。

显然，式(1-10)忽略了在壳程压力 p_s 作用下由于周向应力的泊松效应而引起的轴向收缩，因而，我国 GB151—1999 在推导管板计算公式时，对此作了修正。

图 1-49　只考虑压力载荷时管板和管束的变形协调

管板在管、壳程压力和壳体轴向力 P 作用下对基准面的位移为 $\Delta l + \omega$。由于管板挠度为 $\omega = f(r)$，所以 $\Delta l + \omega$ 值也随 r 而变。一管子在管板位移 $\Delta l + \omega$ 的牵制下，相应的伸长或压缩，其变形值为

$$(\Delta l)_t = \Delta l + \omega \tag{1-11}$$

由于 $\Delta l + \omega$ 随 r 而变，说明在不同 r 处的管子，其拉伸或压缩量是不同的。设在 r 处，则管子的轴向变形为

$$(\Delta l)_t = \Delta l + \omega = \frac{Q_t l}{F_t E_t} \tag{1-12}$$

其中在微元体 $2\pi r dr$ 上的轴向载荷：$Q_t = f \cdot 2\pi r dr \tag{1-13}$

在微元体 $2\pi r dr$ 上所占有的管子截面积：

$$F_t = a \cdot \frac{n}{A} \cdot 2\pi l dr \tag{1-14}$$

显然，式(1-14)也忽略了管子在周向应力作用下由于泊松效应而引起的轴向变形，我国

GB151—1999 对此也作了修正。由上可得

$$(\Delta l)_t = \Delta l + \omega = \frac{Q_t l}{F_t E_t} = \frac{fAl}{E_t na} \tag{1-15}$$

整理式(1-15)得管束对管板的支承反力

$$f = \frac{E_t na}{Al}\omega + \frac{E_t na}{Al}\Delta l = k\omega + \frac{P}{A}\frac{E_t na}{E_s A_s} = k\omega + \frac{P}{A}Q \tag{1-16}$$

式中,$k = \frac{E_t na}{Al}$ 为管束的弹性基础系数,表示管子单位伸长或压缩(即壳体的伸长或压缩加上管板的挠度)时所需要在管板单位面积上所施加的载荷,$(N/cm^2)/cm$;$Q = \frac{E_t na}{A_s E_s}$ 为管束对壳体的拉压刚度之比。式(1-16)表征在静不定体系中,管板挠度 ω、管束对管板的支承反力 f 和壳体和轴向载荷 P 三者之间的相互联系。

③ 作用于单位管板面积上的总载荷

由于管束的支承反力 f 和 (P_1-P_2) 方向总是相反,所以作用在单位管板面积上的总载荷为

$$f = \begin{cases} \dfrac{E_t na}{Al}\Delta l = \dfrac{P}{A}Q \\ \dfrac{E_t na}{Al}\omega = k\omega \end{cases} \quad \text{或} \quad f = \begin{cases} \dfrac{E_t na}{Al}(\Delta l - \gamma l) - k\gamma l \\ \dfrac{E_t na}{Al}\omega = k\omega \end{cases}$$

$$p_e = \frac{P_1 - P_2}{A} - f = \lambda p_a - k\omega - \frac{P}{A}Q \tag{1-17}$$

式中,系数 $\lambda = \dfrac{A - A_t}{A}$。

由式(1-17)可知,作用在单位管板面积上的总载荷 p_e 不仅和管、壳程压力有关,而且和管板挠度 ω 本身及壳体轴向载荷 P 有关,这充分反映了在弹性基础上圆平板的特性。

(2) 同时考虑管、壳程压力和温差作用时

设换热器装配时的温度为 θ_0,操作时管子壁温为 θ_t,相应的线膨胀系数为 α_t,操作时壳体壁温为 θ_s,相应的线膨胀系数为 α_s,则在管板、管束、壳体的变形协调式中,应在上述(1)的基础上,同时考虑管束和壳体在操作时的热膨胀量。于是可得

$$\frac{fAl}{E_t na} + \alpha_s(\theta_t - \theta_0)l = \omega + \Delta l + \alpha_s(\theta_s - \theta_0)l \tag{1-18}$$

取 $\gamma = \alpha_t(\theta_t - \theta_0) - \alpha_s(\theta_s - \theta_0)$,则

$$f = \frac{E_t na}{Al}\omega + \frac{E_t na}{Al}(\Delta l - \gamma l) = k\omega - k\gamma l + \frac{P}{A}Q \tag{1-19}$$

式(1-19)表征在同时考虑压力载荷和温差时,管板挠度 ω、管束支承反力 f、壳程轴向载荷 p 和管壳间的温差变形之间的关系。

此时,作用在单位管板面积上的总载荷

$$p_e = \frac{P_1 - P_2}{A} - f = \lambda p_a - k\omega + k\gamma l - \frac{P}{A}Q \tag{1-20}$$

由式(1-20)可知,作用在单位管板面积上的总载荷不仅与压力和温差有关,而且和管板挠度 ω 本身及壳体的轴向载荷 p 有关,也同样反映了在弹性基础上的圆平板的特性。p_e-r 关系可见图 1-50。

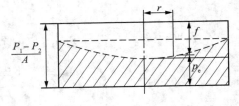

图 1-50 p_e-r 关系图

从上述两种情况分析可知,管束支承反力 f 和管板挠度 ω,管、壳温差变形 γl,壳体轴向载荷 P 有关。为求解方程,还应通过对半截换热器的静力平衡关系求取 f-P 之间的关系。

(3) 载荷平衡方程

见图 1-48,列出半截换热器的静力平衡方程

向上载荷:$p_s(A - A_t) + p_t A$

向下载荷:$p_t(A - A_t + na) + p + \int_0^R f 2\pi r\,\mathrm{d}r$

平衡方程: $\qquad p_s(A - A_t) + p_t(A_t - na) = p + \int_0^R f 2\pi r\,\mathrm{d}r \tag{1-21}$

2) 管板挠曲方程及其求解

据圆平板承受轴对称载荷时的挠曲方程

$$\nabla^2 \nabla^2 \omega = \frac{p_e}{D} \tag{1-22}$$

式中,$\nabla^2 = \dfrac{\mathrm{d}^2}{\mathrm{d}r^2} + \dfrac{1}{r}\cdot\dfrac{\mathrm{d}}{\mathrm{d}r}$ 为极坐标系中的拉普拉斯算子。前已述及,对管板而言,可对应地把弯曲刚度 D 改为计及开管孔削弱后的弯曲刚度 ηD,且已推得单位管板面积上的载荷 $p_e = p(r)$,所以管板的挠曲微分方程为

$$\nabla^2 \nabla^2 \omega = \frac{1}{\eta D}\left(\lambda p_a - k\omega + k\gamma l - \frac{P}{A}Q\right) \tag{1-23}$$

式(1-23)为四阶变系数非齐次微分方程,其通解为

$$\omega = C_1 \operatorname{ber}(Kr) + C_2 \operatorname{bei}(Kr) + C_3 \operatorname{ber}(Kr) + C_4 \operatorname{bei}(Kr) +$$
$$\frac{1}{k}\left(\lambda p_a + k\gamma l - \frac{P}{A}Q\right) \tag{1-24}$$

式中,系数 $K = \sqrt[4]{\dfrac{k}{\eta D}}$。

为满足 $r \to 0$ 即在管板中心处,管板挠度 ω 为有限的边界条件,必须使积分常数 $C_3 = C_4 = 0$,于是,挠度 ω 的通解

$$\omega = C_1 \operatorname{ber}(Kr) + C_2 \operatorname{bei}(Kr) + \frac{1}{k}\left(\lambda p_a + k\gamma l - \frac{P}{A}Q\right) \tag{1-25}$$

其中,$\operatorname{ber}(Kr)$、$\operatorname{bei}(Kr)$ 为贝塞尔函数。

在挠度 ω 即式(1-25)中,还包括壳体轴向载荷 P 值,必须设法求解,故采用式(1-19)、

式(1-21)和式(1-25)三式联立

$$\begin{cases} f = k\omega - k\gamma l + \dfrac{P}{A}Q \\[2mm] p_s(A - A_t) + p_t(A_t - na) = P + \displaystyle\int_0^R f 2\pi r \mathrm{d}r \\[2mm] \omega = C_1 \operatorname{ber}(Kr) + C_2 \operatorname{ber}(Kr) + \dfrac{1}{k}\left(\lambda p_a + k\gamma l - \dfrac{P}{A}Q\right) \end{cases}$$

从而求解出管束对管板的支承反力 f、壳体的轴向载荷 P 以及管板的挠度 ω 三个未知数。其中积分常数 C_1、C_2 则要应用边界支承条件求解。

在 f、P 和 ω 的求解值中均包含有贝塞尔函数,可应用贝塞尔函数的一些有关性质和有关的数理方程进行处理,此处从略。

由管板挠度,可求得管板转角 φ、径向弯矩 M_r、周向弯矩 M_θ。

$$\varphi = -\frac{\mathrm{d}\omega}{\mathrm{d}r} = K\left[C_1 \operatorname{ber}'(Kr) + C_2 \operatorname{bei}'(Kr)\right] \tag{1-26}$$

$$\begin{aligned} M_r &= -\eta D\left(\frac{\mathrm{d}^2\omega}{\mathrm{d}r^2} + \frac{\mu}{r}\frac{\mathrm{d}\omega}{\mathrm{d}r}\right) \\ &= -\eta D K^2 \left\{ C_1\left[\operatorname{bei}(Kr) + \frac{1-\mu}{Kr}\operatorname{ber}'(Kr)\right] - \right. \\ &\qquad\left. C_2\left[\operatorname{ber}(Kr) - \frac{1-\mu}{Kr}\operatorname{ber}'(Kr)\right] \right\} \end{aligned} \tag{1-27}$$

$$\begin{aligned} M_\theta &= -\eta D\left(\frac{1}{r}\frac{\mathrm{d}\omega}{\mathrm{d}r} + \mu\frac{\mathrm{d}^2\omega}{\mathrm{d}r^2}\right) \\ &= -\mu\eta D K^2 \left\{ C_1\left[\operatorname{bei}(Kr) + \frac{1-\mu}{\mu Kr}\operatorname{ber}'(Kr)\right] - \right. \\ &\qquad\left. C_2\left[\operatorname{ber}(Kr) + \frac{1-\mu}{\mu Kr}\operatorname{ber}'(Kr)\right] \right\} \end{aligned} \tag{1-28}$$

3) 管板、管子和壳体的应力计算

根据圆平板理论,可由式(1-26)、式(1-27) 和式(1-28),计算出管板的弯曲应力

$$\sigma_r = \frac{1}{\psi}\left(\mp\frac{6M_r}{t^2}\right) \tag{1-29}$$

$$\sigma_\theta = \frac{1}{\psi}\left(\mp\frac{M_0}{t^2}\right) \tag{1-30}$$

管子的轴向应力可由管束对管板的支承反力求得

$$\sigma_t = \frac{fA}{na} \tag{1-31}$$

壳体的轴向应力可由壳体的轴向载荷求得

$$\sigma_c = \frac{P}{A_s} \tag{1-32}$$

4) 由边界支承条件求取积分常数,并最终求取管板、管子和壳体的应力

（1）管板周边为固支（夹持）时
边界条件：

$$\omega\big|_{r=R}=0$$
$$\varphi\big|_{r=R}=0$$

利用上述边界条件，可求取包含有贝塞尔函数的积分常数 C_1、C_2，将其代入式（1-30）、式（1-31）和式（1-32），即可求取管板最大弯曲应力 $\sigma_{r,max}$，管子最大轴向应力 $\sigma_{t,max}$，进而求取管子对管板的拉脱力，壳体的轴向应力 σ_c。

$$\sigma_{r,max}=\pm\frac{D_i^2}{4\psi t^2}\frac{\lambda p_b}{G_1(G_3+Q)} \tag{1-33}$$

式中，G_1、G_3 为反映换热器结构尺寸和管板周边支承条件的系数。为方便计算，可从图线中查取（图1-51）。图中横坐标 $K_0=KR$，这说明系数 G_1、G_3 还与管束的弹性基础系数 k、管板开设管孔后的弯曲刚度 $K=\sqrt[4]{\dfrac{k}{\eta D}}$ 有关。

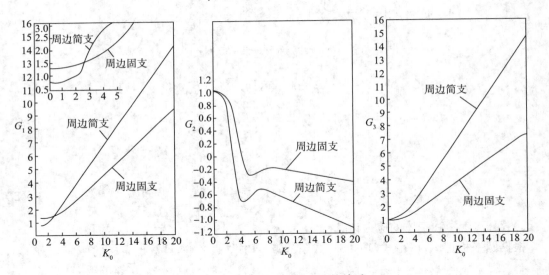

图1-51　G_1、G_2、G_3 和 K_0 的关系

$$p_b=p_a-p_t\frac{Q}{\lambda}+\beta\gamma E_i\ \text{为“最大压差”}$$

$$\sigma_{t,max}=\frac{1}{\beta}\left(p_a-\frac{p_b G_2}{Q+G_3}\right) \tag{1-34}$$

或

$$\sigma_{t,max}=\frac{1}{\beta}\left(p_a-\frac{p_b G_3}{Q+G_3}\right) \tag{1-35}$$

$$q=\frac{\sigma_{t,max}a}{\pi d_0 l} \tag{1-36}$$

式中，l 为管子在管板上的胀接长度，如果管子与管板采用焊接固定时，式（1-36）中的 l 应改为焊接的焊脚高度。

$$\sigma_c = \frac{E_s}{E_t} \frac{1}{\beta}\left(p_e - \frac{p_b G_3}{Q+G_3}\right) \tag{1-37}$$

式中，E_s、E_t 分别为壳体和管子材料的弹性模数；$p_e = p_a + \beta\gamma E_t$ 为"有效压差"。

（2）管板周边为简支时

边界条件：

$$\omega\big|_{r=R} = 0$$
$$M_r\big|_{r=R} = 0$$

按照周边固定时同样的方法，先求取积分常数，从而求取管板的最大弯曲应力、管子最大轴向应力、管子对管板的拉脱力以及壳体的轴向应力。

$$\sigma'_{r,\max} = \pm\frac{D_i^2}{4\psi t^2}\frac{\lambda p_b}{G_1'(G_3'+Q)} \tag{1-38}$$

$$\sigma'_{r,\max} = \frac{1}{\beta}\left(p_a - \frac{p_b G_2'}{Q+G_3'}\right) \tag{1-39}$$

或

$$\sigma'_{r,\max} = \frac{1}{\beta}\left(p_a - \frac{p_b G_3'}{Q+G_3'}\right) \tag{1-40}$$

$$q' = \frac{\sigma_{t,\max}a}{\pi d_0 l} \tag{1-41}$$

$$\sigma'_c = \frac{E_s}{E_t}\cdot\frac{1}{\beta}\left(p_e - \frac{p_b G_3'}{Q+G_3'}\right) \tag{1-42}$$

以上五个公式中上标"′"表示周边为简支，其形式与周边固支时完全相同。所以，当按图 1-51 两条曲线取定某一系数 G_1、G_2、G_3 时，其应力计算公式是一样的。

由上述对管板的固支和简支两种情况的分析可知。

固支时：管板最大应力在 $r=R$ 即周边上，与 KR 值无关；管子最大轴向应力可以在 $r=(0\sim1)R$ 处，其具体地点取决于 KR 值。

简支时：管板最大弯曲应力在 $r=(0\sim1)R$ 处；管子最大轴向应力在 $r=(0\sim1)R$ 处，其具体位置取决于 KR 值。管板最大应力的所在位置见图 1-52。

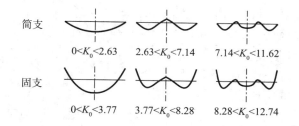

图 1-52 管板最大应力位置图

5）危险工况

在校核管板、管子和壳体应力时，考虑到操作参数 p_s、p_t 和 γ 的相互组合，有可能造成以下七种工况：

（1）p_s、p_t、γ 共存，这种工况最为常见；

（2）p_s、p_t 共存，这种工况出现在启动过程中；

（3）只存在 γ，这种工况可能出现在停车过程中；

（4）只存在 p_s，这是在启动过程中可能出现的工况；

（5）p_s 和 γ 共存，这是在启动或停车过程中可能出现的工况，此时正温差（$\gamma>0$）比负温差（$\gamma<0$）更危险；

（6）只存在 p_t，这种工况可能出现在启动过程中；

（7）p_t 和 γ 共存，这是在启动和停车过程中可能出现的工况，此时负温差（$\gamma<0$）比正温差（$\gamma>0$）更危险。

对于某一种换热器，根据运转条件，其可能存在的工况总在上述七种范围内。但是其中有些工况有时是不会出现的，在校核时如根据操作工艺条件确有把握时可以不予计入。按照米勒法的计算，管板的最危险应力只可能出现在（4）～（7）中，而管子、壳体的最危险应力则可能出现在（1）～（7）中，所以如有可能出现的各种工况，在校核时必须予以计入。我国 GB151—1999 中只考虑（4）～（7）工况的危险组合，其目的是校核管板的最危险应力。在 B.S. 标准中，在求取最大压差 p_b 时，规定要对 p_s、p_t、γ 的考虑应使 p_b 为最大，其目的也是如此。

6）管板、管子及壳体的强度校核条件

米勒法在推求管板、管子和壳体应力时，并未应用应力分类的概念，故 B.S. 标准的强度校核条件还没有引入应力分类的观点。

而根据应力分析设计的规定，由管壳程压力所引起的应力为一次应力且在管板上引起的为一次弯曲应力，在管子、壳体上引起的应力为一次总体薄膜应力；由管、壳温差引起的应力为二次应力。因而可以采用不同的强度条件进行校核。对于管子，还应区分拉伸应力及压缩应力，如为压缩应力，则还应满足压缩稳定性的校核。

我国 GB/T 151 即采取应力分析设计的规定。此处虽按米勒法推求各处的应力，但为了和我国 GB/T 151 的标准相衔接，所以在强度校核条件中引入了应力分类的概念。

（1）管板的强度校核条件

无温差时，$\sigma^p_{r,\max}\leqslant1.5[\sigma]_r$

有温差时，$\sigma^{p,t}_{r,\max}\leqslant3[\sigma]_r$，且同时满足 $\sigma^p_{r,\max}\leqslant1.5[\sigma]_r$

如不满足强度校核条件，则应调整管板厚度，根据调整后的管板、管子和壳体系统。重新计算各部分的应力并重新校核，直到全部满足为止。

（2）管子的强度校核条件

无温差时，$\sigma^p_{t,\max}\leqslant[\sigma]_t$

有温差时，$\sigma^{p,t}_{t,\max}\leqslant3.0[\sigma]_t$，且同时满足 $\sigma^p_{t,\max}\leqslant[\sigma]_t$

当 $\sigma_{t,\max}$ 为压缩应力时，则还应满足 $\sigma_{t,\max}\leqslant[\sigma]_{cr}$

如不满足强度校核条件，或可加大管子壁厚，或可采用温差应力补偿措施。在采取上述措施之后，应根据改变了的结构型式重新校核各项应力，直到全部满足为止。

（3）管子和管板连接的强度校核

不论有无温差，$q\leqslant[q]$

其中 $[q]$ 为胀接时的许用拉脱力，当管端不翻边、管板孔不升槽胀接时，$q\leqslant[q]=2$ MPa；当管端翻边或管板孔开槽胀接时，$q\leqslant[q]=4$ MPa。对于管子和管板的焊接结构，由于焊接强度可以等于管子本体强度，我国 GB/T 151 规定，$q\leqslant3[q]$。如不满足拉脱力的强度校核条件，则在工艺条件许可时可把胀接改为焊接，如不允许更改结构。则应设法调整 $\sigma_{t,\max}$ 以降低管子对管板的拉脱力 q。

（4）壳体的强度校核条件

无温差时，$\sigma_c^p \leqslant [\sigma]_c$

有温差时，$\sigma_c^{p,t} \leqslant 3.0[\sigma]_c$，且同时满足 $\sigma_c^p \leqslant [\sigma]_c$。如不满足强度校核条件，则可加大壳体器壁截面，或可采用温差应力补偿措施。

3. 浮头式换热器

浮头式换热器的管束和壳体之间不存在相互制约的关系，因此，管与壳之间的变形是相互独立的，管、壳间的温差不会导致管子、壳体和管板上的附加载荷。但是浮头端管板和固定端管板之间连有管束，所以两管板之间的变形互相制约而构成静不定系统。

可把浮动端管板和固定端管板看成支承条件相同，直径也相同，则可和固定式管板的分析相同，仅仅把管束、管板系统对壳体的约束解除即可。

1）管板受载分析

参见图 1-53，仍设 $p_s > p_t$。

（1）由壳程压力 p_s、管程压力 p_t 所引起的载荷

向上：$P_1 = p_s(A - A_t)$

向下：$P_2 = p_t(A - A_t) + p_t na$

（2）管束对管板的支承反力

管板的挠度和管束的轴向变形量一致

$$\omega = \Delta l_t \qquad (1-43)$$

而

$$\Delta l_t = \frac{Q_t l}{E_t F_t} = \frac{fAl}{E_t na} \qquad (1-44)$$

故得

$$f = \frac{E_t na}{Al} \omega = k\omega \qquad (1-45)$$

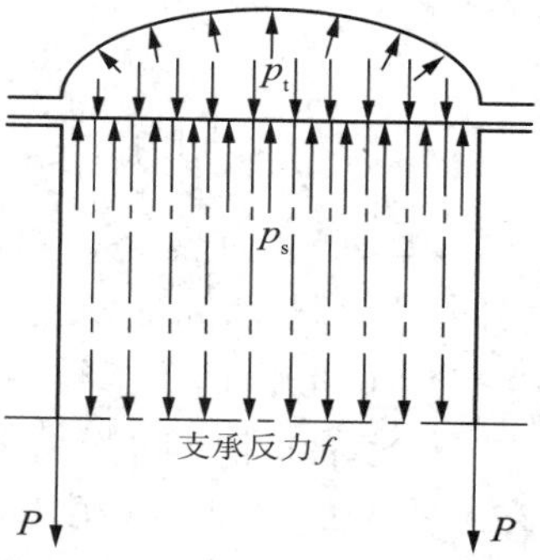

图 1-53　浮头式换热器
受力示意图

（3）作用于单位管板面积上的总载荷

$$p_e = \frac{P_1 - P_2}{A} - f = \lambda p_a - f \qquad (1-46)$$

式中，$p_a = p_s - p_t(1+\beta)$。

与固定管板式换热器相比较可知，作用在单位管板面积上的总载荷有所不同，两者之间的主要差别在于管束对管板的支承反力不同。由于浮头式换热器的管束和壳体可以自由膨胀，故可视作 $\gamma = 0$，而且管束和壳体的变形互不约束，则管束对管板的支承反力 f 和壳体的轴向载荷 P 无关。

2）管板挠曲方程及其求解

$$\nabla^2 \nabla^2 \omega = \frac{p_e}{\eta D} = \frac{\lambda p_a - k\omega}{\eta D} \qquad (1-47)$$

可以解得

$$\omega = C_1 \operatorname{ber}(Kr) + C_2 \operatorname{bei}(Kr) + \frac{1}{k} \lambda p_a \qquad (1-48)$$

采用和固定管板式换热器相似的方法，最后可以求得

管板最大弯曲应力

$$\sigma_{r,max} = \pm \frac{p_s - p_t}{4\psi G_1}\left(\frac{D_i}{t}\right)^2 \tag{1-49}$$

管束的最大轴向应力

$$\left.\begin{array}{l}\sigma_{t,max} = \dfrac{1}{\beta}\left[p_a - \dfrac{(p_s - p_t)G_2}{\lambda}\right]\\[3mm]\sigma_{t,max} = \dfrac{1}{\beta}\left[p_a - \dfrac{(p_s - p_t)G_3}{\lambda}\right]\end{array}\right\} \tag{1-50}$$

其中,系数 G_1、G_2、G_3 的意义和固定管板式相同,同样可由图 1-51 查得,并区分周边为固支和简支而有不同的数值。

3) 浮头式换热器强度校核条件

由于浮头式换热器不存在温差应力,所以其强度校核条件可采用

$$\sigma_{r,max} \leqslant 1.5[\sigma]_r$$
$$\sigma_{t,max} \leqslant [\sigma]_t$$

当 $\sigma_{t,max}$ 为压应力时,$\sigma_{t,max} \leqslant [\sigma]_{cr}$。

填料函式换热器一般仅用于壳程压力 p_s 很低时,管板、管束的应力分析和浮头式换热器相同,所以 $\sigma_{t,max}$、$\sigma_{r,max}$ 式完全相同,但由于 p_s 很低,所以可以按 $p_s = 0$ 进行计算。

4. U 形管式换热器

U 形管式换热器的管束和壳体间不存在连接关系,两者的变形是各自独立的,因此不存在温差应力;管板的挠度也是自由的,不与管、壳的变形相联系。据此,我们可以认为 U 形管式换热器的管、壳、板三者都是静定的,可以把管板看作为在 p_s、p_t 作用下的开孔平板。管板的最大弯曲应力为

固支(夹持)时,

$$\sigma_{r,max} = \pm \frac{0.188(p_s - p_t)}{\psi}\left(\frac{D_i}{t}\right)^2 \tag{1-51}$$

简支时,

$$\sigma_{r,max} = \pm \frac{0.309(p_s - p_t)}{\psi}\left(\frac{D_i}{t}\right)^2 \tag{1-52}$$

管子上的轴向载荷由每一根管子所承受的载荷分析,当 $p_s > p_t$ 时管子为压缩载荷:

$$\frac{p_s A_t}{n} - p_t\left(\frac{A_t}{n} - a\right) = (p_s - p_t)\frac{A_t}{n} + p_t a \tag{1-53}$$

所以管子上的轴向应力为

$$\sigma_t = \frac{(p_s - p_t)A_t}{na} + p_t \tag{1-54}$$

当 $p_s > p_t$ 时为压缩应力,当 $p_s < p_t$ 时为拉伸应力。

综上所述,各类换热器的管板、管子和壳体的应力计算式列于表 1-4。

表1-4 管板、管子和壳体的应力计算式

换热器型式	$\sigma_{r,max}$	$\sigma_{t,max}$
固定管板式	$\dfrac{\lambda p_b}{4\psi G_1(Q+G_3)}\left(\dfrac{D_i}{t}\right)^2$	$\dfrac{1}{\beta}\left(p_a-\dfrac{p_b G_2}{Q+G_3}\right)$ 或 $\dfrac{1}{\beta}\left(p_a-\dfrac{p_b G_3}{Q+G_3}\right)$
带膨胀节的固定管板式	$\dfrac{\lambda p_b'}{4\psi G_1(Q'+G_3)}\left(\dfrac{D_i}{t}\right)^2$	$\dfrac{1}{\beta}\left(p_a-\dfrac{p_b' G_2}{Q'+G_3}\right)$ 或 $\dfrac{1}{\beta}\left(p_a-\dfrac{p_b' G_3}{Q'+G_3}\right)$
浮头式	$\dfrac{p_s-p_t}{4\psi G_1}\left(\dfrac{D_i}{t}\right)^2$	$\dfrac{1}{\beta}\left[p_a-\dfrac{(p_s-p_t)G_2}{\lambda}\right]$ 或 $\dfrac{1}{\beta}\left[p_a-\dfrac{(p_s-p_t)G_3}{\lambda}\right]$
填料函式	$\dfrac{p_t}{4\psi G_1}\left(\dfrac{D_i}{t}\right)^2$	$\dfrac{1}{\beta}\left(p_a+\dfrac{p_t G_2}{\lambda}\right)$ 或 $\dfrac{1}{\beta}\left(p_a+\dfrac{p_t G_3}{\lambda}\right)$
U形管式	夹持：$\dfrac{0.188(p_s-p_t)}{\psi}\left(\dfrac{D_i}{t}\right)^2$ 简支：$\dfrac{0.309(p_s-p_t)}{\psi}\left(\dfrac{D_i}{t}\right)^2$	$\dfrac{(p_s-p_t)A_t}{na}+p_t$

换热器型式	σ_c	q	备注
固定管板式	$\dfrac{E_s}{E_t}\dfrac{1}{\beta}\left(p_e-\dfrac{p_b G_3}{Q+G_3}\right)$	$\dfrac{\sigma_{t,max}a}{\pi d_0 l}$	在计算管板应力时，对p_s、p_t和γ的考虑，应使p_b为最大
带膨胀节的固定管板式	$\dfrac{E_s'}{E_t}\dfrac{1}{\beta}\left(p_e-\dfrac{p_b' G_3}{Q+G_3}\right)$	$\dfrac{\sigma_{t,max}a}{\pi d_0 l}$	在计算管板应力时，对p_s、p_t和γ的考虑，应使p_b'为最大
浮头式 填料函式	—	—	在计算管板应力时，对p_s和p_t的考虑，应使p_s-p_t为最大
U形管式	—	—	在计算管板应力时，对p_s和p_t的考虑，应使p_s-p_t为最大

在计算过程中所用到的符号意义为：

p_s——壳程压力，MPa；

p_t——管程压力，MPa；

p_a——当量压力，$p_a=p_s-p_t(1+\beta)$，MPa；

p_b——不带膨胀节时的最大压差，$p_b=p_a-p_t\dfrac{Q}{\lambda}+\beta\gamma E_t$，MPa；

p_b'——带膨胀节时的最大压差，$p_b'=p_a-p_t\dfrac{Q'}{\lambda}+\beta\gamma E_t$，MPa；

D_i——壳体内径，cm；

t——管板计算厚度，cm；

β——系数，$\beta=\dfrac{na}{A-A_t}$；

λ——系数，$\lambda=\dfrac{A-A_t}{A}$；

Q——不带膨胀节时管束对壳体的刚度比，$Q=\dfrac{E_t na}{A_s E_s}$；

Q'——带膨胀节时管束对壳体的当量刚度比，$Q'=\dfrac{E_t na(A_s E_s+K_1 L)}{A_s E_s K_1 L}$；

其中K_1为膨胀节的刚度系数，$K_1=0.17\dfrac{D_m E_c S_p^3 m}{h^3 C_f}$，各值符号参阅膨胀节的强度校核部分；

ψ——管板开孔强度削弱系数,对单程换热器,$\psi=0.4$;双程换热器,$\psi=0.5$;大于等于四程的换热器,$\psi=0.6$;

E_s、E_t——壳体和管子材料的强性模量,MPa;

E'_s——带膨胀节时壳体材料的当量弹性模量,$E'_s=\dfrac{K_1 L}{A_s E_s+K_1 L}E_s$,MPa;

n——管子数;

a——一根换热管管壁的面积,$a=\pi(d_o-S_t)S_t$,cm^2;

A——以壳体内径为基础的横截面面积,$A=\dfrac{\pi D_i^2}{4}$,cm^2;

A_t——管板上管孔所占的面积,$A_t=n\dfrac{\pi d_o^2}{4}$,cm^2;

A_s——壳体壳壁横截面面积,$A_s=\pi(D_i+S)S$,cm^2;

d_o——换热管外径,cm;

S_t——换热管的计算壁厚,cm;

S——壳体的计算壁厚,cm;

γ——换热管与壳体的单位长度膨胀差,$\gamma=\alpha_t+(\theta_t-\theta_0)-\alpha_s(\theta_s-\theta_0)$;

α_t、α_s——管子及壳体材料的线膨胀系数,℃$^{-1}$;

θ_t、θ_s——管壁及壳壁的设计温度,℃;

θ_0——换热器装配时的温度,℃;

K_0——查取系数 G_1、G_2、G_3 所需要的参量,$K_0^2=1.32\dfrac{D_i}{t}\sqrt{\dfrac{na}{\psi t L}}$

t——管板的计算壁厚,cm。

1.3.3　我国 GB/T 151 管板计算原理与计算方法

我国对管板计算方法的研究起步较晚,1977 首次在一部规范中附录列入中国的管板计算公式,此后经大量使用并不断完善。于 1989 年正式归入 GB151—89《钢制管壳式换热器》中,1999 年和 2014 年分别对该标准进行了修改,已给出了 U 形管式换热器、浮头式换热器、填料函式换热器以及固定式换热器的常用结构型式的管板设计计算方法。我国制订管板计算公式时,研究了各国规范管板计算公式中所采用的各不相同的假定简化,并进行了详细的比较分析,吸收它们的合理因素,摒弃它们与实际不相符合的因素或错误的部分,对管板计算公式重新进行理论推导,得出了我们自己的 GB/T 151《热交换器》。现将此标准的计算原理与计算方法介绍如下。

1. 我国管板计算原理

我国 GB151 中规定的管板计算方法,其理论基础仍为弹性基础上的圆平板。它和前面介绍的米勒法的主要区别在于:

(1) 当管板兼作法兰时,考虑了法兰附加弯矩的作用,而且管板法兰的转角,应受壳体、封头法兰、螺栓、垫片等系统的约束。而米勒法却简单地把管板周边支承划分为简支和固支两种情况;TEMA 方法则认为周边的支承条件仅由壳体壁厚与壳体内径之比来决定。

(2) 把管板划分为布管区和外围的不布管区,对布管区则考虑开设管孔后的削弱,不布管区则不存在削弱;布管区和不布管区的变形相互协调一致。

(3) 当管板兼作法兰且管板部分与法兰部分的厚度不一致时,考虑了法兰环所在的中面与管板中面之间的偏心距 e 值对管板应力的影响。

（4）在建立管板、管束与壳体的轴向位移协调式时,既考虑了管束和壳体之间因温差所引起的位移,又考虑了在管、壳程压力作用下因泊松效应所引起的轴向位移。

2. 我国管板的受力分析

可将换热器假想地分解为若干个单独的部件,各部件之间相互作用的内力素与位移的正方向示于图 1 - 54。

内力素包括:

作用在封头和封头法兰之间的弯矩 M_h、径向剪切应力 H_h、轴向力 V_h;

作用在管板的圆形布管区与环形不布管区之间即半径为 R_t 处的弯矩 M_t、径向力 H_t、轴向剪切应力 V_t;

作用在环形不布管区与壳体法兰之间即半径为 R 处的弯矩 M_R、径向剪切应力 H_R、轴向力 V_R;

作用在壳体法兰与壳体之间的弯矩 M_s、径向剪切应力 H_s、轴向力 V_s;

作用于垫片上的轴向内力 V_G 与作用在螺栓圆上的螺栓力 V_b。

总数为 14 个,均以单位圆周上的力或力矩来表示。

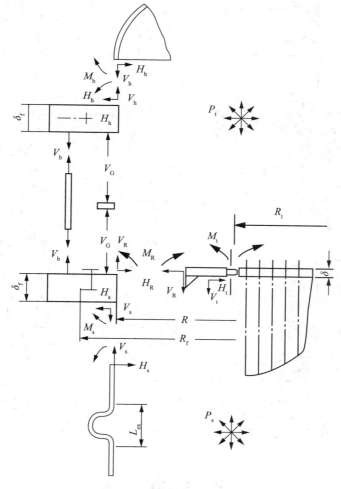

图 1 - 54　管板内力素与变形分析图

符号 V 表示垂直方向的内力,H 表示水平方向的内力,M 表示内力矩;下标表示所在的位置。

以 14 个内力素为基本未知量,并设法建立每个单独部件的位移或转角与作用在该部件上的内力素的关系式,列出各部件间即接合处应满足的变形协调条件,然后写出以内力素为基本未知量表达的变形协调方程组,求解此方程组,便可得知各内力素的数值,最后计算出管板内危险截面上的应力。

U 形管式换热器的换热管对管板不起支撑作用,即 U 形管对管板没有弹性基础支承作用,力学模型与固定式换热器的力学模型有所不同。根据不同的管板与壳体、换热管的连接方式,有不同的管板结构力学模型。

GB/T 151 列出了 6 种管板与壳程圆筒、管箱圆筒之间的连接方式,如图 1-55。

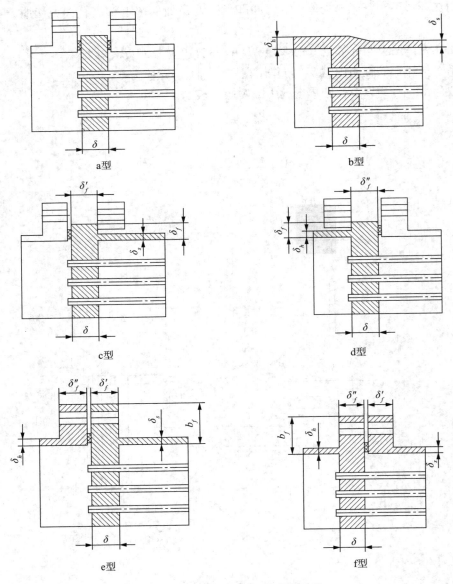

图 1-55 管板与壳体、管箱的连接

3. 我国管板的计算方法

由上可知,和米勒法相比较,由于我国管板计算方法多考虑了一些因素而使求解相当复杂,但其求解原理都是相同的。为了方便设计计算,引用了大量的列线图,从而求出管板、管子和壳体的应力。

(1) 设计条件的危险组合

在计算管板的应力或厚度时,应根据设计条件考虑以下六种计算工况。

① 只有壳程压力 p_s,而管程压力 $p_t=0$,令温差为零;

② 只有壳程压力 p_s,且有温差作用,此时正温差 $\alpha_t(\theta_t-\theta_o)>\alpha_s(\theta_s-\theta_o)$ 比负温差 $\alpha_t(\theta_t-\theta_o)<\alpha_s(\theta_s-\theta_o)$ 更危险,此式各符号与前介绍相同;

③ 只有管程压力 p_t,而壳程压力 $p_s=0$,令温差为零;

④ 只有管程压力 p_t,且有温差作用,此时负温差比正温差更危险;

⑤ 管程压力 p_t,壳程压力 p_s,同时作用,令温差为零;

⑥ 管程压力 p_t,壳程压力 p_s,同时作用,温差不为零。

由①、③、⑤三种工况算出的最大应力属于一次弯曲应力,其值应小于材料许用应力的 1.5 倍。由②、④、⑥三种工况算出的最大应力属于一次应力加上二次应力,其值应小于材料许用应力的 3 倍。

(2) 管板的最大应力

管板最大应力的计算应包括两个部分:

① 环形不布管区的应力。在管板环形不布管区内的应力是沿径向单调变化的,其最大应力发生在环形板的外缘或其内缘与圆形布管区相连处。

环形板外缘最大应力

$$|\sigma_{rc}|=\left|\frac{H_R}{l}\right|+\left|\frac{6M_R}{t^2}\right| \qquad (1-55)$$

环形板内缘最大应力

$$|\sigma'_{rc}|=\left|\frac{H_t}{l}\right|+\left|\frac{6M_t}{t^2}\right| \qquad (1-56)$$

式中,t 表示管板厚度。

② 圆形布管区的应力。管板圆形布管区作为弹性基础上的板,其应力分布系由边缘向内部呈衰减状变化。其应力的最大值或者发生在布管区内部具有最大径向弯矩 $M_{r,max}$ 的半径 r_i 处,或者发生在与环形不布管区相接处。

在圆形布管区 r_i 处的最大应力

$$|\sigma_{ri}|=\left|\frac{H_t}{\psi t}\right|+\left|\frac{6M_{r,max}}{\psi t^2}\right| \qquad (1-57)$$

布管区与环形板相接处的最大应力

$$|\sigma'_r|=\left|\frac{H_t}{\psi t}\right|+\left|\frac{6M_t}{\psi t^2}\right| \qquad (1-58)$$

式中,ψ 为管板强度削弱系数。

将式(1-56)与式(1-58)进行对比可知，$|\sigma'_r|>|\sigma'_{rc}|$。故管板内可能在三处出现最大应力：①在管板布管区内部 $r=r_i$ 处；②管板外缘 $r=H$ 处；③布管区与环形不布管区相连接处。至于式(1-57)中的 $M_{r,max}$ 值，根据圆板公式显然与作用在布管区边缘上的内力素 M_t、V_t 有关。

如果在各个工况下，由式(1-55)、式(1-57)与式(1-58)所表达的三处最大应力不能满足设计准则要求时，则应改变管板尺寸，重新验算，直到满足要求为止。

(3) GB151管板计算步骤

① 确定壳程圆筒，管箱圆筒，管箱法兰，换热管等元件结构尺寸及管板布管方式；

② 计算各有关元件的几何尺寸，筒体内径面积（管板面积）A，壳体金属截面积 A_s，换热管管壁金属横截面积 na，管板开孔后横截面积 A_1，管板布管区域横截面积 A_t。并利用图 1-55～图 1-58 规定计算出几何物理常数：D_t、λ、Q、β、$\sum_s$、$\sum_t$、ρ_t；

③ 对于其延长部分兼作法兰的管板，计算基本法兰力矩 M_m，管程压力操作工况下的法兰力矩 M_p；

④ 假定管板计算厚度 δ，当管板延长部分兼作法兰时，还需要按结构要求确定法兰厚度 δ'_f，计算管板周边不布管区无量纲宽度 K 和旋转刚度无量纲参数 $\overline{K}_f$；

⑤ 由图 1-59，按 K 和 $\overline{K}_f$ 查系数 m_1，计算系数 φ 值；由图 1-61 按 K 和 $\overline{K}_f$ 查系数 G_2 值；

⑥ 对于其延长部分兼作法兰的管板，计算系数 M_1，由图 1-62 按 K 和换热管束与圆筒刚度比 Q 查系数 G_3，计算法兰力矩折减系数 ξ、管板边缘力矩变化系数 $\Delta\overline{M}$ 和法兰力矩变化系数 $\Delta\overline{M}_f$；

⑦ 由图 1-60(a) 按 K 和 Q 查系数 m_2，由图 1-60(b) 按 K 和 Q 查 m_2/Q，计算 m_2。

⑧ 按壳程设计压力 p_s，管程设计压力 p_t，膨胀差 γ，法兰力矩的危险组合，分别对每种工况进行⑧～⑪各步骤的计算与校核。

计算当量压力组合 p_c，有效压力组合 p 以及基本力矩系数 $\overline{M}_m$，管程压力操作工况下法兰力矩系数 $\overline{M}_p$ 或边界效应压力组合 p_b，边界效应压力组合系数 $\overline{M}_b$；

⑨ 计算管板边缘力矩系数 $\overline{M}$，管板边缘剪切应力系数 ν，管板总弯矩系数 m；

⑩ 确定系数 G_1 值。

当 $m>0$ 时，计算系数 G_{1e}[即图 1-64(a) 中的虚线]，并由图 1-64(a) 实线按 K 和 m 查系数 G_{1i}，取 G_1 为 G_{1e} 与 G_{1i} 两者中较大值。

当 $m<0$ 时，由图 1-63(b) 按 K 和 m 查 G_{1i}，取 G_1 为 G_{1i}。

⑪ 按相应公式计算各应力值(表 1-5)：

管板径向弯曲应力

$$\sigma_r=\left|\bar{\sigma}_r p_a \frac{\lambda}{\mu}\left(\frac{D_i}{\delta}\right)^2\right| \tag{1-59}$$

其中

$$\bar{\sigma}_r=\frac{1}{4}\cdot\frac{(1+\nu)G_1}{Q+G_2}$$

管板布管区周边处径向弯曲应力

$$\bar{\sigma}_r=\frac{\lambda p_a}{\mu}\bar{\sigma}'_r\left[1-\frac{k}{m}+\frac{k^2}{2m}(\sqrt{2}-m)\right]\cdot\left(\frac{D_i}{\delta}\right)^2 \tag{1-60}$$

其中
$$\tilde{\sigma}'_r = \frac{3}{4} \cdot \frac{m(1+\nu)}{(Q+G_2)}$$

管板布管区的剪切应力

$$\tau_p = \frac{\lambda p_a}{\mu} \tilde{\tau}_p \left(\frac{D_i}{\delta}\right) \qquad (1-61)$$

其中
$$\tilde{\tau}_p = \frac{1}{4} \frac{1+\nu}{Q+G_2}$$

壳体轴向应力
$$\sigma_c = \frac{A}{B}\left[p_t + \frac{\lambda(1+\nu)}{Q+G_2}p_a\right] \qquad (1-62)$$

管子轴向应力
$$\sigma_t = \frac{1}{\beta}\left[p_c + \frac{G_2+\nu Q}{Q+G_2}p_a\right] \qquad (1-63)$$

管子对管板的拉脱力
$$q = \left|\frac{\sigma_i a}{\pi d l}\right| \qquad (1-64)$$

对于管板延长部分作为法兰时,还应计算壳体法兰的应力 σ'_f。

应力计算公式汇总于表 1-5。

表 1-5　应力计算公式汇总

换热器型式	应力类别	应力计算公式	说明
固定式	σ_r	$\sigma_r = \left\| \tilde{\sigma}_r p_a \dfrac{\lambda}{\mu}\left(\dfrac{D_i}{\delta}\right)^2 \right\|$ 其中 $\tilde{\sigma}_r = \dfrac{1}{4}\dfrac{(1+\nu)G_1}{Q+G_2}$	当壳体采用波形膨胀节时,除系数 $\sum_s$ 中的 Q 值不变以外,其他的 Q 值均应改为 Q_{ex}
	σ'_r	$\sigma_r = \dfrac{\lambda p_a}{\mu}\tilde{\sigma}'_r\left[1-\dfrac{k}{m}+\dfrac{k^2}{2m}(\sqrt{2}-m)\right]\left(\dfrac{D_i}{\delta}\right)^2$ 其中 $\tilde{\sigma}'_r = \dfrac{3}{4}\dfrac{m(1+\nu)}{Q+G_2}$	
	τ_p	$\tau_p = \dfrac{\lambda p_a}{\mu}\tilde{\tau}_p\left(\dfrac{D_i}{\delta}\right)$ 其中 $\tilde{\tau}_p = \dfrac{3}{4}\dfrac{m(1+\nu)}{Q+G_2}$	
	σ_t	$\sigma_t = \dfrac{1}{\beta}\left(p_c + \dfrac{G_2+\nu Q}{Q+G_2}p_a\right)$	
	σ_c	$\sigma_c = \dfrac{A}{B}\left[p_t + \dfrac{\lambda(1+\nu)}{Q+G_2}p_a\right]$	
	σ'_f	$\sigma'_f = \dfrac{\pi}{4}Y\widetilde{M}_{ws}\lambda p_a\left(\dfrac{D_i}{\delta_f}\right)^2$	仅对管板延长部分兼法兰的换热器计算
	q	$q = \left\|\dfrac{\sigma_i a}{\pi d l}\right\|$	

浮头式	σ_t	$\sigma_t = \dfrac{1}{\beta}\left[p_c - (p_s - p_t)\dfrac{A_t}{A_l}G_{we}\right]$	G_{we}值按$\dfrac{K_t^{1/3}}{p_a^{-1/2}}$、$\dfrac{1}{\rho_t}$ 查图1-56
	q	$q = \left\|\dfrac{\sigma_i a}{\pi dl}\right\|$	
填料函式	σ_t	$\sigma_t = \dfrac{1}{\beta}\left(p_c + \dfrac{A_t}{A_l}G_{we}p_t\right)$	
	q	$q = \left\|\dfrac{\sigma_i a}{\pi dl}\right\|$	
U形管式	σ_r	$\sigma_r = 0.309\dfrac{\|p_s - p_t\|}{\mu}\left(\dfrac{D_i}{\delta}\right)^2$	校核条件: $\sigma_r \leqslant 1.5[\sigma]_r^t$ $\sigma_r \leqslant [\sigma]_t^t$ $q \leqslant [q]$
	σ_t	$\sigma_t = -\left[(p_s - p_t)\dfrac{\pi d^2}{4a} + p_t\right]$	
	q	$q = \left\|\dfrac{\sigma_i a}{\pi dl}\right\|$	

上述七项应力还应区别不计膨胀变形差($\gamma = 0$)和计入膨胀变形差($\gamma \neq 0$)两种情况,并按下列进行控制。

不计膨胀变化差:

$$\sigma_r \leqslant 1.5[\sigma]_r^t$$
$$|\sigma_r'| \leqslant 1.5[\sigma]_r^t$$
$$|\tau_p| \leqslant 0.5[\sigma]_r^t$$
$$|\sigma_c| \leqslant [\sigma]_c^t$$
$$|\sigma_t| \leqslant [\sigma]_t^t$$
$$|\sigma_t| \leqslant [\sigma]_{cr}^t \quad (当\sigma_t < 0\ 时)$$
$$q \leqslant [q]$$
$$|\sigma_f'| \leqslant 1.5[\sigma]_f^t$$

计入膨胀变化差:

$$\sigma_r \leqslant 3[\sigma]_r^t$$
$$|\sigma_r'| \leqslant 3[\sigma]_r^t$$
$$|\tau_p| \leqslant 1.5[\sigma]_r^t$$
$$|\sigma_c| \leqslant 3[\sigma]_c^t$$
$$|\sigma_t| \leqslant 3[\sigma]_t^t$$
$$|\sigma_t| \leqslant 1.2[\sigma]_{cr}^t \quad (当\sigma_t < 0\ 时)$$
$$q \leqslant [q] \quad (胀接时)$$
$$或\ q \leqslant 3[q] \quad (焊接时)$$

GB/T 151列出各种管壳式换热器管板计算中用于确定诸多系数的列线图见图1-56~图1-64,图1-64为换热管受压失稳的当量长度l_{cr}。

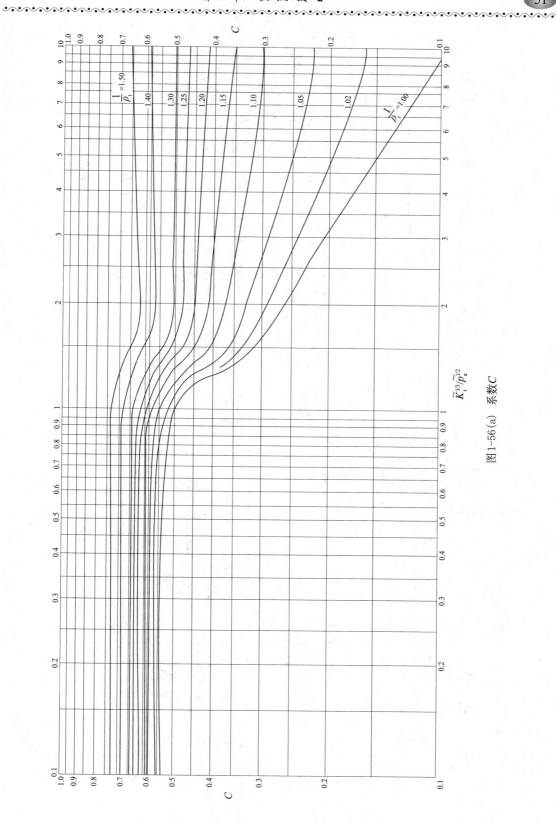

图1-56(a) 系数C

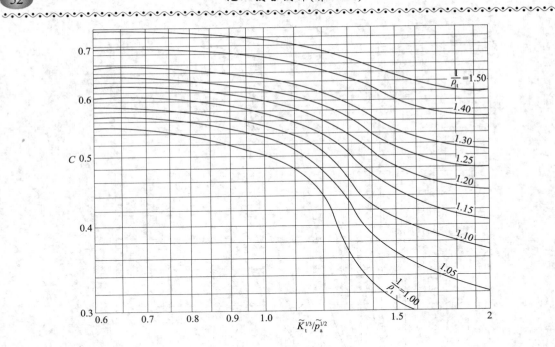

图 1-56(b)　系数 C

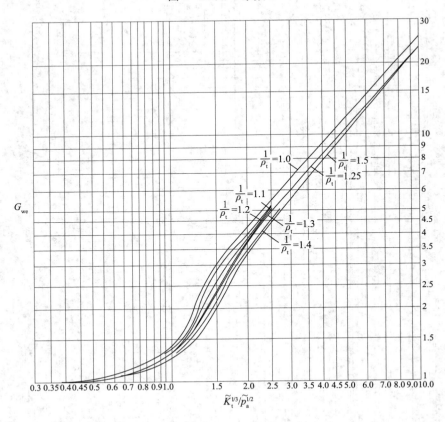

图 1-57(a)　系数 G_{we}

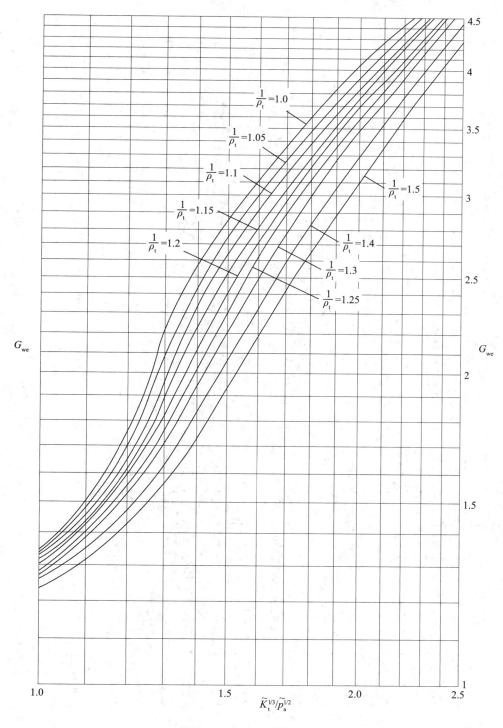

图 1-57(b) 系数 G_{we}

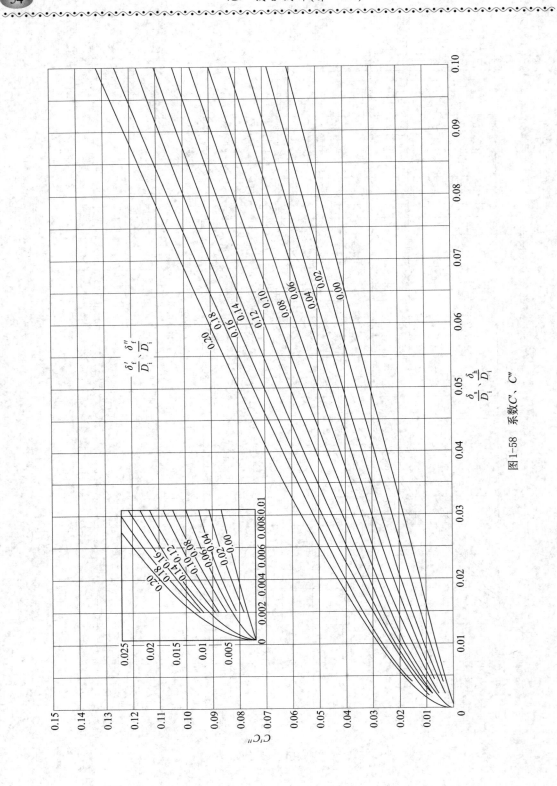

图1-58　系数C'、C''

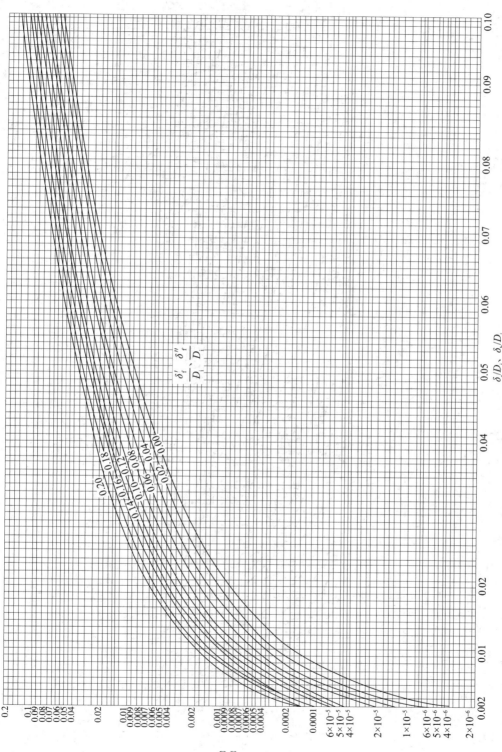

图 1-59 系数 ω'、ω''

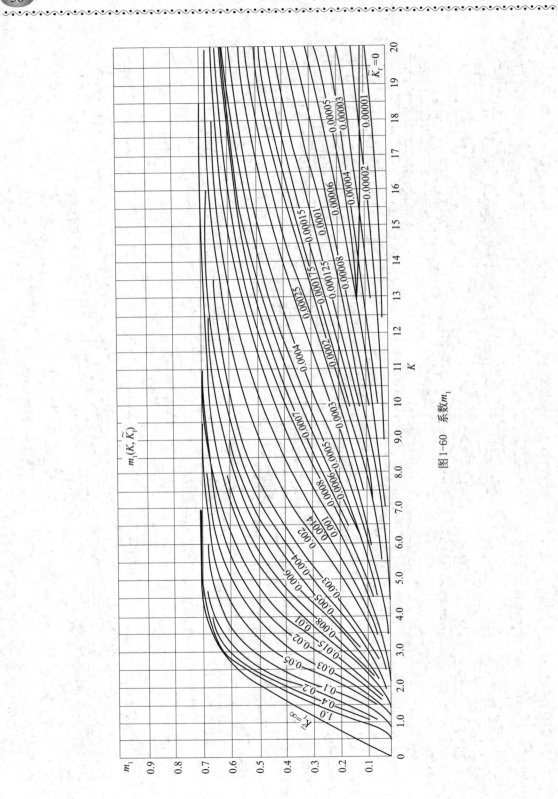

图 1—60 系数 m_1

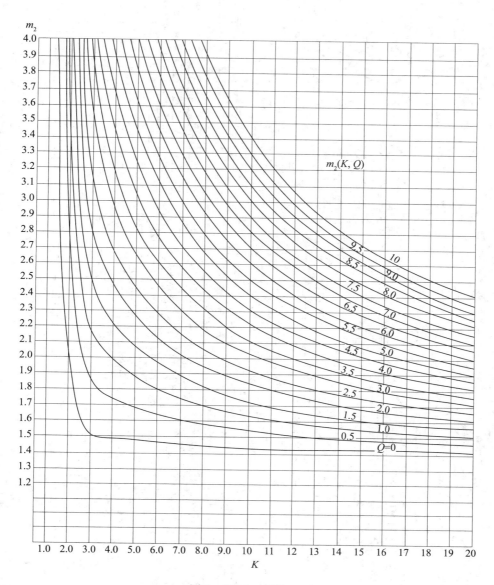

图 1-61(a) 系数 m_2

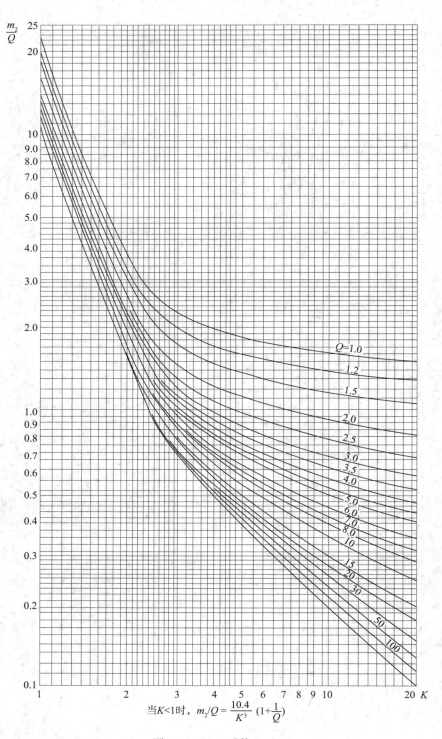

当 $K<1$ 时，$m_2/Q = \dfrac{10.4}{K^3}\left(1+\dfrac{1}{Q}\right)$

图 1-61(b)　系数 m_2/Q

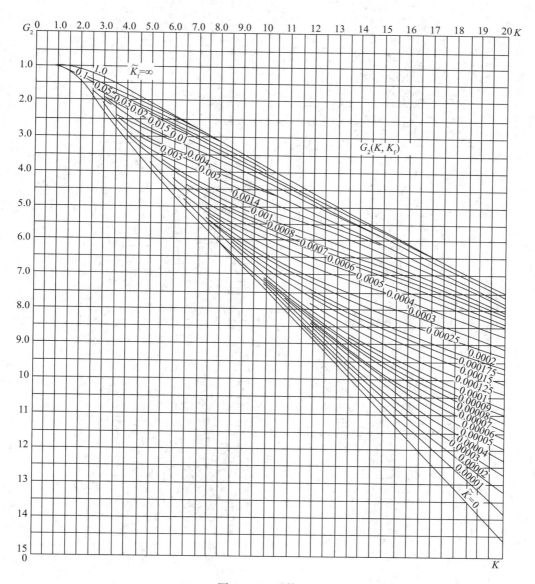

图 1－62　系数 G_2

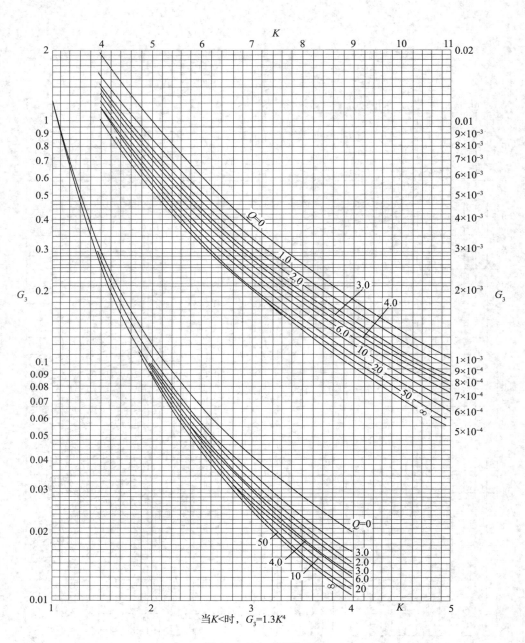

图 1－63(a)　系数 G_3

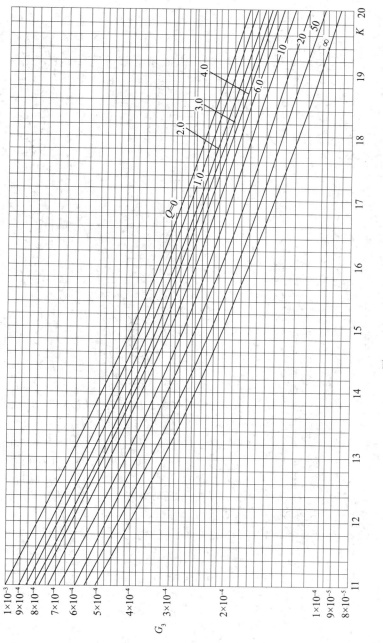

图 1-63 (b)　系数 G_3

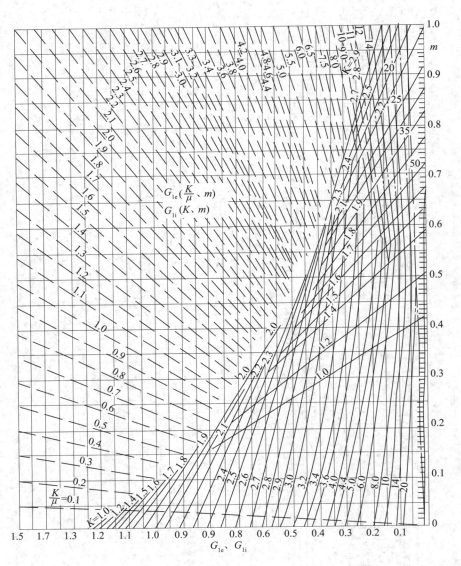

图 1-64(a)　系数 m

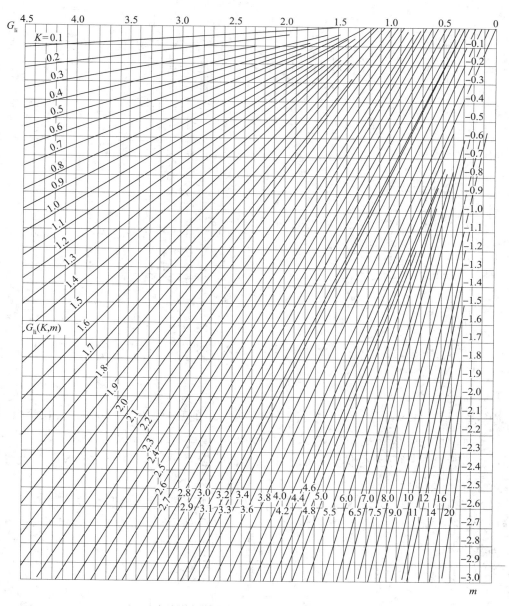

超出图之范围时，可按下列公式计算C_{1i}值

当$K \leqslant 1.3$时，$G_{li} = \dfrac{3|m|}{K} + 1.24$

当$K > 1.3$时，$G_{li} = \dfrac{3|m|}{K} + \dfrac{2.1}{K^2}$

图 1-64(b) 系数 G_{1i}

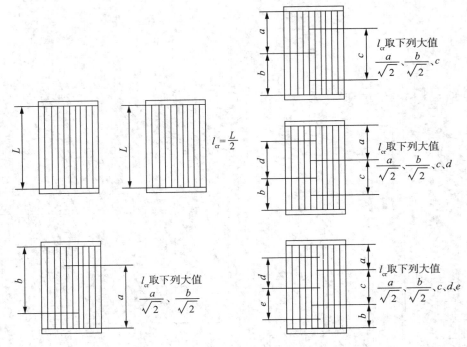

图1-65 换热管受压失稳的当量长度 l_{cr}

1.4 温差应力与U形膨胀节的计算

1.4.1 温差应力

固定管板换热器,当管壁与壳壁之间温度不同引起的变形量不相等时,便会在管板、管束和壳体系统中产生附加应力,这一附加应力称为温差应力。当管、壳壁的温差较大和管、壳程流体压差较大时,在管子和壳体上将产生很大的轴向应力,严重时甚至使结构产生塑性变形或产生严重的应力腐蚀等。

温差应力属于二次应力,具有"自限性",它所引起的局部塑性变形将被周围的低应力区的弹性变形或边界约束所限制,因此,温差应力与由流体压力引起的一次应力不同,它不会在初次加载情况下当即发生破坏,但它可在载荷反复作用下,引起大应变塑性疲劳破坏,即会失去安定而失效。为此,温差应力须以结构安定的要求加以控制,即将此应力限制在三倍许用应力以内。

固定管板式换热器的温差应力可通过设置膨胀节的方法得到缓和,此时,将明显降低由于管、壳间热膨胀差引起的管板应力,也使管子和壳体的轴向应力以及管子与管板的拉脱力明显下降。

1. 管子与壳体应力分析

假设,在换热器装配时,管子与壳体的壁温均为 θ_0,长度为 L[参见图1-66(a)],在操作时管子与壳体的壁温分别为 θ_t 与 θ_s,材料的线膨胀系数分别为 α_t 与 α_s,则管子与壳体的自由伸长量[图 1-66(a)]依次为：

$$\left.\begin{array}{l} \delta_t = \alpha_t(\theta_t - \theta_0)L \quad m \\ \delta_s = \alpha_s(\theta_s - \theta_0)L \quad m \end{array}\right\} \tag{1-65}$$

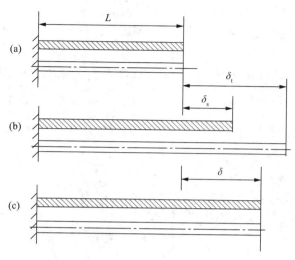

图 1-66　管子与壳体的变形图

因为管子与壳体是刚性地连在一起的，故两者实际上的伸长量必然为同一数值 δ[图 1-66(c)]。如果 $\theta_t > \theta_s$，且 $\alpha_t \geqslant \alpha_s$，显然，管子将受到压缩，壳体将受到拉伸，而且均受同一轴向力 F_t 的作用，但方向相反。

在弹性变形范围内，按照虎克定律，管子因受压而缩短的量为

$$\delta_t - \delta = \frac{F_1 L}{A_t E_t} \quad (m) \tag{1-66}$$

壳体因受拉而伸长的量为：

$$\delta - \delta_s = \frac{F_1 L}{A_s E_s} \quad (m) \tag{1-67}$$

利用以下两式可以得知管子、壳体伸长量的差值与轴向力的关系：

$$\delta_t - \delta_s = F_1 L \left(\frac{1}{A_t E_t} + \frac{1}{A_s E_s} \right) \quad (m) \tag{1-68}$$

令

$$\delta_e = \delta_t - \delta_s \quad (m)$$

由式(1-65)，知：

$$\delta_e = [\alpha_t(\theta_t - \theta_0) - \alpha(\theta_s - \theta_0)]L \quad (m) \tag{1-69}$$

因此在式(2-9)中所表达的轴向力 F_1 便是一确定的数值，即：

$$F_1 = \frac{\delta_e A_s A_t E_s E_t}{L(A_s E_s + A_t E_t)} \quad (MN) \tag{1-70}$$

上面诸式中：

　　θ_0——换热器安装时的温度，℃；

　　θ_t, θ_s——操作时管子与壳体的壁温，℃；

α_t，α_s——管子与壳体材料的线膨胀系数，$1/℃$；

L——管子或壳体的长度（取两管板内侧之间的距离，m）；

E_t，E_s——管子与壳体的弹性模量，MPa；

A_t——全部管子的横截面积，m^2；

F——由管壁与壳壁的温差引起的轴向力，MN，拉伸时取正值，压缩时取负值。

2. 流体压力引起的轴向力

如换热器中管程压力为 p_t，壳程压力为 p_s，由图 1-67 可知由流体压力引起的轴向力为

$$Q=\frac{\pi}{4}\left[n(d_0-2s_t)^2p_t+(D_i^2-nd_0^2)p_s\right] \quad (MN) \tag{1-71}$$

式中　n——换热管总数；

d_0——换热管外径，m；

D_i——壳体内径，m；

s_t——换热管壁厚，m；

p_t，p_s——管程与壳程的操作压力，MPa。

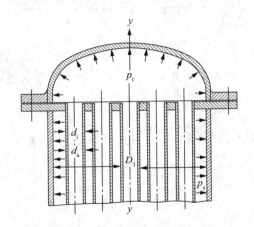

图 1-67　换热器中流体压力的分布

轴向力 Q 由管壁与壳壁共同承担，各自分担的力随刚度大小而定。故作用在壳壁上的轴向力为：

$$F_2=\frac{A_sE_s}{A_sE_s+A_tE_t}Q \quad (MN) \tag{1-72}$$

作用在管壁上的轴向力为

$$F_3=\frac{A_tE_t}{A_sE_s+A_tE_t}Q \quad (MN) \tag{1-73}$$

3. 应力评定

对于固定管板时换热器，在温差与流体压力联合作用下，壳壁应力为 σ_s，管壁应力 σ_t 应满足下列条件

$$\sigma_s=\frac{F_1+F_2}{A_s}\leqslant 3\varphi[\sigma]_s^t \quad (MPa) \tag{1-74}$$

$$\sigma_t = \frac{-F_1 + F_3}{A_t} \leqslant 3[\sigma]_t^t \quad (\text{MPa}) \tag{1-75}$$

式中　φ——壳体的环焊缝系数；

$[\sigma]_t^t, [\sigma]_t^t$——设计温度下壳壁与管壁材料的许用应力，MPa。

因温差应力属于二次应力，故式(1-74)、式(1-75)中的许用应力为常规值的三倍。

管子部分还应进行拉脱力与轴向稳定性的验算。要求管子与管板连接处的拉脱力

$$q = \frac{\sigma_t a}{\pi d_0 l} < [q] \quad (\text{MPa}) \tag{1-76}$$

式中　a——单根换热管的横截面积，m^2；

l——换热管与管板胀接长度或焊脚高度，mm。

$[q]$——许用拉脱力，MPa，按表(1-6)确定；

表 1-6　管子与管板连接处的许用拉脱力 $[q]$　　　　　　　　　　单位：MPa

换热管与管板连接结构形式			$[q]$
胀 接	钢管	管端不卷边	2
		管端卷边或管孔开槽	4
	其他金属管	管孔开槽	3
焊 接	（钢管、其他金属管）		$0.5 \min([\sigma]_t^t, [\sigma]_t^t)$

校核管子稳定时应要求

$$\sigma_t < [\sigma]_{cr} \quad (\text{MPa}) \tag{1-77}$$

$[\sigma]_{cr}$ 为管子稳定许用压应力，MPa，其值可按压杆稳定问题求得。即当

$$\left.\begin{array}{ll} l_{cr}/i \geqslant \sqrt{\dfrac{2\pi^2 E_t}{\sigma_s^t}} \text{时}, & [\sigma]_{cr} = \dfrac{\pi^2 E_t}{2(l_{cr}/i)^2} \\[3mm] l_{cr}/i < \sqrt{\dfrac{2\pi^2 E_t}{\sigma_s^t}} \text{时}, & [\sigma]_{cr} = \dfrac{\sigma_s^t}{2}\left[1 - \dfrac{l_{cr}/i}{2\sqrt{2\pi^2 E_t/\sigma_s^t}}\right] \end{array}\right\} \tag{1-78}$$

式中　σ_s^t——管子材料在设计温度下的屈服极限，MPa；

i——管子的回转半径，m，$i = \sqrt{d_0^2 + (d_0 - 2s_t)^2}/4$；

l_{cr}——管子受压失稳的当量长度，m，取法见图 1-65。

如果公式(1-74)~式(1-77)中有一项条件不能满足时，就必须设置膨胀节。

1.4.2 膨胀节结构型式

膨胀节的结构型式各种各样，而实际应用的绝大多数是 U 形膨胀节，其次是 Ω 形，而其他形式则应用在特定的场合中。

U 形膨胀节具有结构紧凑简单、补偿性能好、价格便宜等优点，因而得到广泛的应用。图 1-68 为单波 U 形膨胀节。在要求补偿量大的场合，要采用图 1-69 所示的多波 U 形膨胀节。例如尿素高压洗涤器就采用双波 U 形膨胀节。为了设计工作的标准化，我国已颁发了 GB16749—1997《压力容器波形膨胀节》标准，若膨胀节的几何尺寸、压力、补偿量等未能符合标准时，设计者须按规定的方法进行设计计算。

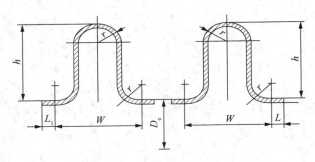

图 1-68　单波 U 形膨胀节

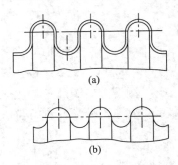

图 1-69　多波 U 形膨胀节

　　为了适应压力较高的场合，可采用带加强环的 U 形膨胀节，见图 1-70。此种结构已在压力为 3.75 MPa 的给水加热器上应用。加强环的作用是用以承受较高的介质压力，防止膨胀节侧面过量变形，限制膨胀节在受压时波壳的弯曲，避免应力集中现象。

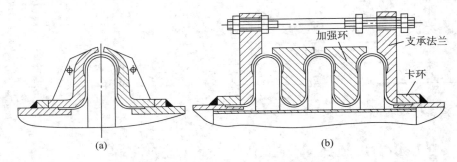

图 1-70　带加强环的 U 形膨胀节

　　U 形膨胀节虽然具有结构简单、补偿量可以通过增减波数的方法来解决等优点，但是，随着操作压力的提高，设备直径的增大，它将逐步地暴露出壁厚增大，耗材增多，补偿能力减小，抗疲劳性能下降等缺点，此时可以考虑选择 Ω 形膨胀节，见图 1-71。Ω 形膨胀节因压力而引起的应力几乎完全与壳体直径大小无关，而取决于管子自身的直径和厚度。

　　在这里需要指出，膨胀节不仅应用于换热器，还广泛应用于化工设备及管道上，以补偿温差变形或其他变形，以及防震与消震等。

　　膨胀节有单层和多层之分。单层的容易制造，但补偿变形能力较弱。多层膨胀节与单层膨胀节相比，在总壁厚和形状相同的情况下，其补偿变形能力大、变形产生的应力低、疲劳寿命高。有时为了防腐或加强，内外层板可用不同的材料或板厚来制造。

1.4.3　U 形膨胀节的计算

　　U 形膨胀节的计算应当包括三个方面：首先是对膨胀节是否设置的判定；其次是针对选定形式膨胀节各部分应力的计算；最后是对计算结果进行评定。

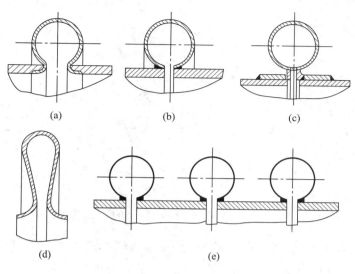

图 1-71　Ω 形膨胀节

1. 设置膨胀节的判定

前已指出,对于固定管板式换热器,其管板、管子和壳体是一个静不定体系。按照我国 GB/T 151—2014《管壳式换热器》的计算方法,可以计算出以下七个应力;管板径向弯曲应力 σ_r,管板布管区周边的径向弯曲应力 σ'_r,管板布管区周边的剪切应力 τ_p,壳体法兰应力为 σ'_f,管子轴向应力 σ_t,壳体轴向应力 σ_c,管子对管板的拉脱力 q。即在设计管板应力的同时,也相应地求出管子和壳体的轴向应力。管子和壳体的轴向应力如不满足强度校核条件,则可适当增加管子或壳体壁厚。当因管、壳壁温差较大而导致管子或壳体超应力时,降低此应力的最有效措施是在壳体上设置膨胀节。因此,对于工程固定管板式换热器判定是否设置膨胀节的依据,是通过各应力计算后决定的。

2. U 形膨胀节的计算

（1）膨胀节轴向刚度计算

膨胀节的形状特征是波高与直径之比很小,如将膨胀节展开,可简化为两端承受轴向线载荷作用的曲杆。轴向的总力为 F_{ex},见图 1-72。在弹性范围内,利用变形能法可推导出轴向力与轴向变形之间的近似关系式

$$F_{ex} = \frac{\pi D_m E S^3}{24C} - \delta_{ex} \qquad (1-79)$$

$$C = 0.046r^3 - 0.124hr^2 + 0.285h^2r + 0.083h^3 \qquad (1-80)$$

式中　F_{ex}——作用在以 D_m 为直径圆周上的轴向总力,MN;

　　　δ_{ex}——一个波的轴向变形量,m;

　　　D_m——膨胀节的平均直径,m,$D_m = D_{ex} + h$;

　　　D_{ex}——膨胀节波根的外径,m;

　　　S——膨胀节的壁厚,m;

　　　E——膨胀节的弹性模量,MPa;

h——膨胀节的波高,m;

r——膨胀节的曲率半径,m。

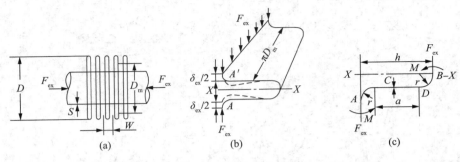

图 1-72　U 形膨胀节受力图

美国膨胀节制造商协会(EJMA)考虑到力学模型的近似性和制造后壁厚减薄等因素,对上述公式进行修正,并以 K 表示膨胀节的轴向刚度。即

$$K=\frac{F_{ex}}{\delta_{ex}} \tag{1-81}$$

将式(1-79)代入式(1-81),简化后得

$$K=1.7\frac{D_mES_p^3}{h^3C_f} \tag{1-82}$$

式中　C_f——形状尺寸系数,与参数 $W/2h$,$W/2.2\sqrt{D_mS_p}$ 有关,可查相关图确定。

W——膨胀节的波距,m(图 1-73);

S_p——成型减薄后的膨胀节壁厚,m,且

$$S_p=S\sqrt{\frac{D_{ex}}{D_m}}$$

由式(1-82)可知,膨胀节的刚度与壁厚的三次方成正比。当由于内压的增大而将壁厚增加时,膨胀节的补偿量将急剧下降。为了解决这个矛盾,U 形膨胀节可做成多层的结构(图 1-73)。多层膨胀节的层数一般为 2~4,每层厚度为 0.5~1.5 mm,当采用多层 U 形膨胀节后,其轴向刚度为

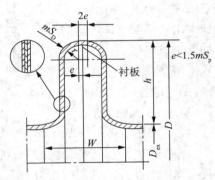

图 1-73　多层 U 形膨胀节

$$K'=1.7\frac{D_mES_p^3m}{h^3C_f} \tag{1-83}$$

式中,m 为 U 形膨胀节的层数,相应的 S_p 便变为每层的壁厚。

(2) U 形膨胀节的应力计算

① 内压引起的周向薄膜应力 σ_1

当膨胀节承受内压 p 作用时,在一个 U 形波的纵向截面上的内力应与作用在半个环壳上的外力平衡:

$$4(\pi r + a)S_p\sigma_1 = WD_m p \tag{1-84}$$

故可求取 σ_1

$$\sigma_1 = \frac{WD_m p}{4(\pi r + a)S_p} \tag{1-85}$$

式中的几何尺寸 r、a 有如下关系:

$$r = \frac{W}{4}$$

$$a = h - \frac{W}{2}$$

将上式代入式(1-85),得周向薄膜应力

$$\sigma_1 = \frac{pD_m}{2S_p\left(0.571 + \dfrac{2h}{W}\right)} \tag{1-86}$$

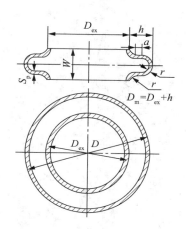

② 内压引起的径向薄膜应力 σ_2

U 形膨胀节承受内压 p 作用时,在以 D 与 D_{ex} 为直径的两个环形截面上的内力应与轴向的外力相平衡(图1-74),则

$$\pi(D + D_{ex})S_p\sigma_2 = \frac{\pi}{4}(D^2 - D_{ex}^2)p \tag{1-87}$$

以 $D = D_{ex} + 2h$ 代入上式,经整理后可得出径向薄膜应力

图 1-74 U 形膨胀节的几何参数

$$\sigma_2 = \frac{ph}{2S_p} \tag{1-88}$$

③ 内压引起的径向弯曲应力 σ_3

在径线为半个 U 形的环壳上切向单位宽度的窄条,见图1-75,如按两端固定受均布压力 p 作用的梁看待,可得出最大弯矩

$$M = \frac{ph^2}{12} \tag{1-89}$$

断面系数

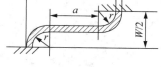

图 1-75 壳体上的几何尺寸

$$W' = \frac{S_p^2}{6} \tag{1-90}$$

则径向弯曲应力为

$$\sigma_3 = \frac{M}{W'} = \frac{ph^2}{2S_p^2} \tag{1-91}$$

目前采用的是经 EJMA 修正后的公式

$$\sigma_3 = \frac{ph^2}{2S_p^2}C_p \tag{1-92}$$

式中，C_p 为修正系数。

④ 由轴向力 F_{ex} 引起的径向薄膜应力 σ_4

根据内力与外力平衡原则：

$$\pi D_m S_p \sigma_4 = F_{ex} \tag{1-93}$$

将式(1-81)与式(1-82)代入上式，得

$$\sigma_4 = \frac{F_{ex}}{\pi D_m S_p} = \frac{1.7 E S_p^2 \delta_{ex}}{\pi h^3 C_f} \tag{1-94}$$

经 EJMA 修正后，公式的形式为

$$\sigma_4 = \frac{E S_p^2 \delta_{ex}}{2 h^3 C_f} \tag{1-95}$$

式中，系数 C_f 为形状尺寸系数。

⑤ 由轴向力 F_{ex}，引起的径向弯曲应力 σ_5

经证明可知在 F_{ex} 作用下，最大弯矩发生在波顶 B 处，参见图 1-72(c)，且其值为

$$M_{max} = \frac{F_{ex} h}{2} \tag{1-96}$$

断面系数 $W' = \dfrac{\pi D_m \cdot S_p^2}{6}$，故径向弯曲应力为

$$\sigma_5 = \frac{M_{max}}{W'} = \frac{3 F_{ex} h}{\pi D_m S_p^2} \tag{1-97}$$

代入式(1-93)、式(1-94)，经整理后，得

$$\sigma_5 = \frac{5 E S_p^2 \delta_{ex}}{\pi h^2 C_f} \tag{1-98}$$

经 EJMA 修正后，公式的形式为

$$\sigma_5 = \frac{5 E S_p^2 \delta_{ex}}{3 h^2 C_d} \tag{1-99}$$

式中，C_d 为修正系数。

3. 应力评定

(1) 薄膜应力

$$\begin{cases} \sigma_1 \leqslant [\sigma]^t \\ \sigma_2 \leqslant [\sigma]^t \end{cases} \tag{1-100}$$

(2) 弯曲应力

$$\sigma_1 + \sigma_2 \leqslant 1.5 \sigma_s^t \tag{1-101}$$

(3) 径向计算应力

$$\sigma_R = (0.7 \sigma_p + \sigma_d) \leqslant 2 \sigma_s^t \tag{1-102}$$

$$\begin{cases} \sigma_p = \sigma_2 + \sigma_3 \\ \sigma_d = \sigma_4 + \sigma_5 \end{cases} \tag{1-103}$$

由于 σ_p 和 σ_d 并非作用在膨胀节的同一处,故在应力叠加时进行了折算。叠加后的应力应按二次应力考虑,如 $\sigma_R \leqslant 2\sigma_s^t$,则可以认为膨胀节处于安定状态而不必考虑低周疲劳问题;如 $\sigma_R > 2\sigma_s^t$,则应校核其低周疲劳寿命。

4. 疲劳寿命的计算

对于奥氏体不锈钢制造的膨胀节,当径向计算应力 $\sigma_R > 2\sigma_s^t$ 时,应进行疲劳寿命校核。

设计温度下的疲劳破坏循环次数按下列经验公式计算

$$N = \left(\frac{12820 f}{\sigma_R - 370} \right)^{3.4} \tag{1-104}$$

式中,f 为疲劳寿命的温度修正系数。当操作循环是由于温度变化的热膨胀作用引起时

$$f = \frac{\sigma_{bL} + \sigma_{bH}}{2\sigma_{bL}} \tag{1-105}$$

当操作循环是由于恒定温度时的机械循环载荷引起时

$$f = \frac{\sigma_{bH}}{\sigma_{bL}} \tag{1-106}$$

式中　σ_{bL}——操作温度变化范围内膨胀节材料在下限温度时的抗拉强度,MPa;

σ_{bH}——操作温度变化范围内膨胀节材料在上限温度时的抗拉强度,MPa。

许用循环次数

$$[N] = \frac{N}{n_f} \tag{1-107}$$

式中　n_f——疲劳寿命安全系数,$n_f \geqslant 20$。

设计要求的膨胀节循环次数必须小于或等于许用的循环次数。

当膨胀节承受外压时,还要对膨胀节以及与其相连的壳体进行稳定性校核。具体计算方法可参见 GB 16749—1997《压力容器波形膨胀节》。

在进行膨胀节计算的过程中,不可避免地需要调整有关的几何尺寸,这时可按下面的原则处理:

① 当轴向位移引起的应力过大时,应取较大波高的膨胀,或减小其壁厚;

② 当压力引起的应力过大时,则应减小膨胀节的波高,或增大其壁厚;

③ 增加膨胀节的波数 n 或层数 m,均可改善其应力状况。

④ 对于碳钢制造的膨胀节,往往需要考虑腐蚀裕度。但是因为设置膨胀节的目的就在于减小壳体的刚度,增加腐蚀裕度无疑会加大膨胀节的刚度因而减小了补偿能力。所以,对于带有腐蚀性的介质或要求腐蚀裕度超过 1 mm 的介质,建议采用奥氏体不锈钢制造,而不要任意增加膨胀节的厚度。

影响膨胀节疲劳寿命的因素较多,但是,当尺寸、材料和工艺已定的情况下,膨胀节的疲劳寿命主要取决于伸缩位移(补偿量)所引起的最大应力范围,这点对于调整膨胀节的疲劳寿命很重要。除此之外,若要提高疲劳寿命尚需注意以下三个方面:提高焊缝质量,减小成型偏

差,注意表面质量等。

1.5　管壳式换热器振动与防止

1. 流体诱导振动

换热器流体诱导振动是指换热器管束受壳程流体流动的激发而产生的振动,它可分为两大类:由平行于管子轴线流动的流体诱导振动(简称纵向流诱振)和由垂直于管子轴线流动的流体诱导振动(简称横向流诱振)。在一般情况下,纵向流诱振引起的振幅小,危害性不大,往往可以忽略。只有当流速远远高于正常流速时,才需要考虑纵向流诱振的影响。但横向流诱振则不同,即使在正常的流速下,也会引起很大的振幅,使换热器产生振动而破坏。其主要表现为:管子与相邻管子或折流板孔内壁撞击,使管子受到磨损、开裂或切断;管子的疲劳破坏;管子与管板连接处发生泄漏;壳程空间发生强烈的噪声;增加壳程的压力降。

因而在设计时便应注意到这些现象在设备运行中发生的可能性,并在必要时采取适当的预防措施。由于流体诱导振动的复杂性以及现有技术的限制,目前尚无完善的预测换热器振动的方法。一般认为,横向流诱导振动的主要原因如下:

(1) 卡曼旋涡

在亚音速横向流中,与流体横向流过单个圆柱形物体一样,当其流过管束时,管子背后也有卡曼旋涡产生(图1-76)。当旋涡从换热器管子的两侧周期性交替脱落时,便在管子上产生周期性的升力和阻力。这种流线谱的变化将引起压力分布的变化,从而导致作用在换热器管子上的流体压力的大小和方向发生变化,最后引起管子振动。

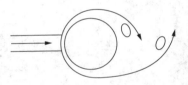

图1-76　卡曼旋涡示意图

当卡曼旋涡脱落频率等于管子的固有频率时,管子便发生剧烈的振动。旋涡脱落在液体横流、节径比较大的管束中才会发生,而且在进口处比较严重。在大多数密集的管束中,旋涡脱落并不是导致管子破坏的主要原因,但可激发起声振动。

(2) 流体弹性扰动

流体弹性扰动又称为流体弹性不稳定性。这是一种复杂的管子结构在流动流体中的自激振动现象。一根管子在某一排中偏离了原先的或静止的位置产生了位移,就会改变流场并破坏邻近管子上力的平衡,使这些管子受到波动压力的作用发生位移而处于振动状态。当流体流动速度达到某一数值时,由流体弹性力对管子系统所做的功就大于管子系统阻尼作用所消耗的功,管子的振幅将迅速增大,即使流速有一很小的增量,也会导致管子振幅的突然增大,使管子与其相邻的管子发生碰撞而破坏。

(3) 湍流颤振

被湍流引起的振动是最常见的振动形式,因为在管束中总存在着偶然的流动干扰。经过管束的流体在某一速度下的湍流能谱有一主频,当此湍流脉动的主频与管子的固有频率合拍时,则会发生共振,导致大振幅的管子振动。

(4) 声振动

当低密度气体稳定地横向流过管束时,在与流动方向及管子轴线都垂直的方向上形成声学驻波(图1-77)。这种声学驻波在壳体内壁(即空腔)之间穿过管束来回反射,能量不能往外界传播,而流动场的旋涡脱落或冲击的能量却不断地输入。当声学驻波的频率与空腔的固有频率或旋涡脱落频率一致时,便激发起声学驻波的振动,从而产生强烈的噪声,同时,气体在壳侧的压力降也会有很大的增加。

如果流入壳程的是液体,因液体中的声速很高,故不会发生振动。一般声学驻波激发的振动在壳程流体为液体的换热器中并不重要。

（5）射流转换

当流体横向流过紧密排列(节径比≤1.5)的管束时,在同排管上的两根管子之间的窄道处形成如同一个射流的流动方式。在尾流中可观察到射流对的出现。如果单

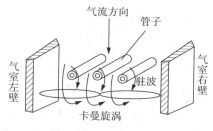

图 1－77　声学驻波示意图

排管有充分的时间交替地向上游,或下游移动时,射流方向也随之改变。当形成扩散射流时,管子受力(等于流体阻力)较小,当形成收缩射流时受力较大。如果射流对的方向变化与管子运动的方向同步,管子从流体吸收的能量比管子因阻尼而消耗的能量大得多,管子的振动便会加剧。

总之,在横流速度较低时,容易产生周期性的卡曼旋涡,这时在换热器中既可能产生管子的振动,也可能产生声振动。当横流速度较高时,管子的振动一般情况下是由流体弹性不稳定性激发振动,但不会产生声振动。只有当横流速度很高,才会出现射流转换而引起管子的振动。

2. 管子固有频率

从上面的流体诱导振动分析中可以看到,为了避免出现共振,都必须使激振频率远离固有频率。因此,必须正确计算管束或管子的固有频率。

通常,换热器管子的两端用焊接、胀接等方法紧固在刚性较大的管板上,在中间由许多折流板、支持板支承。但是,管子的固有频率和端部固定的多支点连续梁并不相同,除了跨长、管子几何尺寸和材料性能外,还必须考虑下述因素的影响:管束中间的管子和折流板切口中的管子的跨数和跨长也都不同;折流板有一定的厚度,板孔都稍大于管子外径;当管程和壳程流体之间的温差所产生的热应力得不到有效补偿时,管子还将受轴向载荷;管程和壳程的流体均影响着管子的实际质量等。

出于存在众多的影响因素,使得从理论上来精确分析计算管子固有频率很困难。计算管子固有频率时,工程上一般作如下简化假设:

（1）管子是线弹性体,且管子材料是均匀的、连续的和各向同性的;

（2）管子的变形和位移是微小的,且满足连续性条件;

（3）管子与管板连接处作为固定支承,在折流板处作为简支。根据上述假设,可以计算单跨管和多跨管的固有频率。

3. 防振措施

对于可能发生振动的换热器,在设计时应采取适当的防振措施,以防止发生危害性的振动。下面介绍一些已被实践证明是有效的防振措施。

（1）改变流速。通过减少壳程流量或降低横流速度来改变卡曼旋涡频率来消除振动,但会降低传热效率。如果壳程流体的流量不能改变,可用增大管间距的办法来降低流速,特别是当设计是以压力降为限制条件时,更是如此。但此法最终将导致增大壳体直径。在特定条

件下,也可考虑拆除部分管子以降低横流速度。改变管束的排列角,也可降低流速和激振频率。

(2) 改变管子固有频率。由于管子的固有频率与管子跨距的平方成反比,因此,增大管子的固有频率最有效的方法是减小跨距。其次,可在管子之间插入杆状物或板条来限制管子的运动,也可增大管子的固有频率,这个方法多用于换热器 U 形弯管区的防振。采用在折流板缺口区布管的弓形或盘环型折流板,或采用管束支承代替折流板,或提供附加的管子支承,也可改变管子固有频率。

(3) 增设消声板。在壳程插入平行于管子轴线的纵向隔板或多孔板,可有效地降低噪声,消除振动。隔板的位置,应离开驻波的节点靠近波腹。

(4) 抑制周期性旋涡。在管子的外表沿周向缠绕金属丝或沿轴向安装金属条,可以抑制周期性旋涡的形成,减少作用在管子上的交变力。

(5) 设置防冲板或导流筒。当壳程进口或出口速度是主要问题时,可增大进、出口接管尺寸,以降低进、出口流速,或者设置防冲板,以避免流体过大的激振力冲蚀进口处管子,严重时可设置导流筒,防止流体冲刷管束以降低流体进入壳程时的流速。

1.6　强化传热技术

由于换热器在工业部门中的重要性,因此从节能的角度出发,为了进一步减小换热器的体积,减轻质量和金属消耗,减少换热器消耗的功率,并使换热器能够在较低温差下工作,必须用各种办法来增强换热器内的传热。因此最近十几年来,强化传热技术受到了工业界的广泛重视,得到了十分迅速的发展,并且取得了显著的经济效果。如美国通用油品公司将该公司电厂汽轮机冷凝器中采用的普通铜管用单头螺旋槽管代替,由于螺旋槽管强化传热的效果,使冷凝器的管子长度减少了 44%,数目减少了 15%,质量减轻了 27%,总传热面积节约 30%,投资节省了 10 万美元。又如用我们研制的椭圆矩形翅片管代替圆形翅片管制作的空冷器,其传热系数可以提高 30%,而空气侧的流动阻力可以降低 50%。这种空冷器已在我国石化行业和火电厂得到广泛应用,取得了明显的经济效益。

1.6.1　强化传热概述

换热器传热过程的强化就是力求使换热器在单位时间内、单位传热面积传递的热量尽可能增多。从传热基本方程,我们知道换热器中的单位时间内的换热量 Q 与冷热流体的温度差 ΔT 及传热面积 F 成正比,即

$$Q = KF\Delta T \qquad (1-108)$$

式中　K——传热系数,W/(m² · K);

　　　F——传热面积,m²;

　　　ΔT——冷、热液体的平均温差,K。

从式(1-108)可以看出,增大传热量可以通过提高传热系数、扩大传热面积和增大传热温差 3 种途径来实现。

1. 增加冷、热液体的平均温差 ΔT

在换热器中冷、热液体的流动方式有四种,即顺流、逆流、交叉流、混合流。在冷、热流体进、出口温度相同时,逆流的平均温差 ΔT 最大,顺流时 ΔT 最小,因此为增加传热量应尽可能

采用逆流或接近于逆流的布置。

当然可以用增加冷、热流体进、出口温度的差别来增加 ΔT。比如某一设备采用水冷却时传热量达不到要求，则可采用氟利昂来进行冷却，这时平均温差 ΔT 就会显著增加。但是在一般的工业设备中，冷热流体的种类和温度的选择常常受到生产工艺过程的限制，不能随意变动，而且还存在一个经济性的问题。因此，用增加平均温差 ΔT 的办法来增加传热只能适用于个别情况。

2. 扩大换热面积 F

增大换热面积是增加传热量的一种有效途径。增大传热面积以强化传热，并不是简单地通过增大设备体积来扩大传热面积，而是通过传热面结构的改进来增大单位体积内的传热面积，从而使得换热器高效而紧凑。采用小直径的管子，并实行密集布管，也可以提高单位体积内的传热面积，而且由于管径越小耐压越高，因此还可以使单位传热面积的金属消耗量降低。采用各种形状的肋片管来增加传热面积其效果就更佳了。这里应特别注意的是肋片(扩展表面)要加在换热系数小的一侧，否则会达不到增强传热的效果。

一些新型的紧凑式换热器，如板式和板翅式换热器，同管壳式换热器相比，在单位体积内可布置的换热面积大得多。如管壳式换热器在 1 m³ 体积内仅能布置换热面积 150 m² 左右。而在板式换热器中则可达 1 500 m²，板翅式换热器中更可达 5 000 m²，因此在后两种换热器中其传热量要大得多。这就是它们在制冷、石油、化工、航天等部门得以广泛应用的原因。当然紧凑式的板式结构对高温、高压工况就不宜应用。

对于高温、高压工况一般都采用简单的扩展表面，如普通肋片管、销钉管、鳍片管，虽然它们扩展的程度不如板式结构高，但效果仍然是显著的。

采用扩展表面后，如果几何参数选择合适还可同时提高换热器的传热系数，这样增强传热的效果就更好了。值得注意的是，采用扩展面常会使流动阻力增加，金属消耗增加，因此在应用时应进行技术经济比较。

3. 提高传热系数 K

提高传热系数是增加传热量的重要途径，也是当前强化传热研究工作的重点内容。提高传热系数的方法是提高冷、热流体与管壁之间的换热系数。传热学表明，当换热器管子壁厚不大时，稳定传热工况下，洁净换热器的传热系数 K 可以按下式近似确定：

$$K = \frac{1}{\dfrac{1}{\alpha_1} + \dfrac{\delta}{\lambda} + \dfrac{1}{\alpha_2}} \tag{1-109}$$

式中 α_1——热流体与管子外壁之间的换热系数，W/(m²·K)；

α_2——冷流体与管子内壁之间的换热系数，W/(m²·K)；

δ——管壁厚度，m；

λ——管子材料导热系数，W/(m·K)。

由于管子金属材料的导热系数很大，管壁厚度又较薄，所以式(1-109)中 δ/λ 值可视作零，因而，要增大传热系数可从管子两侧的换热系数 α_1、α_2 入手。尤其要提高管子两侧中换热系数较小一侧的换热系数，以取得较好的强化传热效果。

要想增加对流换热系数，就需根据对流换热的特点，采用不同的强化方法。我国过增元院士在研究对流换热强化时，提出了著名的场协同理论。该理论指出要获得高的对流换热系数的主要途径有：

（1）提高流体速度场和温度场的均匀性。

（2）改变速度矢量和热流矢量的夹角，使两矢量的方向尽量一致；根据上述理论，目前强化传热技术有两类：一类是耗功强化传热技术，一类是无功强化传热技术。前者需要应用外部能量来达到强化传热的目的，如机械搅拌法、振动法、静电场法等。后者不需外部能量，如表面特殊处理法、粗糙表面法、强化元件法、添加剂法等。

由于强化传热的方法很多，因此在应用强化传热技术时，我们应遵循以下原则。

（1）首先应根据工程上的要求，确定强化传热的目的，如减小换热器的体积和质量；提高现有换热器的换热量；减少换热器的阻力，以降低换热器的动力消耗等。因为目的不同，采用的方法也不同，与此同时确定技术上的具体要求。

（2）根据各种强化方法的特点和上述要求，确定应采用哪一类的强化手段。

（3）对拟采用的强化方法从制造工艺，安全运行，维修方便和技术经济性等方面进行具体比较和计算，最后选定强化的具体技术措施。

只有按上述步骤才能使强化传热达到最佳的经济效益。

随着强化传热技术的发展，管壳式换热器的结构不断完善。其结构发展表现在三个方面：

（1）各种新型高效换热管的开发和应用，以强化管程的对流传热。

（2）管内插入物的开发和应用，以便在原有设备的基础上进行改造和强化传热；管程的研究只需做单管的传热和流阻实验，设备相对简单，因而近年来研究报道较多。

（3）管束支承（或折流元件）的改变，使壳程流体的流动方向由横向流转变为纵向流或螺旋流，以强化壳程传热及提高抗震性能等。

1.6.2　强化换热管

工程实际中管壳式换热器多采用光滑圆管，传热效率较低。为了提高管内的对流传热系数，现已开发出多种高效强化管，如螺旋槽管、横纹槽管、缩放管、螺旋扁管和变截面管等，如图1-78所示。多数强化管能同时强化管程和壳程传热。

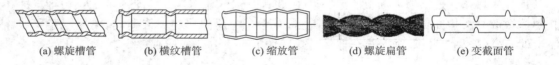

(a) 螺旋槽管　　　(b) 横纹槽管　　　(c) 缩放管　　　(d) 螺旋扁管　　　(e) 变截面管

图1-78　强化管的结构型式

1. 螺旋槽管

螺旋槽管是用机械辊压方法加工而成的一种强化管，辊压使管外表面形成连续的螺旋形凹槽，内表面形成螺纹状的凸起，凸起与管轴线成一定的螺旋角。当流体在管内流动时，管内表面螺旋形凸起对近壁处流体产生扰流作用，使流体形成螺旋运动并产生局部二次流。实验证明，螺旋槽管的管内换热系数是光管的1.5～2.0倍，管内流动沸腾换热系数可达光管的2倍。

2. 横纹槽管

横纹槽管的内表面与螺旋槽管相似，但其外表面是单个的环形凹槽，内表面是相应的环形凸起，这些凸起所在截面垂直于轴线并间隔一定距离。流体掠过凸起时，凸起对流体具有扰流作用，造成边界层分离，并减薄边界层厚度，从而强化传热。在一定实验条件下，横纹槽管管内换热系数可达光管的 2 倍以上。在传热量和泵功率消耗相同的条件下,用横纹管取代光管,可使换热管材料消耗减少 30%~50%。

3. 缩放管

缩放管的管子的横截面积都呈周期性变化,不同之处是缩放管的每个周期都由收缩段和扩张段组成,每一段都呈圆锥形;而波纹管的每个周期段都是波纹形。在两种管型中,流体始终受到方向反复变化的纵向压力梯度作用,因此,流体在扩张时产生的剧烈旋涡,在收缩时有效地利用了旋涡的作用,使流体在管壁内表面不能形成连续的边界层。试验表明,在同等压力降下,缩放管的传热量比光管增加 70% 以上。缩放管的形状为相对流线型,因而流动阻力比横纹槽管小,更适合低压气体和含杂质的流体传热。

4. 螺旋扁管

螺旋扁管是由圆管轧制而成或由椭圆管扭曲成螺旋形,具有一定的导程。由于管子的螺旋形内壁迫使管内流体呈螺旋形流动,不但使流体湍流度增大,而且冲刷管壁表面液体边界层,能有效提高管内对流传热系数。

5. 变截面管

变截面管是将普通圆管用机械方法相隔一定节距轧制成互成 90°(正方形布管)或互成 60°(三角形布管)的扁管形截面,利用管子扁圆形截面的突出部位相互支承,不需要折流板。管内流体由于管截面的变化而改变了流动形态,能破坏和减薄管壁内表面液体边界层,从而提高管内对流传热系数。

6. 波纹管

波纹管是以普通光滑换热管为基管,采用无切削滚轧工艺使管内外表面金属塑性变形而成,双侧带有波纹的管型。波纹管管内被挤出凸肋,从而改变了管内壁滞流层的流动状态,减少了流体传热热阻,增强了传热效果。其几何参数为:对于 $\phi 25$ mm$\times 2.5$ mm 的换热管,波距 $s=17\sim 19$ mm,波谷 $\varepsilon=1.4\sim 1.6$ mm;对于 $\phi 19$ mm$\times 2.0$ mm 的换热管,波距 $s=11\sim 13$ mm,波谷 $\varepsilon=1.0\sim 1.2$ mm,如图 1-79 所示。

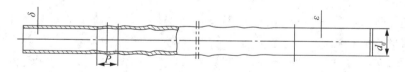

图 1-79　波纹管示意图

7. 低翅片螺纹管

低翅片螺纹管是普通换热管经轧制在其外表面形成螺纹翅片的一种高效换热管型,其结构如图 1-80 所示,这种管型的强化作用是在管外。对介质的强化作用一方面体现在螺纹翅片增加了换热面积;另一方面是由于壳程介质流经螺纹管表面时,表面螺纹翅

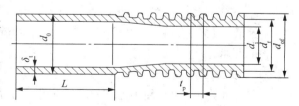

图 1-80　低翅片螺纹管示意图

片对层流边层产生分割作用,减薄了边界层的厚度。而且表面形成的湍流也较光管强,进一步减薄边界层厚度。综合作用的结果,使该管型具有较高的换热能力。当这种管型用于蒸发

时,可以增加单位表面上气泡形成的数量,提高沸腾传热能力;当用于冷凝时,螺纹翅片十分有利于管下端冷凝液的滴落,使液膜减薄,热阻减少,提高冷凝传热效率。其特点为:①加工成本较低;②适用面广。对壳程介质的蒸发、冷凝、气态流传热、液态流传热均有一定的强化作用;缺点:腐蚀性强、易结垢、黏性较大的介质不适用。低翅片螺纹管特性参数见表 1-6 (GB/T 4792—92)。

表 1-6　低翅片螺纹管特性参数

外径,d_o/mm	19					20					
螺距/mm	0.8	1.0	1.25	1.50	2.0	0.8	1.0	1.25	1.5	2.0	2.5
翅化比 η	2.8	2.5	2.2	2.0	1.7	2.8	2.75	2.5	2.2	1.8	1.6
当量直径,d_e/mm	17.5			17.8		23.5					
根部直径,d_r/mm	17	16.8	16.6	16.6	16.4	23	22.6	22.3	22.3	22	22
内径,d_i/mm	13.4			13.0		18.8			18.0		
齿顶圆直径,d_{ef}/mm	18.8±0.2					24.8±0.2					
外表面积/内表面积,A_{ef}/A_i	3.6	3.3	3.1	2.7	2.3	3.6	3.5	3.3	3.0	2.5	2.2

8. T 形翅片管

T 形翅片管高效换热器的核心强化传热元件是 T 形翅片管,T 形翅片管是由光管经过滚轧加工成型的一种高效换热管。其结构特点是在管外表面形成一系列螺旋环状 T 形隧道。管外介质受热时在隧道中形成一系列的气泡核,由于在隧道腔内处于四周受热状态,气泡核迅速膨大充满内腔,持续受热使气泡内压力快速增大,促使气泡从管表面细缝中急速喷出。气泡喷出时带有较大的冲刷力量,并产生一定的局部负压,使周

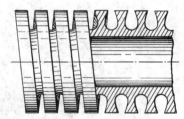

图 1-81　T 形翅片管

围较低温度液体涌入 T 形隧道,形成持续不断的沸腾。这种沸腾方式在单位时间内、单位表面积上带走的热量远远大于光管,因而这种管型具有较高的沸腾传热能力,如图 1-81 所示。

(1) 传热效果好。在 R113 工质中 T 管的沸腾给热系数比光管高 1.6~3.3 倍。

(2) 常规的光管换热器,只有当热介质的温度高于冷介质的沸点或泡点 12~15℃时,冷介质才会起泡沸腾。而 T 形翅片管换热器只需 2~4℃的温差,冷介质就可沸腾,且鼓泡细密、连续、快速,形成了与光管相比的独特优势。

(3) 由于隧道内部的气液扰动非常激烈以及气体沿 T 缝高速喷出,因而无论是 T 形槽内部还是管外表面,都不易结垢,这一点保证了设备能长期使用而传热效果不会受到结垢的影响。

目前常用的 T 形翅片管螺距为 1~3 mm,开口度为 0.15~0.35 mm,翅高在 0.9~1.2 mm 之间。

9. 表面多孔管

在普通光管的表面制备一层多孔层,可采用机加工、烧结、喷涂等方法完成,如图 1-82(a)、(b)所示。该多孔层在沸腾传热时,多孔层中的大量微孔变成为气泡形成的核心,由于微孔内的气泡处于四周受热状态,气泡核迅速膨大充满内腔,持续受热使气泡内压力快速增大,促使气泡从管表面细缝中急速喷出。气泡喷出时带有较大的冲刷力量,并产生一定的局部负压,使周围较低温度液体涌入微孔内,形成持续不断的沸腾。这种换热器的突出优点

是强化介质的沸腾传热,沸腾给热系数约为光滑表面的 6～7 倍。这种管型可以在很小的温差下维持沸腾(0.6～0.7℃),从而大大减少传热的不可逆损失。工作时微孔内的介质急速喷出,垢物不容易在管的表面形成,抗垢能力较强。由于多孔层对管的原始表面结构影响非常小,因此这种管型对低温工况非常适用。

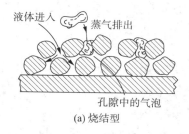
(a) 烧结型

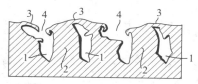
1－孔道; 2－基体; 3－孔壁; 4－开口
(b) 机加工型

图 1-82　表面多孔管

10. 高通量换热管

高通量换热管管内壁烧结一层多孔表面,管外壁轧制纵槽。适用于强化管内沸腾传热和强化管外冷凝传热的场合。管外的纵槽可有效减薄冷凝液膜,减少冷凝热阻,其冷凝传热系数是光滑管的 5～6 倍。而总传热系数可达光滑管的 3～5 倍,如图 1-83 所示。

图 1-83　高通量换热管

1.6.3　管内插入物强化传热

提高管内流体的换热强度,除了采用强化管以外,还可采用简便易行的管内插入物,如纽带、螺旋纽片、静态混合器、螺旋(线)弹簧、波带、丝网和多孔体等,如图 1-84 所示。插入物是一种扰流子,以固定的形状加装于换热管内,与管壁相对固定或随着流体振动,对流体产生扰动或破坏管壁表面的液体边界层而达到强化传热及防垢、除垢的效果。用插入物作为强化管内单相流体传热的一种手段,易于装拆,维护简便,尤其有利于对原有设备的挖潜革新。

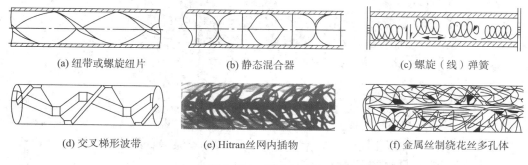

(a) 纽带或螺旋纽片　　(b) 静态混合器　　(c) 螺旋(线)弹簧

(d) 交叉梯形波带　　(e) Hitran 丝网内插物　　(f) 金属丝制绕花丝多孔体

图 1-84　管内插入物

1. 纽带或螺旋纽片

纽带和纽片都是金属薄片纽制或塑料薄片热加工而成,其特性参数是片的纽率(即一个纽程的间距和管径之比)和片的厚度。纽带或螺旋纽片使流体在管内产生连续旋流,旋流引起二次流促进了径向混合，因而强化管内对流传热。

2. 静态混合器

静态混合器是一种高效的静态混合元件，现有 Kenics 型、Sulzer 型等数十种型式，主要结构是由螺旋角相反的纽带对头焊接而成，具有使流体切割、旋转和重新混合的功能，造成流体不断分割和反复转向，促进径向混合，强化传热效果明显。静态混合器结构紧凑、制造安装方便，操作能耗低，主要用于层流流动，能够增大管内对流传热系数 3～5 倍，但一般以增大压降为代价。

用 6 种不同型式的插入物（包括纽带、钻孔纽带、错开纽带、静态混合器、径向混合器和螺旋片）进行流态显示实验，并模拟工业过程的恒壁温条件研究了它们对竖直管内空气的传热和阻力特性。对比实验结果表明，各种插入物均降低了管内流体由层流向湍流过渡的临界雷诺数，促进了传热，但也增加了压力降；在 $Re < 1\,500$ 时，各插入物在同一雷诺数下传热效果相近，但流动阻力相差很大，螺旋片的阻力较小；各插入物在低雷诺数下比在湍流区强化效果显著，在等流量和等功率下比较表明，在层流区都随雷诺数增加而增加，在过渡区达到最大值，然后随雷诺数增加而减小；在相同流量且 $Re = 500 \sim 10\,000$，静态混合器的强化传热效果最佳，而在一定功率消耗下选用螺旋片或纽带为宜。

3. 螺旋（线）弹簧

螺旋（线）弹簧是用金属丝绕制成像弹簧一样的结构，可做成连续的也可做成分段的。螺旋弹簧能促进流体湍流、间歇破坏边界层的发展，使边界层变薄，从而强化传热。传热性能综合评价表明，要在层流和过渡流区获得同样的强化传热效果，利用螺旋流比利用边界层分离消耗的能量少。

4. 交叉梯形波带

交叉梯形波带是华南理工大学发明的一种静态插入物，由二三条梯形波浪带交叉组成，两条波带在垂直中心线轴上交错成弹性波带，通过引导和置换流体产生扰流但不产生离心力，依靠波浪斜板使中间流体移至壁面，壁面流体移至中间，促使边界层产生扰流，它同时具有边界层分离和切割功能，特别适用于高黏度和超高黏度的流体强化传热。

5. Hitran 丝网内插物

Hitran 丝网内插物是英国 Cal Gavin 公司近年来开发的新产品，呈花环状，是一种金属丝翅片管状元件，可使流体在低流速下产生径向位移和螺旋流相叠加的三维复杂流动，可提高诱发湍流和增强沿温度梯度方向上的流体扰动，在不增加阻力的条件下可大大提高传热系数。管程传热效率可提高 25 倍（对液流）和 5 倍（对气流）。

6. 金属丝制绕花丝多孔体

金属丝制绕花丝多孔体是清华大学等单位利用多孔介质弥散效应开发的一种金属丝制元件，相当于孔隙率 $\varepsilon > 95\%$ 的多孔体，在低雷诺数下，由于弥散流动促使流体形成湍流，从而强化传热。由于该元件孔隙率大，因而其沿程阻力系数较一般的多孔介质内插物低得多。

1.6.4　改进壳程管束支承结构

管束支承的变化是纵流壳程换热器结构发展的标志，其主要作用有三个：①支承管束；②使壳程产生期望的流型和流速；③阻止管子发生流体诱导振动。因此，管束支承是壳程的关键结构，不同的管束支承使壳程流体的流动形态发生变化，流动形态的改变使换热器的传热、压降等综合性能也随之发生显著变化。

1. 折流杆

折流杆支承是由美国菲利普公司为解决管束振动问题而开发的,又称为折流栅,四个为一组,每组折流栅包括两个横栅和两个纵栅,纵横交错排列,每个折流栅是由若干平行的折流杆(圆钢)焊接在一个折流圈上而成,如图1-85所示。实践表明,折流杆换热

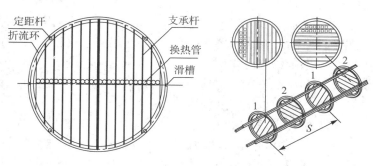

图 1-85　折流杆支承及其折流栅组件

器在大多数情况下抗震性能较好,但在强烈的激振条件下仍可能发生流体诱导振动。为此,昆明理工大学胡明辅等设计了一种新型抗震结构,即用"扁钢支承条"取代"折流杆(圆钢)",与支承圈(相当于折流圈)一起构成抗震栅。扁钢支承条厚度相当于管间间隙,管子被扁钢条紧紧夹住,且与管子的接触方式由折流杆的"点接触"变为扁钢条的"线接触",因此,对管子振动的抑制作用更强。

杆式支承对壳程流体流动和传热的影响包括:①扰流作用。当壳程流体流速达到一定值时,流体流过折流杆的旋涡脱落及折流圈的文丘里效应,在后面产生旋涡尾流,流体的流速越大,湍动越激烈。当旋涡强度逐渐减弱时,流体通过后面的杆、圈,又产生新的旋涡和节流,这样,在整个传热管外壁面上都有旋涡,对强化管外壁面传热极为有利。②减薄边界层。随着流体流速加快,流体对管外边界层液膜的剪切力加大,从而使液膜变薄,再加上杆、圈扰流产生的旋涡和湍流也破坏液膜,因而减小了传热热阻,同时还有防垢、除垢作用。③杆式支承与换热管间为点(线)接触,接触面积很小,使换热面积得到充分利用,基本消除了"传热死区"。④由于壳程流体纵向冲刷管束,避免了折流板支承时流体横向冲刷管束及在折流板缺口处流体反复转向所产生的巨大阻力,所以,杆式支承换热器壳程压力降很小。⑤杆式支承只有在较大 Re 数值情况才能显示出优异的性能。

2. 空心环

空心环支承是由华南理工大学邓先和等发明的专利产品,由直径较小的钢管截成短节,均匀分布在换热管之间的同一截面上(为一组),呈线性接触,在紧固装置螺栓力的作用下,使管束相对紧密固定,如图1-86所示。

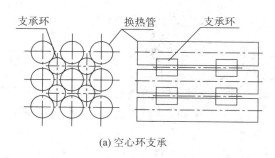

(a) 空心环支承

(b) 空心环支承实物

图 1-86　空心环支承及其实物

空心环支承换热器以表面强化管(如横纹管)作为换热管,使管程和壳程同时得到强化,

且壳程孔隙率大,对流体形体阻力小,流体的绝大部分压力降作用在强化管的粗糙传热面上,以促进近壁流体传热滞流层的湍流强度,降低传热热阻。研究表明,当空心环和折流杆支承同样的强化管束(如横纹管束)时,空心环能使管束获得更好的强化传热效果,在同样壳程条件下给热系数约提高50%,且壳程压力降更小。同时,空心环支承也具有折流杆式支承的上述特点,但其扰流作用不如折流杆式支承。

3. 刺孔膜片

刺孔膜片支承是天津大学周理等开发的,它是将每根换热管上下两侧相距180°开沟槽,槽内嵌焊冲有孔和毛刺的膜片,多块膜片将一纵列管子连接为一个整体,并将整个壳程空间分隔为若干彼此平行的空间,如图1-87所示。

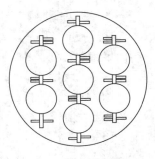

图1-87 刺孔膜片

刺孔膜片上的毛刺有扰流作用,能增大流体湍动程度,同时,各区域的流体通过膜片上小孔实现了一定程度的混合。刺孔膜片嵌焊于管壁上,既是支承元件,又是管壁的延伸,像翅片管一样增大了有效传热面积,且刺和孔可使换热表面上的边界层不断更新,可减薄层流内层厚度,从而提高传热系数。壳程流体完全纵向流动,阻力几乎全部是液体的黏性力,因此壳程压力降大大降低。

4. 管子自支承

管子自支承的共同特点是:靠管子加工变形后产生的凸起相互支承,使管间保持一定距离,并形成壳程的流体通道,而无需折流板。因此,管子排列紧凑,单位体积内的换热面积大。较小的管间距和壳程流通面积可提高壳程流速,从而增强流体湍流度,使管壁上传热边界层减薄。流体流动的湍流度增加是强化传热的根本原因。换热管截面形状的变化对管内、外流体的传热都具有强化作用。自支承的管型有螺旋扁管和变截面管等,如图1-88所示。

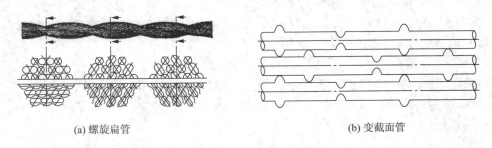

(a) 螺旋扁管　　　　　　　　　　　　　　　　(b) 变截面管

图1-88 管子自支承结构

(1)螺旋扁管是瑞典Allares公司开发的一种高效换热管,由圆管轧制或由椭圆管扭曲而成,具有一定的导程,靠相邻管凸起处的点接触支承管子。壳程流体在换热管螺旋面的作用下总体呈纵向流动,并伴有横向螺旋运动,这种流速和流向的周期性改变加强了流体的轴向混合和湍动。同时,流体流经相邻管子的螺旋线接触点后形成脱离管壁的尾流,又增大了流体的湍流度,并对管壁面的热边界层有破坏作用。

(2)变截面管是将普通圆管用机械方法相隔一定节距轧制成互成90°(正方形布管)或互成60°(三角形布管)的扁管形截面,利用管子变径部分扁圆形截面的凸起部位相互支承。流体在壳程中基本呈纵向流动,流经凸起部位时发生扰流和波动,湍流度增加。

5. 螺旋折流板

螺旋折流板是将圆截面的折流板相互形成一种特殊的螺旋形结构,每个折流板与壳程流体的流动方向成一定角度,使得壳程流体沿着折流板做螺旋运动,有单螺旋折流板和双螺旋折流板两种,如图 1 - 89 所示。

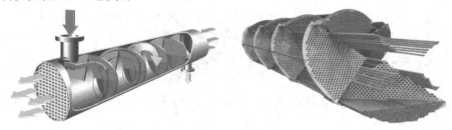

图 1 - 89　螺旋流式换热器及螺旋折流板示意图

螺旋折流板基本可消除弓形折流板的返混现象,提高有效传热温差;螺旋通道内的柱状流的速度梯度影响了边界层的形成,使传热系数有较大的增加;基本不存在流动与传热死区,尤其适宜处理含固体颗粒、粉尘、泥沙等流体,如氮肥厂的造气系统等。螺旋折流板用于单相流和两相流都具有较好的强化传热效果,特别是采用低肋强化管与螺旋折流孔板结合强化单相流体传热和冷凝传热时,效果更佳。其特点为:

(1) 介质在壳体内做螺旋流动,避免了横向折流产生的严重压力损失,因而具有压降低的特点;

(2) 和弓形折流板比,在同样的压降下,可大幅度提高壳程介质的流速,从而使传热能力增大;

(3) 由于壳程介质螺旋前进,因而在径向截面上产生速度梯度,形成径向湍流,使换热管表面滞留底层减薄,有利于提高膜传热系数;

(4) 和横向折流方式比,不存在死区,在提高换热系数的同时,减少污垢沉积,热阻稳定,可使换热器一直处于高效运行状态;

(5) 螺旋折流板对换热管的约束要强于弓形板,可降低管束振动,延长设备运行寿命;

(6) 壳程做冷凝换热时,螺旋折流板可以起到对冷凝后的液体引流作用,减少了冷凝液体对下排管覆盖,从而提高换热效果;

(7) 这种换热器和普通换热器的区别仅在于壳程折流板的结构,管束外观形状、管束和壳体的配合尺寸都不变,在检修当中完全可以用螺旋折流板芯子替换弓形折流板式芯子,以提高换热效果。

6. 整圆形孔板

整圆形孔板是一种既古老又现代的支承结构,现有五种结构型式,见图 1 - 90。

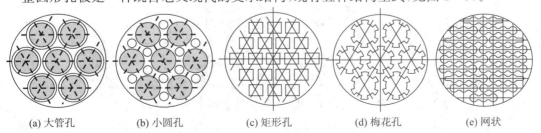

(a) 大管孔　　(b) 小圆孔　　(c) 矩形孔　　(d) 梅花孔　　(e) 网状

图 1 - 90　整圆形孔板的结构型式

（1）"大管孔"孔板,是一种最古老的管束支承形式,板上不开缺口而钻有比管径大的圆孔,既让管子穿过,又留有足够的间隙让流体通过。该结构对管子没有支承作用,主要适用于层流工况。

（2）"小圆孔"孔板,板上管孔等于管外径,在管孔之间的孔桥处钻小圆孔,让管间流体由小圆孔流过孔板。该结构的流通面积太小,因而流阻太大,且存在传热死区。

（3）"矩形孔"和"梅花孔"孔板,在每个管孔位置分别加工出矩形孔和梅花形孔,该孔板既能支承管子,又能让管间流体流过孔板,但两者结构较复杂,加工难度较大,不适合大规模生产。

（4）"网状"孔板,仍按普通折流板划线、钻孔,然后将横排孔 4 个为一组将孔桥处铣通而成。

整圆形孔板的开孔面积相对较小,当流体流经孔板时,壳程流通面积突然缩小,因而流体压力升高,流体通过异形小孔或环隙时产生贴壁射流作用。射出的流体速度很高,并对周围流体产生卷吸作用而发生局部混合,因而在较低的雷诺数下,流体离开孔口后就形成湍流。由于贴壁射流速度高,在一定跨距内冲刷管壁并减薄液体边界层,所以既强化了传热,又有抗垢和除垢作用。整圆形孔板开孔分布比较均匀,流体呈纵向流动,"传热死区"较小,换热管与孔板接触面积小,传热面积得到充分利用。

开孔形状会直接影响壳程流体流动和传热性能,另外,开孔大小或开孔率、开孔位置以及孔板厚度、跨距等都会影响射流形成和壳程传热,因此,不同开孔的孔板强化传热效果不同。实验证明,"梅花孔"孔板的传热效果最好,且在孔板跨距 $L_b = 50$ mm 时效果最佳,其传热系数是"矩形孔"孔板的 1.6 倍。因为"梅花孔"孔板的开孔在管子周围分布均匀,贴壁射流对管壁影响也比较均匀,而其他孔板产生的射流只作用在管子周围部分区域。

1.6.5　对流换热耗功强化

强化单相介质对流换热,除上面介绍的普遍应用的无功方法外,针对一些特殊的换热问题,也可采用耗功的强化方法。

1. 机械搅拌法

此法主要应用于强化容器中的对流换热。容器中的单相介质对流换热主要是自然对流,这时换热系数低,温度分布很不均匀,采用机械搅拌法可以得到很好的效果。

容器中的介质黏度较低时,通常采用小尺寸的机械搅拌器。搅拌器的直径 d 一般为容器直径 D 的 1/4~1/2,搅拌叶片的高度,从底部算起约为液体总高度 H 的 1/3。容器中为高黏度介质时,则应用比容器直径略小的低速螺旋式或锚式搅拌器。在进行搅拌器计算时应区分容器中的介质是牛顿流体还是非牛顿流体,它们的计算方法是不同的。

2. 振动法

有两种振动法,一种是使换热面振动,另一种是使流体脉动或振动,这两种方法均可强化传热。

（1）换热面的振动　对于自然对流,实验证明,对静止流体中的水平加热圆柱体振动,当振动强度达到临界值时,可以强化自然对流换热系数。实验还证明圆柱体垂直振动比水平振动效果好。在小振幅和高频率时,振动可使换热系数增加 7%~50%。

对于强制对流,许多研究者证明,根据振动强度和振动系统的不同,换热系数比不振时可增大 20%~400%。值得注意的是,强制对流时换热面的振动有时会造成局部地区的压力降低到液体的饱和压力,从而有产生汽蚀的危险。

（2）流体的振动　利用换热面振动来强化传热,在工程实际应用上有许多困难,如换热面有一定质量,实现振动很难;且振动还容易损坏设备,因此另一种方法是使流体振动。

对于自然对流,许多人研究了振动的声场对换热的影响,一般根据具体条件的不同,当声强超过 140 分贝使可使换热系数增加 1～3 倍。值得注意的是,采用声振动也有不少困难。实际应用中如有可能首先应用强制对流来代替自然对流或用机械搅拌,这样才能更有效果。

对于强制对流,由于强制对流换热系数已经很高,采用声振动时其效果并不十分显著。除了声振动外,其他的低频脉动（如泵发生的脉动）也能起到类似强化传热的作用。

众所周知,当流体横掠过单管或管束时,由于旋涡脱落,湍流抖振,流体弹性激振及声共鸣等诸多原因,会引起管子产生振动。这种振动通常称之为流体诱导振动,它常常是导致换热器管子磨损、泄漏、断裂的主要原因。因此在换热器设计时,人们都尽量采用各种措施来避免流体的诱导振动。

能否利用上述诱导振动来强化传热呢?我国学者程林创新地提出并解决了这一问题,他设计了一种弹性盘管,该盘管有两个自由端及两个固定端,通过弹性盘管的曲率半径、管径、管壁厚及端部附加质量等参数的组合来得到一种最有利的固定频率。同时,程林还设计了一种脉动流发生器,它将进入换热器的水流分成两股,其中一股通过一正置三角块后,在下游方向就会产生不同强度的脉动流,该脉动流直接作用在弹性盘管的附加质量端,从而诱发弹性盘管发生周期性的振动。这种流体振动,换热面也振动的强化传热新方法,几乎不耗外功,却能极大地提高换热系数,根据这种原理设计的弹性盘管汽水加热器,在流速很低的情况下,可使传热系数达到 4 000～5 000 W/(m² · ℃),是普通管壳式换热器的两倍。现在这种换热器已在供热工程中得到了广泛的应用。

3. 添加剂法

在流动液体中加入气体或固体颗粒,在气体中喷入液体或固体颗粒以强化传热是此法的特点。

有的研究者提出在上升的水流中注入氮气泡,由于气泡的扰动作用可使换热系数提高 50%。在油中加入呈悬浮状态的聚苯乙烯小球,可使换热系数提高 40%。

在实际应用中,在气体中喷入液体或固体颗粒是一种有前途的强化换热的方法。如在汽车散热器的冷却空气中喷入水或乙烯、乙二醇后,由于液体在散热片中形成薄的液膜,液膜吸热蒸发以及蒸发时对边界层的扰动都可以增加传热。

我们研究了竖夹层空间的自然对流,此时如果在竖夹层空间加入极少量的水,由于水在竖夹层空间一侧沸腾蒸发,在另一侧凝结,从而使换热系数提高数倍。气体中加入固体颗粒亦能强化换热。Babcock 公司在气体中加入石墨颗粒后发现换热系数可提高 9 倍。现在沸腾床的迅速发展也与气-固混合流能强化传热有密切关系。

4. 抽压法

抽压法多用于高温叶片的冷却。此时冷却介质通过抽吸或压出的方法从叶片或管道的多孔壁流出,由于冷却介质和受热壁面的良好接触能带走大量热量,并且冷却介质在壁上形成的薄膜可把金属表面和高温介质隔开,从而对金属起到了保护作用。此法在燃气轮机叶片的冷却中已得到了广泛的应用。

除了上述方法外还有使用换热面在静止流体中旋转的方法,利用静电场强化换热的方法,但它们的应用还十分有限。在工程应用上,应尽可能地根据实际情况,同时采用多种强化传热的方法,以求获得更好的效果。

1.6.6　沸腾换热的强化

沸腾是一种普遍的相变现象,在工业上有广泛的应用。沸腾换热的特点是换热系数很高,在以往的应用中人们认为已不必进行强化了,而把主要的注意力集中在单相介质对流换热的强化上。但随着工业的发展,特别是高热负荷的出现,相变传热(沸腾和凝结)的强化日益受到重视并在工业上得到越来越多的应用。

沸腾换热的强化主要从增多汽化核心和提高气泡脱离频率两方面着手,具体方法有粗糙表面和对表面进行特殊处理,扩展表面,在沸腾液体中加添加剂等。下面介绍常用的强化沸腾换热的方法。

1. 使表面粗糙和对表面进行特殊处理

粗糙表面可使汽化核心数目大大增加,因此和光滑表面相比其沸腾换热强度可以提高许多倍。最简单的粗糙表面的办法是用砂纸打磨表面或者采用喷砂的方法。在使壁面粗糙度增加以强化沸腾换热时,应注意存在一极限的粗糙度,超过此之后,换热系数就不再随粗糙度的增加而增加。此外增加粗糙度并不能提高沸腾的临界热负荷。

工程上为增强沸腾换热应用最多的还是对表面进行特殊处理。特殊处理的目的是使表面形成许多理想的内凹穴,这些理想的内凹穴在低过热度时就会形成稳定的汽化核心;且内凹穴的颈口半径越大,形成气泡所需的过热度就越低。因此这些特殊处理过的表面能在低过热度时形成大量的气泡,从而大大地强化了泡状沸腾过程。实验证明,表面多孔管的沸腾换热系数可提高 2～10 倍。此外临界热负荷也相应得到提高。在相同热负荷下特殊处理过的表面的传热温差也比普通表面低得多。

制造上述表面多孔管的方法很多,一种是在加热面上覆盖一层多孔覆盖层;另一种是对换热面进行机械加工以形成表面多孔管。

(1) 带金属覆盖层的表面多孔管

20 世纪 60 年代末在美国首先出现用烧结法制成的带金属覆盖层的表面多孔管。除了烧结法外还可采用火焰喷涂法、电镀法等。一般烧结法的效果最好。作为覆盖层的材料有铜、铝、钢、不锈钢等。用烧结法制成的多孔管已在工业部门获得广泛的应用。这种多孔管一般可使沸腾换热系数提高 4～10 倍,从而推迟膜态沸腾的发生。

(2) 机械加工的表面多孔管

用机械加工方法可使换热表面形成整齐的 T 形凹沟槽。这种机械加工的表面多孔管亦能大大强化沸腾换热过程和提高临界热负荷值。对形状和尺寸不同的凹沟槽,沸腾换热系数可提高 2～10 倍。用机械加工的方法还可克服烧结法带来的表面孔层不均的缺点,且多孔层也不易阻塞。

2. 采用扩展表面

用肋管代替光管可以增加沸腾换热系数。这一方面是肋管与光管相比除具有较大的换热面积外,还可以增加汽化核心;另外肋片和管子连接处受到液体润湿作用较差,是良好的吸附气体的场所;加之肋片与肋片之间的空间里的液体三面受热,易于过热。以上这些因素都促进了气泡的生长,一般换热系数可提高 10% 左右。

对于管内强制沸腾换热,通常还采用内肋管或内外肋管。这些内肋片不但强化了沸腾换热过程,还强化了管内单相介质的对流换热。因此在制冷和化工中应用很广,其中应用得最多的是带星形嵌入式的内肋管,一般换热系数可提高 50% 左右。

3. 应用添加剂

在液体中加入气体或另一种适当的液体亦可强化沸腾换热。例如在水中加入合适的添加剂(如各类聚合物),有时可使沸腾换热系数提高 40%。值得注意的是,如液体和添加剂配合不当,反而会使换热系数降低。

在液体中加入固体颗粒,当颗粒层的高度恰当时亦可强化沸腾换热,有时沸腾换热系数甚至可以比无颗粒层时高 2~3 倍。

4. 其他强化沸腾换热的方法

前面介绍的管内插入物强化对于强化管内沸腾亦非常有效,这时可以在管内插入纽带、螺旋片或螺旋线圈,亦可采用螺旋槽管或内螺纹管。它们不但能使换热系数提高(如纽带可提高 10%~15%,螺旋槽管可提高 50%~200%),还可提高临界热负荷。

1.6.7 凝结换热的强化

凝结是工业中普遍遇到的另一种相变换热过程,一般认为凝结换热系数很高,可以不必采用强化措施。但对氟利昂蒸气或有机蒸气而言,它们的凝结换热系数比水蒸气小得多。例如对氟利昂,其凝结换热系数仅为其另一侧水冷却换热系数的 1/4~1/3。在这种情况下强化凝结换热仍然是非常必要的。对空冷系统而言,由于管外侧空气的肋化系数非常之高,强化管内的水蒸气凝结换热也仍然是有利的。

1. 管外凝结换热的强化

(1) 冷却表面的特殊处理

对冷却表面的特殊处理,主要是为了在冷却表面上产生珠状凝结。珠状凝结的换热系数可比通常的膜态凝结高 5~10 倍,由于水和有机液体能润湿大部分的金属壁面,所以应采用特殊的表面处理方法(化学覆盖法、聚合物涂层法和电镀法等),使冷凝液不能润湿壁面,从而形成珠状凝结。采用聚四氟乙烯涂层已获得一些实际应用。在冷却壁面上涂一层聚四氟乙烯,再经过热处理后可使凝结换热系数提高 2~3 倍,此时应注意聚四氟乙烯的老化和脱落。另外涂层不能厚,否则会增加壁的附加热阻。

用电镀法在表面涂一层贵金属,如金、铂、钯等效果很好,缺点是价格昂贵。

(2) 冷却表面的粗糙化

粗糙表面可增加凝结液膜的湍流度,亦可强化凝结换热。实验证明,当粗糙高度为 0.5 mm 时,水蒸气的凝结换热系数可提高 90%。值得注意的是,当凝结液膜增厚到可将粗糙壁面淹没时,粗糙度对增强凝结换热不起作用。有时当液膜流速较低时,粗糙壁面还会滞留液膜,对换热反而不利。

(3) 采用扩展表面

在管外膜状凝结中常常采用低肋管,低肋管不但增加换热面积,而且由于冷凝流体的表面张力,肋片上形成的液膜较薄,因此其凝结换热系数可比光管高 75%~100%。

日本日立公司开发了一种肋呈锯齿形的冷凝管,其肋高 1.22 mm,肋片密度每厘米上 13.8 片,错齿凹处深度为肋高的 40%,凹槽宽度为肋间距的 30%,这种锯齿形肋片管可比普通低肋管的凝结换热系数提高 0.5~1.5 倍。

此外会有一种销钉形的外肋管,它的扩展面是一系列的销钉,销钉形肋片管的凝结效应和低肋管差不多，但可节约60％的材料。

对垂直管外的凝结，采用纵槽管的效果十分显著，这是因为表面张力和重力的作用。顶部冷凝液会顺槽迅速排走，使顶部区及上部液膜变得很薄。试验表明，对某些有机蒸气（如异丁烷）换热系数可增大4倍，在垂直管上垂直设置金属丝也可达到类似的效果。

值得注意的是对于易结垢的介质不宜采用低肋管等，因为其结垢难清除。

应用螺旋槽管和管外加螺旋线圈。螺旋槽管，管子内外壁均有螺纹槽，既可强化冷凝换热，又可强化冷却侧的单相对流换热，与光管相比其凝结强度可提高35％～50％。在管外加螺旋线圈，由于表面张力使凝结液流到金属螺旋线圈的底部而排出，上部及四周液膜变薄，从而凝结换热系数有时甚至可提高2倍。

2. 管内凝结换热的强化

（1）扩展表面法

采用内肋管是强化管内凝结的最有效的方法，试验表明，其换热系数比光管高20％～40％。按光面计算则换热系数可提高1～2倍。

（2）采用流体旋转法

采用插入纽带，静态混合器和螺旋槽管等流体旋转法均可强化凝结换热。如插入纽带一般可使凝结换热系数提高30％，但此时流动阻力也会大为增加。

值得注意的是，在强化凝结换热之前，应首先保证凝结过程的正常进行。例如，排除不凝气体的影响，顺利地排除冷凝液等。

强化传热技术在动力、制冷、低温、化工等部门得到了日益广泛的应用。许多新的强化传热的方法正在不断出现和应用于工业界。强化传热技术的进步和推广，不但能节约大量的能源，而且能大大减少设备的质量和体积，减低金属消耗量，是当前增产节能向深度发展的重要一环。

思考题一

1. 典型的换热设备有哪几种类型？

2. 管壳式换热器的基本类型、结构特点和适用场合是什么？绘制各类型的结构简图。

3. 设置折流板和折流杆的目的是什么？折流板有哪些常用型式，如何固定？

4. 管板力学模型有几种假设？

5. 壳体及管子轴向应力产生的原因有哪些？膨胀节设置与否的依据是什么？

6. 管子与管板有哪几种常见连接方式？各适用什么场合？双管板结构的作用是什么？

7. 简述强化传热的技术与方法。

8. 换热器横向流诱导振动的主要原因有哪些？有哪些防治措施？

第2章 塔 设 备

2.1 塔设备概述

2.1.1 塔设备的应用

塔设备是化工、石油化工和炼油等生产中最重要的设备之一。它可使气-液或液-液两相之间进行紧密接触,达到相际传质及传热的目的。可在塔设备中完成的常见单元操作有精馏、吸收、解吸和萃取等。此外,工业气体的冷却与回收、气体的湿法精制和干燥,以及兼有气-液两相传质和传热的增湿、减湿等。

在化工、炼油、医药、食品及环境保护等工业部门,塔设备是一种重要的单元操作设备。它的应用面广、量大。塔设备的性能对于整个装置的产品产量、质量、生产能力和消耗定额,以及三废处理和环境保护等各个方面,都有重大的影响。塔设备无论其投资费用还是所消耗的钢材重量,在整个过程设备中所占的比例都相当高,表2-1为几个典型的塔设备数据。

表2-1 塔设备在相关行业和装置中所占的比例

行业名称	塔设备投资的比例/%	装置名称	塔设备质量的比例/%
石油化工	25.4	60万吨,120万吨/年催化裂化	48.9
炼油和煤化工	34.9	250万吨/年常减压蒸馏	45.5
人造纤维	44.9	4.5万吨/年丁二烯	54.0

2.1.2 塔设备应满足的基本要求

塔设备除了应满足特定的化工工艺条件(如温度、压力及耐腐蚀)外,为了满足工业生产的需要还应达到下列要求:

(1) 生产能力大,即气液处理量大;

(2) 高的传质、传热效率,即气液有充分的接触空间、接触时间和接触面积;

(3) 操作稳定、操作弹性(最大负荷对最小负荷之比)大,即气液负荷有较大波动时仍能在较高的传质效率下进行稳定的操作,且塔设备应能长期连续运转;

(4) 流体流动的阻力小,即流体通过塔设备的压力降小,以达到节能降低操作费用的要求;

(5) 结构简单可靠,材料耗用量小,制造安装容易,以达到降低设备投资的要求。

事实上,任何一个塔设备能同时达到上述的诸项要求是困难的,因此只能从生产需要及经济合理的要求出发,抓住主要矛盾进行设计。近年来对于增大生产能力、提高效率、稳定操作和降低压力降的追求,推动着各种新型塔结构的出现和发展。

2.1.3 塔设备的分类及其特点

随着化学工业的发展,研制了许多的塔设备结构。塔设备的分类方法很多,例如:

(1) 按操作压力分为加压塔、常压塔和减压塔;

（2）按单元操作分为精馏塔、吸收塔、解吸塔和萃取塔等；

（3）按形成相际接触面的方式分为具有固定相界面的和流动过程中形成相界面的塔。

但是长期以来,最常用的是按塔的内件结构分为板式塔(图2-1)和填料塔(图2-2)两大类。

在板式塔中,塔内装有一定数量的塔盘,气体自塔底向上以鼓泡喷射的形式穿过塔盘上的液层,使两相密切接触,进行传质。两相的组分浓度沿塔高呈阶梯式变化。

在填料塔中,塔内装填一定高度的填料。液体自塔顶沿填料表面向下流动,作为连续相的气体自塔底向上流动,与液体进行逆流传质。两相的组分浓度沿塔高呈连续变化。

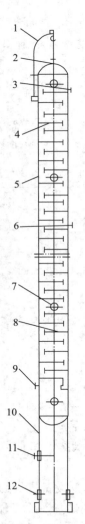

图2-1　板式塔

1—吊柱；2—气体出口；3—回流液入口；

4—精馏段塔盘；5—壳体；6—料液进口；

7—人孔；8—提馏段塔盘；9—气体入口；

10—裙座；11—釜液出口；12—检查孔

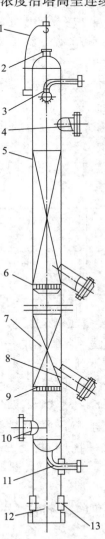

图2-2　填料塔

1—吊柱；2—气体出口；3—喷淋装置；4—人孔；

5—壳体；6—液体再分配器；7—填料；8—卸填料

人孔；9—支承装置；10—气体入口；11—液体出口；

12—裙座；13—检查孔

由图 2-1 及图 2-2 可见,无论是填料塔还是板式塔,除了各种内件之外,均由塔体、支座、除沫器、接管、人孔和手孔、吊耳和吊柱及扶梯、操作平台等组成。

(1) 塔体　塔体即塔设备的外壳,常见的塔体由等直径、等厚度的圆筒及上、下封头组成。对于大型塔设备,为了节省材料也有采用不等直径、不等厚度的塔体。塔设备通常安装在室外,因而塔体除了承受一定的操作压力(内压或外压)、温度外,还要考虑风载、地震载荷、偏心载荷。此外还要满足在试压、运输及吊装时的强度、刚度及稳定性要求。

(2) 支座　塔体支座是塔体与基础的连接结构。因为塔设备较高、质量较大,为保证其足够的强度及刚度,通常采用裙式支座。

(3) 除沫器　用于捕集夹带在气流中的液滴。除沫器工作性能的好坏对除沫效率、分离效果都具有较大的影响。

(4) 接管　用于连接工艺管线,使塔设备与其他相关设备相连接。按其用途可分为进液管、出液管、回流管、进、出气管、侧线抽出管、取样管、仪表接管、液位计接管等。

(5) 人孔和手孔　为安装、检修、检查等需要,往往在塔体上设置人孔或手孔。不同的塔设备,人孔或手孔结构及位置等要求不同。

(6) 吊耳　塔设备的运输和安装,特别是在设备大型化后,往往是工厂基建工地上一项举足轻重的任务。为起吊方便,可在塔设备上焊上吊耳。

(7) 吊柱　安装于塔顶,主要用于安装、检修时吊运塔内件。

2.1.4　塔设备的选型

填料塔和板式塔均可用于蒸馏、吸收等气-液传质过程,但在两者之间进行比较及合理选择时,必须考虑多方面因素,如与被处理物料性质、操作条件和塔的加工、维修等方面有关的因素等。选型时很难提出绝对的选择标准,而只能提出一般的参考意见,表 2-2 给出了一些填料塔和板式塔的主要区别。

表 2-2　填料塔与板式塔的主要区别

项目＼塔型	填料塔	板式塔
压降	小尺寸填料,压降较大,大尺寸及规整填料,压降较小	较大
空塔气速	小尺寸填料气速较小,大尺寸及规整填料气速较大	较大
塔效率	传统填料,效率较低,新型乱堆及规整填料效率较高	较稳定、效率较高
液气比	对液体量有一定要求	适用范围较大
持液量	较小	较大
安装、检修	较难	较容易
材质	金属及非金属材料均可	一般用金属材料
造价	新型填料,投资较大	大直径时造价较低

在进行填料塔和板式塔的选型时,下列情况可考虑优先选用填料塔:

(1) 在分离程度要求高的情况,因某些新型填料具有很高的传质效率,故可采用新型填料以降低塔的高度;

(2) 对于热敏性物料的蒸馏分离,因新型填料的持液量较小,压降小,故可优先选择真空操作下的填料塔；

（3）具有腐蚀性的物料,可选用填料塔,因为填料塔可采用非金属材料,如陶瓷、塑料等。

（4）容易发泡的物料,宜选用填料塔,因为在填料塔内,气相主要不以气泡形式通过液相,可减少发泡的危险,此外,填料还可以使泡沫破碎。

下列情况下,可优先选用板式塔：

（1）塔内液体滞液量较大,要求塔的操作负荷变化范围较宽,对进料浓度变化要求不敏感,要求操作易于稳定。

（2）液相负荷较小,因为这种情况下,填料塔会由于填料表面湿润不充分而降低其分离效率。

（3）含固体颗粒,容易结垢,有结晶的物料,因为板式塔可选用液流通道较大,堵塞的危险较小。

（4）操作过程中伴随有放热或需要加热的物料,需要在塔内设置内部换热组件,如加热盘管,需要多个进料口或多个侧线出料口。这是因为一方面板式塔的结构上容易实现,此外,塔板上有较多的滞液量,以便与加热或冷却管进行有效的传热。

（5）在较高压力下操作的蒸馏塔仍多采用板式塔。因为在压力较高时,塔内液气比过小,以及由于气相返混剧烈等原因,填料塔的分离效果往往不佳。

2.2 板 式 塔

2.2.1 常用板式塔类型

板式塔是分级接触型气液传质设备,种类繁多,主要塔型是泡罩塔、筛板塔及浮阀塔等。

1. 泡罩塔

泡罩塔是典型的板式塔。长期以来,在蒸馏、吸收等工艺操作过程中使用,曾占有主要地位,近三十年来由于塔设备有很大的发展,出现了许多性能良好的新型塔,才使泡罩塔的应用范围和在塔设备中所占的比重都有所减小,但在许多场合仍然使用。

泡罩塔的优点是操作稳定可靠；操作弹性大,在负荷变化范围较大时仍能保持较高的效率,生产能力大,液气比的范围大,不易堵塞,能适应多种介质。其缺点在于结构复杂,造价高,安装维修麻烦以及气相压力降较大,但在常压或加压下操作,压力降虽然高些,并不是主要问题。

泡罩的种类很多,目前应用最多的型式为圆形泡罩,如图2-3所示。泡罩的尺寸已有行业标准(JB 1212—1999)。

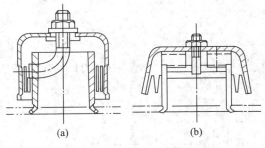

图2-3 圆形泡罩

泡罩塔盘的主要结构包括泡罩、升气管、溢流管及降液管。

泡罩塔盘上的气-液接触状况如图2-4所示。液体由上层塔盘通过左侧的降液管从A处流入塔盘,然后横向流过塔盘上布置泡罩的区段B—C,此处为塔盘的气液接触区。C—D段用于初步分离液体中夹带的气泡,接着液体流过出口堰进入右侧的降液管。在堰板上方的液层高度称为堰上溢流高度。在降液管中被夹带的蒸气分离出来上升至上层塔盘,清液则流向下层塔盘。与此同时,蒸气从下层塔盘上升,进入泡罩的升气管中,通过环形通道,再经泡罩的齿缝分散到泡罩间的液层中去。蒸气从齿缝中流出时,搅动了塔盘上的液体,使液层上部变成泡沫层。气泡离开液面破裂成带有液滴的气体,小液滴相互碰撞形成大的液滴落回液层,还有少量微小液滴被蒸气夹带到上层塔盘,这种现象称为雾沫夹带。蒸气在从下层塔盘进入上层塔盘的液层并继续上升的过程中,与所接触的液体发生传热传质。蒸气通过每层塔盘所引起的压力损失称为每层塔板的压力降。另外,当液体流过整个塔盘时,还须克服各种阻力,因而产生液面落差,由于液面落差的存在使塔盘上的液层高度不同,因而造成蒸气分布不均匀,故在设计中应充分注意。

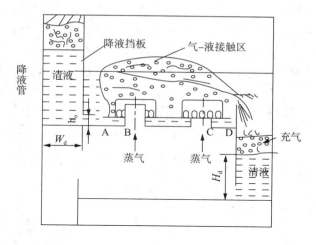

图 2-4 泡罩塔盘上气-液接触状况示意图

此外,泡罩塔如果塔盘设计或操作不当,常会出现不正常操作现象,从而使塔盘效率下降,甚至破坏操作,所以应合理控制气、液流量、雾沫夹带、板间距、降液管容积等。

圆泡帽有 $\phi 80$ mm、$\phi 100$ mm、$\phi 150$ mm 等几种规格,现已标准化(JB 1212)。安装时应保证升气管及泡帽齿缝顶部在同一水平面上,以保证全塔盘鼓泡均匀。

2. 筛板塔

筛板塔也是很早出现的一种板式塔。筛板塔盘的结构简单,就是在钢板上钻了许多三角形排列的直径为 $\phi(3\sim8)$ mm 的小孔。气流从小孔中穿出吹入液体鼓泡,液体则横流过塔盘从降液管中流入下一层塔盘。塔盘上液层高度依靠溢流堰控制,见图 2-5。

这种塔盘开孔率较大,生产能力也较大,气流没有拐弯,压力降较小。塔盘上无障碍物,液面落差较小,鼓泡较均匀。塔盘造价较低,安装维修都较容易,但它的操作弹性

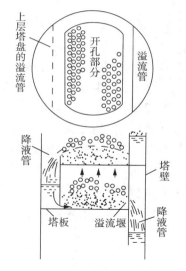

图 2-5 筛板塔盘上气-液接触状况

小,气流负荷变小时,就易泄漏,效率下降,小孔易堵塞。不适宜处理脏的,黏性大的和带固体粒子的物料。近年来,发展了大孔筛板[孔径为 $\phi(10\sim25)$ mm],国内化工厂应用较多,炼油厂应用较少。

3. 浮阀塔

20 世纪 50 年代起,浮阀塔已大量用于工业生产,以完成加压、常压、减压下的精馏、吸收、脱吸等传质过程。大型浮阀塔的塔径可达 10 m,塔高达 83 m,塔板有数百块之多。

浮阀塔之所以广泛应用,是由于它具有较优越的特点。浮阀塔具有处理能力大,浮阀排列比泡罩更紧凑,塔盘生产能力比圆形泡罩塔盘提高 20%~40%,接近于筛板塔;由于浮阀可在一定范围内自由升降以适应气量的变化,因此能在较宽的流量范围内保持高的效率,其操

作弹性为 5～9,比筛板、泡罩和舌形塔盘大得多;由于气-液接触状态良好,且蒸气以水平方向吹入液层,故雾沫夹带较少,塔板效率比泡罩塔高 15% 左右;由于气流通过浮阀时只有一次收缩、扩大及转弯,故单板压力降比泡罩塔低;浮阀形状简单,液面落差小;由于阀盘大多用不锈钢制造,加之浮阀不停地浮动,所以不易积垢堵塞,故操作周期比泡罩塔长,清理也节省时间;浮阀结构比较简单,安装容易,且节省材料,故费用较低。

浮阀大体分两类:一类是盘状浮阀;另一类是条状浮阀。盘状浮阀是在塔板上开有圆孔,浮阀分别用三条支腿(F₁ 型),或用十字架(十字架型),安装在塔盘孔上。条状浮阀是带支腿的长条片,塔板上开长条孔,浮阀装在长条孔上,各种浮阀如图 2-6 和图 2-7 所示。

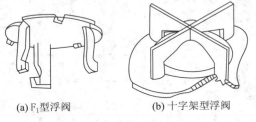

(a) F₁型浮阀　　(b) 十字架型浮阀

图 2-6　盘状浮阀

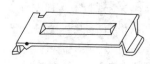

图 2-7　条状浮阀

目前国内采用最广泛的 F₁ 型浮阀已标准化(JB 1118),F₁ 型浮阀有轻阀(重 25 g)、重阀(重 33 g)两种常见规格。

浮阀塔盘操作时,蒸气自阀孔上升,顶开阀片,穿过环形缝隙,以水平方向吹入液层,形成泡沫。浮阀能够随着气速的增减在相当宽广的气速范围内自由调节、升降,以保持稳定操作。

4. 舌形塔及浮动舌形塔

舌形塔是喷射型塔,20 世纪 60 年代开始应用。舌形塔盘特点是处理量大、压力降小、塔盘结构简单、安装维修方便,但其缺点是操作弹性小、塔板效率低,因而使用受到一定限制。

浮动舌形塔盘是一种新型的喷射塔盘,其舌片综合了浮阀及固定舌片的结构特点,因而既有舌形塔盘的处理量大、压力降低、雾沫夹带小等优点,又有操作弹性大、效率高、稳定性好的优点,缺点是浮舌易磨损。舌形塔盘如图 2-8 所示,浮舌塔盘如图 2-9 所示。

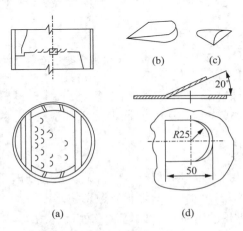

图 2-8　舌形塔盘及舌孔形状

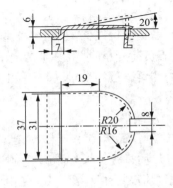

图 2-9　浮舌塔盘及舌孔形状

5. 无降液管塔(穿流式栅板塔)

无降液管塔是一种典型的气液逆流式塔,这种塔的塔盘上无降液管。但开有栅缝或筛孔作为气相上升和液相下降的通道。在操作时,蒸气由栅缝或筛孔上升,液体在塔盘上被上升的气体阻挠,形成泡沫。两相在泡沫中进行传热与传质。与气相密切接触后的液体又不断从栅缝或筛孔流下,气、液两相同时在栅缝或筛孔中形成上下穿流,因此又称为穿流式栅板塔。

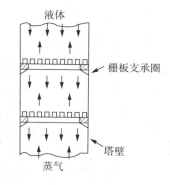

塔盘上的气液通道可为冲压而成的长条栅缝或圆形筛孔。栅板也可用扁钢条拼焊而成,栅缝宽度为 4～6 mm,长度为 60～150 mm,栅缝中心距为 1.5～3 倍栅缝宽度,筛孔直径通常采用 5～8 mm,塔板的外孔率为 15%～30%,塔盘间距可用 300～600 mm。图 2 - 10 为栅板式塔的简图。

图 2 - 10　穿流式栅板塔

这种塔的优点为:

(1) 由于没有降液管,所以结构简单,加工容易、安装维修方便,投资少;

(2) 因节省了降液管所占的塔截面(一般约为塔盘截面的 15%～30%),允许通过更多的蒸气量,因此生产能力比泡罩塔大 20%～100%;

(3) 因为塔盘上开孔率大,栅缝或筛孔处的气速比溢流式塔盘小,所以,压力降较小,比罩塔低 40%～80%,可用于真空蒸馏。

其缺点是:

(1) 板效率比较低,比一般板式塔低 30%～60%,但因这种塔盘的开孔率大,气速低,形成的泡沫层高度较低,雾沫夹带量小,所以可以降低塔板的间距,在同样分离条件下,塔总高与泡罩塔基本相同;

(2) 操作弹性较小,能保持较好的分离效率时,塔板负荷的上、下限之比约为 2.5～3.0。

6. 导向筛板塔

导向筛板塔是在普通筛板塔的基础上,对筛板作了两项有意义的改进:一是在塔盘上开有一定数量的导向孔,通过导向孔的气流对液流有一定的推动作用,有利于推进液体并减小液面梯度;二是在塔板的液体入口处增设了鼓泡促进结构,也称鼓泡促进器,有利于液体刚进入塔板就迅速鼓泡,达到良好的气液接触,以提高塔板的利用率,使液层减薄,压力降减小。与普通筛板塔相比,使用这种塔盘,压力降可下降 15%,板效率可提高 13%左右,可用于减压蒸馏和大型分离装置。

导向筛板的结构如图 2 - 11 所示。图中可见导向孔和鼓泡促进器的结构,导向孔的形状类似百叶窗,在板面上冲压而凸起,开口为细长的矩形缝。缝长有 12 mm、24 mm 和 36 mm 三种。导向孔的开孔率一般取 10%～20%,可视物料性质而定。导向孔开缝高度,常取 1～3 mm。鼓泡促进器是在塔板入口处形成一凸起部分,凸起高度一般取 3～5 mm,斜面的正切值 $\operatorname{tg}\theta$ 一般在 0.1～0.3,斜面上通常仅开有筛孔,而不开导向孔。筛孔的中心线与斜面垂直。

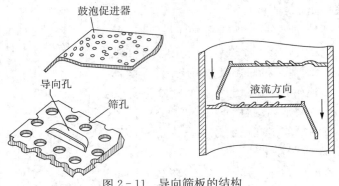

图 2-11　导向筛板的结构

7. 网孔塔

网孔塔盘是一种新型喷射型塔盘,它具有处理能力大、压力降低、塔盘效率高和适于大型化生产等优点,不足之处是操作弹性较低。但只要合理设计,在结构上采取适宜的措施,减少雾沫夹带及泄漏,就能提高网孔塔盘的操作弹性。

塔盘结构如图 2-12 所示,由塔板、挡沫板、降液管及进口堰组成。塔板是由厚度 δ 为 1.5～2.0 mm 的薄金属板制成,板上冲压出许多定向的特殊形状的开口。两块板开孔方向发生 90°变化,并与液流方向成 45°排列。挡沫板把气、液传质划分成若干小区域,几乎消除塔板上的水力梯度,并使气、液流动方向发生变化,而且由于其阻挡作用,可使雾沫充分分离;此外,它还增加了二次传质面积,并能防止返混。

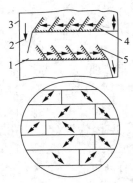

图 2-12　网孔塔盘结构简图
1—进口堰;2—降液管;
3—塔体;4—塔板;5—挡沫板

这种塔盘不适用于小直径塔,在减压分馏塔中应用最为典型。国外对该塔盘评价很高,被公认为是最佳塔盘之一。

塔盘的结构形式多种多样,本节不再作一一介绍,在塔设备设计时,可参阅有关资料。

由前述可知,各种塔盘都有各自的优缺点,且都有各自适宜的生产条件和范围。在具体选择塔盘型式时,应根据实际的工艺要求及塔盘的特点而确定。如炼油工艺生产中的常压分馏塔的气液负荷变化大,分离要求较严,产品较多,一般采用浮阀塔盘为宜。减压分馏塔的液体负荷小,黏度大,气体负荷大,分离要求不太严,但要求压力降小,则可选用舌形及浮动喷射型或网孔塔盘。而对于液体内含有固体颗粒的催化裂化分馏塔,气体负荷大,分离要求不严,则宜采用舌形塔盘。对于某些要求特殊的塔设备,也可采用不同塔盘匹配技术以提高生产能力及塔盘效率。

8. 板式塔的比较

塔盘结构在一定程度上决定了它在操作时的流体力学状态及传质性能,如它的生产能力,塔的效率,在保持较高效率下塔的操作弹性,气体通过塔盘时的压力降,造价,操作维护是否方便等。显然满足所有这些要求是困难的,但用这些基本性能进行评价,在相互比较的基础上进行选用是必要的。

图 2-13、图 2-14 及图 2-15 分别为常用的几种板式塔的操作负荷(生产能力)、效率及压力降的比较。表 2-3 则为常用板式塔的性能比较。由上述图表可以看出,浮阀塔在蒸气负荷,操作弹性,效率方面与泡罩塔相比都具有明显的优势,因而目前获得了广泛的应用。筛

板塔的压力降小,造价低,生产能力大,除操作弹性较小外,其余均接近于浮阀塔,故应用也较广。栅板塔操作范围比较窄,板效率随负荷的变化较大,应用受到一定限制。

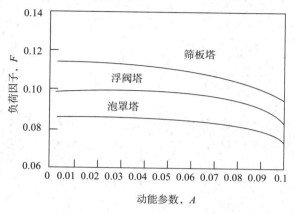

图 2-13 板式塔生产能力的比较

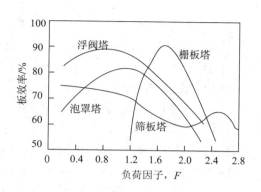

图 2-14 板式塔板效率的比较

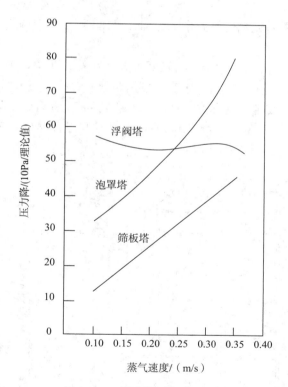

图 2-15 板式塔压力降的比较

表 2-3 板式塔性能的比较

塔型	与泡罩塔相比的相对气相负荷	效率	操作弹性	85%最大负荷时的单板压力降/(mm 水柱)	与泡罩塔相比的相对价格	可靠性
泡罩塔	1.0	良	超	45~80	1.0	优
浮阀塔	1.3	优	超	45~60	0.7	良

塔型	与泡罩塔相比的相对气相负荷	效率	操作弹性	85%最大负荷时的单板压力降/(mm 水柱)	与泡罩塔相比的相对价格	可靠性
筛板塔	1.3	优	良	30～50	0.7	优
舌形塔	1.35	良	超	40～70	0.7	良
栅板塔	2.0	良	中	25～40	0.5	中

2.2.2　塔盘结构

板式塔的塔盘主要分为两类,即溢流型和穿流型。溢流型塔盘具有降液管,塔盘上的液层高度由溢流堰高度调节,因此,操作弹性较大,并且能保持一定的效率。穿流式塔盘,气、液两相同时穿过塔盘上的孔,因而处理能力大,压力降小,但其操作弹性及效率较差。本节仅介绍溢流型塔盘的结构,穿流式塔盘因省去了降液管,结构大为简化,故不另赘述。

溢流型塔盘,由塔板、降液管、受液槽、溢流堰和气液接触元件等部件组成。

1. 塔盘

塔盘按其塔径的大小及塔盘的结构特点可分为整块式塔盘及分块式塔盘。当塔径 $DN \leqslant 700$ mm 时,采用整块式塔盘;塔径 $DN \geqslant 800$ mm 时,宜采用分块式塔盘。

(1) 整块式塔盘

整块式塔盘根据组装方式不同可分为定距管式及重叠式两类。采用整块式塔盘时,塔体由若干个塔节组成,每个塔节中装有一定数量的塔盘,塔节之间采用法兰连接。

① 定距管式塔盘　用定距管和拉杆将同一塔节内的几块塔盘支承并固定在塔节内的支座上,定距管起支承塔盘和保持塔盘间距的作用。塔盘与塔体之间的间隙,以软填料密封并用压圈压紧,如图 2-16 所示。

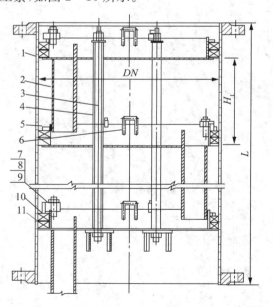
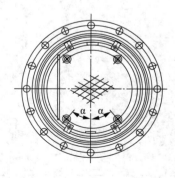

图 2-16　定距管式塔盘结构

1—塔盘板;2—降液管;3—拉杆;4—定距管;5—塔盘圈;
6—吊耳;7—螺栓;8—螺母;9—压板;10—压圈;11—石棉绳

对于定距管式塔盘,其塔节高度随塔径而定,一般情况下,塔节高度随塔径的增大而增加。通常,当塔径 $DN=300\sim500$ mm 时,塔节高度 $L=800\sim1\,000$ mm;塔径 $DN=600\sim700$ mm 时,塔节高度 $L=1\,200\sim1\,500$ mm。为了安装的方便起见,每个塔节中的塔盘数以 $5\sim6$ 块为宜。

② 重叠式塔盘 在每一塔节的下部焊有一组支座,底层塔盘支承在支座上,然后依次装入上一层塔盘,塔盘间距由其下方的支柱保证,并可用三只调节螺钉来调节塔盘的水平度。塔盘与塔壁之间的间隙,同样采用软填料密封,然后用压圈压紧,其结构详见图 2-17。

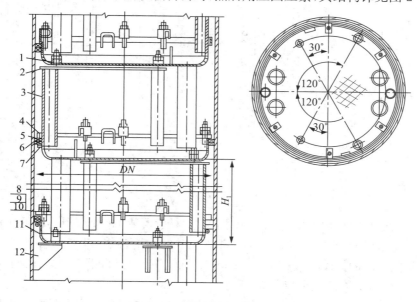

图 2-17 重叠式塔盘结构

1—调节螺栓;2—支承板;3—支柱;4—压圈;5—塔盘圈;
6—填料;7—支承圈;8—压板;9—螺母;10—螺柱;11—塔盘板

整块式塔盘有两种结构,即角焊结构及翻边结构。角焊结构如图 2-18 所示。这种结构是将塔盘圈角焊于塔盘板上。角焊缝为单面焊,焊缝可在塔盘圈的外侧,也可在内侧。当塔盘圈较低时,采用图 2-18(a)所示的结构;而塔盘圈较高时,则采用图 2-18(b)所示的结构。角焊结构其构造简单,制造方便,但在制造时,要求采取有效措施,减小因焊接变形而引起的塔板不平整度。

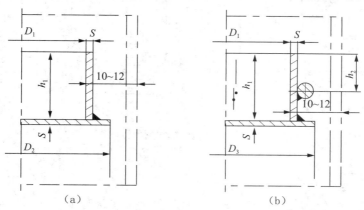

（a）   （b）

图 2-18 角焊结构

翻边式结构,如图 2-19 所示。这种结构的塔盘圈直接取塔板翻边而形成,因此,可避免焊接变形。如直边较短,则可整体冲压成型[图 2-19(a)],反之可将塔盘圈与塔板对接焊而成[图 2-19(b)]。

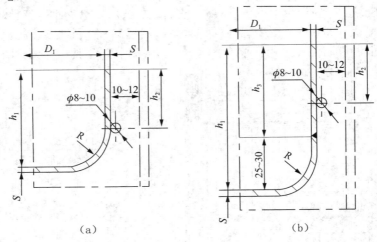

图 2-19　翻边式整块塔盘

确定整块式塔盘的结构尺寸时,塔盘圈高度 h_1 一般可取 70 mm,但不得低于溢流堰的高度。塔盘圈上密封用的填料支承圈用 $\phi(8\sim10)$ mm 的圆钢弯制并焊于塔盘圈上。塔盘圈外表面与塔内壁面之间的间隙一般为 10~12 mm。圆钢填料支承圈距塔盘顶面的距离 h_2 一般可取 30~40 mm,视需要的填料层数而定。

整块式塔盘与塔内壁环隙的密封采用软填料密封,软填料可采用石棉线和聚四氟乙烯纤维编织填料,其密封结构如图 2-20 所示。

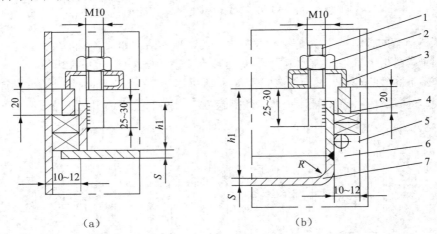

图 2-20　整块式塔盘与塔内壁环隙的密封结构

1—螺栓;2—螺母;3—压板;4—压圈;5—填料;6—圆钢圈;7—塔盘

(2) 分块式塔盘

直径较大的板式塔,为便于制造、安装、检修,可将塔盘板分成数块,通过人孔送入塔内,装在焊于塔体内壁的塔盘支承件上。分块式塔盘的塔体,通常为焊制整体圆筒,不分塔节。

分块式塔盘的组装结构,详见图 2-21。

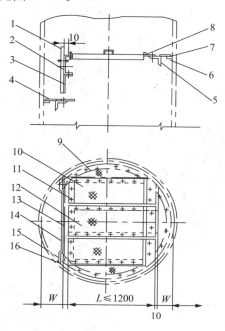

图 2-21　分块式塔盘的组装结构

1—出口堰;2—上段降液板;3—下段降液板;4—受液盘;5—支承梁;6—支承圈;7—受液盘;8—入口堰;
9—塔盘边板;10—塔盘板;11—紧固件;12—通道板;13—降液板;14—出口堰;15—紧固件;16—连接板

　　塔盘的分块,应结构简单,装拆方便,具有足够的刚性,且便于制造、安装和维修。分块的塔盘板多采用自身梁式或槽式,常用自身梁式,如图 2-22 所示,由于将分块的塔盘板冲压成带有折边,使其有足够的刚性,这样既使塔盘结构简单,而且又可以节省钢材。

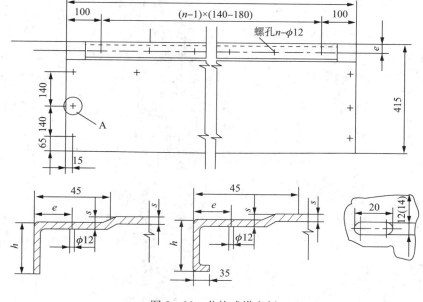

图 2-22　分块式塔盘板

为进行塔内清洗和维修,使人能进入各层塔盘,在塔盘板接近中央处设置一块通道板。各层塔盘板上的通道板最好开在同一垂直位置上,以利于采光和拆卸。有时也可用一块塔盘板代替通道板,详见图2-21。在塔体的不同高度处,通常开设有若干个人孔,人可以从上方或下方进入。因此,通道板应为上、下均可拆的连接结构。

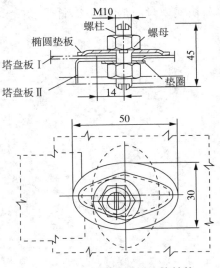

分块式塔盘之间及通道板与塔盘板之间的连接,通常采用上、下均可拆的连接结构,如图2-23所示。检修需拆开时,可从上方或下方松开螺母,将椭圆垫旋转到虚线所示的位置,塔盘板Ⅰ即可移开。

图2-23的连接结构中,主要的紧固件是椭圆垫板及螺柱,详见图2-24。为保证拆装的迅速、方便。紧固件通常采用不锈钢材料。

图2-23　上、下均可拆的连接结构

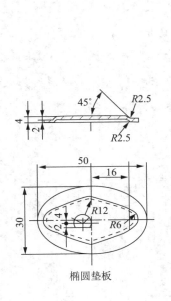

椭圆垫板

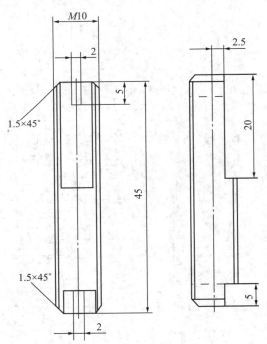

图2-24　主要紧固件

塔盘板安放在焊接于塔壁的支承圈上。塔盘板与支承圈的连接用卡子,卡子由卡板、椭圆垫板、圆头螺钉及螺母等零件组成,其结构如图2-25所示。塔盘上所开的卡子孔通常为椭圆形如图2-25所示。这是考虑到塔体椭圆度公差及塔盘板宽度尺寸公差等因素。

2. 降液管

(1) 降液管的型式

降液管的结构型式可分为圆形降液管和弓形降液管两类。圆形降液管通常用于液体负荷低或塔径较小的场合[图2-26(a),(b)]。采用圆形还是长圆形降液管[图2-26(c)],如使用圆形降液管,是采用一根还是几根,则应根据流体力学的计算结果而确定。为了增加溢流周边,并且保证足够的分离空间,可在降液管前方设置溢流堰。由于这种结构其溢流堰所包含的弓形区截面中仅有一小部分用于有效的降液截面,因而圆形降液管不适宜用于大液量及容易引起泡沫的物料。弓形降液管将堰板与塔体壁面所组成的弓形区全部截面用作降液面积,详见图2-26(d)。对于采用整块式塔盘的小直径塔,为了尽量增大降液截面积,可采用固定在塔盘上的弓形降液管,如图2-26(e)所示。弓形降液管适用于大液量及大直径的塔,塔盘面积的利用率高,降液能力强,气-液分离效果好。

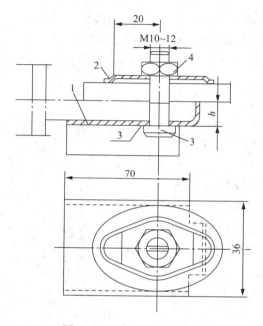

图2-25　卡子的组装结构

1—卡板;2—椭圆垫板;3—圆头螺钉;4—螺母

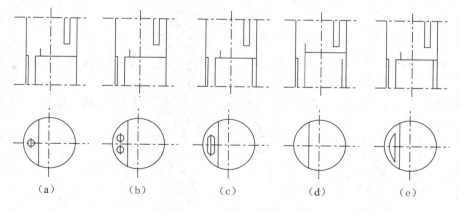

| (a) | (b) | (c) | (d) | (e) |

图2-26　降液管的型式

(2)降液管的尺寸

在确定降液管的结构尺寸时,应该使夹带气泡的液流进入降液管后具有足够的分离空

间,能将气液分离出来,从而仅有清液流往下层塔盘。为此在设计降液管结构尺寸时,应遵守以下几点:

① 液体在降液管内的流速为 $0.03\sim0.12$ m/s;

② 液流通过降液管的最大压力降为 250 Pa;

③ 液体在降液管内的停留时间为 $3\sim5$ s,通常小于 4 s;

④ 降液管内清液层的最大高度不超过塔板间距的一半;

⑤ 越过溢流堰降落时抛出的液体,不应碰及塔壁,降液管的截面积占塔盘总面积的比例,通常为 $5\%\sim25\%$ 之间。

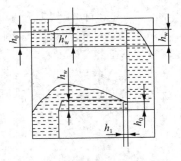

为了防止气体从降液管底部窜入,降液管必须有一定的液封高度 h_w,详见图 2-27。降液管底端到下层塔盘受液盘的间距 h_0 应低于溢流堰高度 h_w,通常取 $(h_w-h_0)=6\sim12$ mm。大型塔不小于 38 mm。

图 2-27　降液管的液封结构

（3）降液管的结构

整块式塔盘的降液管,一般直接焊接于塔板上。图 2-28 为弓形降液管的连接结构。碳钢塔盘或塔盘板较厚时,采用图 2-28(a)所示结构,不锈钢塔盘或塔盘板较薄时,采用图 2-28(b)所示结构。

图 2-29 为具有溢流堰的圆形降液管结构,碳素钢和不锈钢塔盘分别采用图 2-29(a)及图 2-29(b)所示的结构。图 2-30 为具有溢流堰的长圆形降液管结构,不锈钢塔盘的塔盘板应翻边后再与降液管焊接,以保证焊接质量。

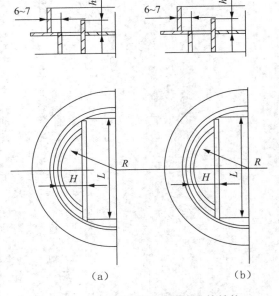

（a）　　　　　　　　（b）

图 2-28　整块式塔盘的弓形降液管结构

分块式塔盘的降液管,有垂直式和倾斜式,详见图 2-31,选用时可根据工艺的要求确定。对于小直径或负荷小的塔,一般采用垂直式降液管,因为它的结构比较简单。如果降液面积占塔盘总面积的比例超过 12% 以上时,应选用倾斜式降液管。一般取倾斜降液板的倾角为 $10°$ 左右,使降液管下部的截面积为上部截面积的 $55\%\sim60\%$,这样可以增加塔盘的有效面积。

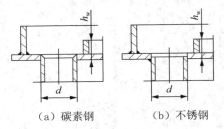

（a）碳素钢　　　　　（b）不锈钢

图2-29　整块式塔盘的圆形降液管结构

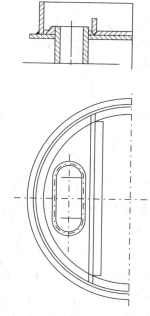

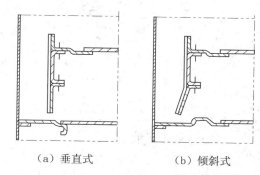

（a）垂直式　　　　（b）倾斜式

图 2-30　整块式塔盘的长圆形降液管结构　　　　图 2-31　分块式塔盘的降液管的型式

降液管与塔体的连接,有可拆式及焊接固定式两种。可拆式弓形降液管的组装型式如图 2-32 所示。其中图 2-32(a)为搭接式,组装时可调节其位置的高低,图 2-32(b)所示的结构具有折边辅助梁,可增加降液板的刚度,但组装时不能调节,图 2-32(c)为兼有可调节及刚性好的结构。

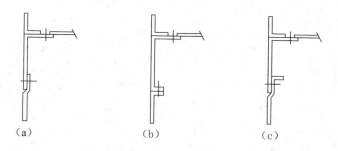

（a）　　　　　　　　（b）　　　　　　　　（c）

图 2-32　可折降液管的组装结构

焊接固定式降液管的降液板,支承圈和支承板连接并焊于塔体上形成塔盘固定件,其优点是结构简单,制造方便。但不能对降液板进行校正调节,也不便于检修,适合于介质比较干净,不易聚合,且直径较小的塔设备。

3. 受液盘

为了保证降液管出口处的液封,在塔盘上设置受液盘,受液盘有平型和凹型两种。受液盘的型式和性能直接影响到塔的侧线抽出,降液管的液封和流体流入塔盘的均匀性等。

平型受液盘适用于物料容易聚合的场合。因为可以避免在塔盘上形成死角。平型受液盘的结构可分为可拆式和焊接固定式,图 2-33(a)为可拆式平型受液盘的一种。

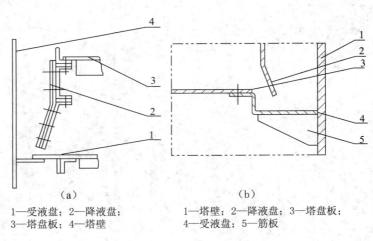

（a）　　　　　　　　　（b）

1—受液盘；2—降液盘；　　　　　1—塔壁；2—降液盘；3—塔盘板；
3—塔盘板；4—塔壁　　　　　　　4—受液盘；5—筋板

图 2-33　受液盘结构

　　当液体通过降液管与受液盘的压力降大于 25 mm 水柱，或使用倾斜式降液管时，应采用凹型受液盘，详见图 2-33（b），因为凹型受液盘对液体流动有缓冲作用，可降低塔盘入口处的液封高度，使液流平稳，有利于塔盘入口区更好地鼓泡。凹型受液盘的深度一般大于 50 mm，但不超过塔板间距的三分之一，否则应加大塔板间距。

　　在塔或塔段的最底层塔盘降液管末端应设置液封盘，以保证降液管出口处的液封。用于弓形降液管的液封盘如图 2-34 所示，用于圆形降液管的液封盘如图 2-35 所示。液封盘上应开设泪孔以供停工时排液用。

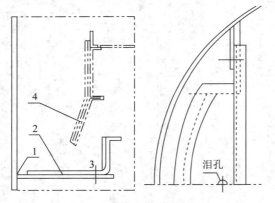

图 2-34　弓形降液管液封盘结构
1—支承圈；2—液封盘；3—泪孔；4—降液板

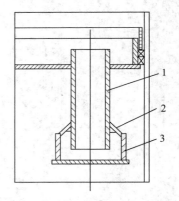

图 2-35　圆形降液管液封盘结构
1—圆形降液管；2—筋板；3—液封盘

4. 溢流堰

　　溢流堰根据它在塔盘上的位置，可分为进口堰及出口堰。当塔盘采用平型受液盘时，为保证降液管的液封，使液体均匀流入下层塔盘，并减少液流在水平方向的冲击，故在液流进入端设置入口堰。而出口堰的作用是保持塔盘上液层的高度，并使流体均匀分布。通常，出口堰上的最大溢流强度不宜超过 $100\sim130$ m³/(h·m)。根据其溢流强度，可确定出口堰的长度。对于单流型塔盘，出口堰的长度 $L_w=(0.6\sim0.8)D_i$；双流型塔盘，出口堰长度 $L_w=(0.5$

$\sim 0.7) D_i$(其中 D_i 为塔的内径)。出口堰的高度 h'_w,由物料的性能,塔型,液体流量及塔板压力降等因素确定。进口堰的高度 h'_w 按以下两种情况确定:当出口堰高度 h'_w 大于降液管底边至受液盘板面的间距 h_0 时,可取 6~8 mm,或与 h_0 相等;当 $h'_w < h_0$ 时,h'_w 应大于 h_0 以保证液封。进口堰与液管的水平距离应大于 h_0 值,详见图 2-36。

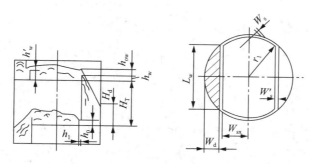

图 2-36 溢流堰的结构尺寸

2.3 填 料 塔

填料塔的基本特点是结构简单,压力降小,传质效率高,便于采用耐腐蚀材料制造等。对于热敏性及容易发泡的物料,更显示其优越性。过去,填料塔多推荐用于 0.6~0.7 m 以下的塔径。近年来,随着高效新型填料和其他高性能塔内件的开发,以及人们对填料流体力学、放大效应及传质机理的深入研究,使填料塔技术得到了迅速发展。目前,国内外已开始利用高效填料塔改造板式塔,并在增加产量、提高产品质量、节能等方面取得巨大的成效。

近年来,工程界对填料塔进行了大量的研究工作,主要集中在以下几个方面:

(1) 开发多种形式、规格和材质的高效、低压力降、大流量的填料;

(2) 与不同填料相匹配的塔内件结构;

(3) 填料层中液体的流动及分布规律;

(4) 蒸馏过程的模拟。

随着塔设备的大型化,今后需要进一步研究新型高性能的填料及其他新型塔内件,特别要加强气体及液体分布器的研究。

2.3.1 填料

填料是填料塔的核心内件,它为气、液两相接触进行传质和换热提供了表面,与塔的其他内件共同决定了填料塔的性能。因此,设计填料塔时,首先要适当地选择填料。要做到这一点,必须了解不同填料的性能。填料一般可以分为散装填料及规整填料两大类。

1. 散装填料

散装填料是指安装以乱堆为主的填料,也可以整砌。这种填料是具有一定外形结构的颗粒体,故又称颗粒填料。根据其形状,这种填料可分为环形、鞍形及环鞍形。每一种填料按其尺寸、材质的不同又有不同的规格。散装填料的发展过程如图 2-37 所示。

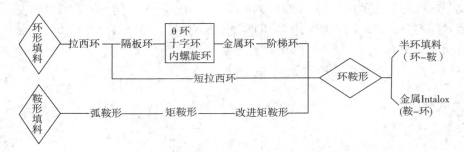

图 2-37 散装填料的发展

1) 环形填料

最原始的填料塔是以碎石、砖块、瓦砾等无定形物作为填料的。1914年拉西(F. Rasching)发明了具有固定几何形状的拉西环瓷制填料。与无定形填充物的填料塔相比，其流体通量与传质效率都有了较大的提高。这种原料的使用，标志着填料的研究和应用进入了科学发展的新时期。从此，人们不断改进填料的形状、结构，出现了许多新型填料，并在化工生产中获得成功应用。

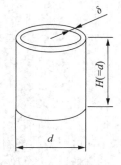

图 2-38 拉西环

拉西环是高度与外径相等的圆柱体，详见图 2-38。可由陶瓷、金属、塑料等制成。拉西环的规格以外径为特征尺寸，大尺寸的拉西环(100 mm以上)一般采用整砌方式装填。小尺寸的拉西环(75 mm 以下)多采用乱堆方式填充。因为乱堆的填料间容易产生架桥，使相邻填料外表面间形成线接触，填料层内形成积液、液体的偏流、沟流、股流等。此外，由于填料层内滞液量大，气体通过填料层绕填料壁而流动时折返的路程较长，因此阻力较大，通量较小。但由于这种填料具有较长的使用历史，结构简单，价格便宜，所以在相当一段时间内应用比较广泛。

2) 开孔环形填料

开孔环形填料是在环形填料的环壁上开孔，使断开窗口的孔壁形成一个具有一定曲率指向环中心的内弯舌片。这种填料既充分利用了环形填料的表面又增加了许多窗孔，从而大大改善了气、液两相物料通过填料层时的流动状况，增加了气体通量，减少了气相的阻力，增加了填料层的湿润表面，提高了填料层的传质效率。

图 2-39 金属鲍尔环的结构

(1) 鲍尔环填料 鲍尔环填料是针对拉西环的一些缺点经改进而得到的，是高度与直径相等的开孔环形填料，在其侧面开有两层长方形的孔窗，每层有 5 个窗孔，每个孔的舌叶弯向环心，上下两层孔窗的位置交错。孔的面积占环壁总面积的 35% 左右。鲍尔环一般用金属或塑料制成。图 2-39 为金属鲍尔环的结构。实践表明，同样尺寸与材质的鲍尔环与拉西环相比，其相对效率要高出 30% 左右，在相同的压力降下，鲍尔环的处理能力比拉西环增加50% 以上，而在相同的处理能力下，鲍尔环填料的压力降仅为拉西环的一半。

（2）改进型鲍尔环填料 改进型鲍尔环填料的结构与鲍尔环相似，只是环壁上开孔的大小及内弯叶片的数量不同。每个窗孔改为上下两片叶片从两端分别弯向环内，详见图 2-40。叶片数比鲍尔环多出了一倍。并交错地分布在四个平面上，同时，环壁上的开孔面积也比鲍尔环填料有所增加，因而使填料内的气、液分布情况得到改善，处理能力较鲍尔环提高 10% 以上。

图 2-40 改进型鲍尔环填料

（3）阶梯环填料

阶梯环填料是 20 世纪 70 年代初期，由英国传质公司开发所研制的一种新型短开孔环形填料。其结构类似于如鲍尔环，但其高度减小一半，且填料的一端扩为喇叭形翻边，这样不仅增加了填料环的强度，而且使填料在堆积时相互的接触由线接触为主变成为以点接触为主，从而不仅增加了填料颗粒的空隙，减少了气体通过填料层的阻力，而且改善了液体的分布，促进了液膜的更新，提高了传质效率。因此，阶梯环填料的性能较鲍尔环填料又有进一步的提高。目前，阶梯环填料可由金属、陶瓷和塑料等材料制造而成，详见图 2-41。

3）鞍形填料

鞍形填料类似马鞍形状，这种填料层中主要为弧形的液体通道，填料层内的孔隙率较环形填料连续，气体向上主要沿弧形通道流动，从而改善气液流动状况。

图 2-41 阶梯环的结构

（1）弧鞍形填料 弧鞍形填料形状如图 2-42 所示。通常由陶瓷制成。这种填料虽然与拉西环比较性能有一定程度的改善，但由于相邻填料容易产生套叠和架空的现象，使一部分填料表面不能被湿润，即不能成为有效的传质表面。目前基本被矩鞍形填料所取代。

（2）矩鞍形填料 矩鞍形填料是一种敞开式的填料，它是在弧鞍形填料的基础上发展起来的。其外形如图 2-43 所示。它是将弧鞍填料的两端由圆弧改为矩形，克服了弧鞍填料容易相互叠合的缺点。这种填料因为在床层中相互重叠的部分较少，孔隙率较大，填料表面利用率高，所以与拉西环相比压力降低，传质效率提高，与尺寸相同的拉西环相比效率约提高 40% 以上。生产使用中证明这种填料不易被固体悬浮颗粒所堵塞，装填时破碎量减少，因而被广泛推广使用；矩鞍形填料可用瓷质材料、塑料制成。

（3）改进型矩鞍填料 近年来出现了矩鞍填料的改进型填料，其特点是将原矩鞍填料的平滑弧形边缘改为锯齿状。在填料的表面增加皱折，并开有圆孔，见图 2-44。由于结构上作了上述改进，改善了流体的分布，增大了填料表面的润湿率，增强了液膜的湍动，降低了气体阻力，提高了处理能力和传质效率。目前，这种填料一般用陶瓷或塑料制造。

图 2-42 弧鞍形填料

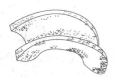

图 2-43 矩鞍形填料

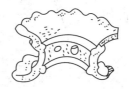

图 2-44 改进型矩鞍填料

4）金属环矩鞍填料

金属环矩鞍填料是 1978 年由美国 Norton 公司首先开发出来的,不久国产金属环矩鞍填料即用于生产,见图 2-45。填料将开孔环形填料和矩鞍填料的特点相结合,既有类似于开孔环形填料的圆环、环壁外孔和内伸的舌片,又有类似于矩鞍填料的圆弧形通道。这种填料是用薄金属板冲制而成的整体环鞍结构,两侧的翻边增加了填料的强度和刚度。因为这种填料是一种开敞的结构,所以使流体的流量大、压力降低、滞留量小。也有利于液体在填料表面分布及液体表面的更新,从而提高传质性能。与金

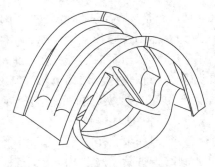

图 2-45　金属环矩鞍填料

属鲍尔环相比,这种填料的通量提高 15%～30%,压力降降低 40%～70%,效率提高 10% 左右。因而金属环矩鞍填料获得广泛的应用,特别在乙烯、苯乙烯等减压蒸馏中效果更为突出。

2. 规整填料

在乱堆的散装填料塔内,气、液两相的流动路线往往是随机的,加之填料装填时难以做到各处均一,因而容易产生沟流等不良状况,从而降低塔的效率。

规整填料是一种在塔内按均匀的几何图形规则、整齐地堆砌的填料,这种填料人为地规定了填料层中气、液的流路,减少了沟流和壁流的现象,大大降低了压力降,提高了传热、传质的效果。规整填料的种类,根据其结构可分为丝网波纹填料及板波纹填料。

（1）丝网波纹填料

用于制造丝网波纹填料的材料有金属,如不锈钢、铜、铝、铁、镍及蒙乃尔等,除此之外,还有塑料丝网波纹填料及碳纤维波纹填料。

金属丝网波纹填料由厚度为 0.1～0.25 mm,相互垂直排列的不锈钢丝网波纹片叠合织成的盘状规整填料。相邻两片波纹的方向相反,于是在波纹网片间形成一相互交叉又相互贯通的三角形截面的通道网。叠合在一起的波纹片周围用带状丝网箍住,箍圈可以有向外的翻边以防壁流。波片的波纹方向与塔轴的倾角为 30°或 45°。每盘的填料高度为 40～300 mm,详见图 2-46。通常填料盘的直径略小于塔体的内径,上、下相邻两盘填料交错 90°。对于小塔径,填料整盘装填。对于直径在 1.5 m 以上的大塔或没有法兰连接的不可拆塔体,则可用分块形式从人孔吊入塔内再拼装。

图 2-46　丝网波纹填料

操作时,液体均匀分布于填料表面并沿丝网表面以曲折的路途向下流动,气体在网片间的交叉通道内流动,因而气、液两相在流动过程中不断地、有规则地转向,获得了较好的横向混合。又因上下的盘填料的板片方向交错 90°,故每通过一层填料后,气、液两相进行一次再分布,有时还在波纹填料片上按一定的规则开孔（孔径 5 mm,孔间隙约为 10 mm）,这样相邻丝网片间气、液分布更加均匀,几乎无放大效应。这样的特点有利于丝网波纹填料在大型塔器中的应用。金属丝网波纹填料的缺点是造价高,抗油能力差,难以清洗。

（2）板波纹填料

板波纹填料可分为金属、塑料及陶瓷板波纹填料三大类。

金属板波纹填料保留了金属丝网波纹填料几何规则的结构特点，所不同的是改用表面具有沟纹及小孔的金属板波纹片代替金属网波纹片，即每个填料盘内若干金属板波纹片相互叠合而成，相邻两波纹片间形成通道且波纹流道成 90°交错，上下两盘填料中波纹片的叠合方向旋转 90°，同样，对小型塔可用整盘的填料，而对于大型塔或没有法兰连接的塔体则可用分块填料。这种填料的结构如图 2-47 所示。

图 2-47　板波纹填料

金属板波纹填料保留了金属丝网波纹填料压力降低、通量高、持液量小，气、液分布均匀，几乎无放大效应等优点，传质效率也比较高，但其造价比丝网波纹填料要低得多。

2.3.2　填料塔内件的结构设计

填料塔的内件是整个填料塔的重要组成部分。内件的作用是为了保证气、液更好地接触，以便发挥填料塔的最大效率和生产能力，因此内件设计的好坏直接影响到填料性能的发挥和整个填料塔的效率。

1. 填料的支承装置

填料的支承装置安装在填料层的底部。其作用是防止填料穿过支承装置而落下；支承操作时填料层的质量；保证足够的开孔率，使气、液两相能自由通过。因此不仅要求支承装置具备足够的强度及刚度，而且要求结构简单，便于安装，所用的材料耐介质的腐蚀。

1）栅板型支承

填料支承栅板是结构最简单、最常用的填料支承装置，如图 2-48 所示。它由相互垂直的栅条组成，放置于焊接在塔壁的支承圈内。塔径较小时可采用整块式栅板，大型塔则可采用分块式栅板。

栅板支承的缺点是如果将散装填料直接乱堆在栅板上，则会将空隙堵塞而减少其开孔率，故这种支承装置广泛用于规整填料塔。有时在栅板上先放置一盘板波纹填料，然后再装填散装填料。

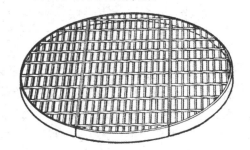

图 2-48　栅板型支承装置

2）气液分流型支承

气液分流型支承属于高通量、低压力降的支承装置。其特点是为气体及液体提供了不同的通道，避免了栅板式支承中气、液从同一孔槽中逆流通过。这样既避免了液体在板上的积聚，又有利于液体的均匀再分配。

（1）波纹式　波纹式气、液分流支承由金属板加工的网板冲压成波形，然后焊接个钢圈，如图 2-49 所示。网孔呈菱形，且波形沿菱形的长轴冲制。目前使用的网板最大厚度：碳钢为 8 mm，不锈钢为 6 mm，菱形长轴为 150 mm，短轴为 6 mm，波纹高度为 25～50 mm，波距一般大于 50 mm。

（2）驼峰式　驼峰式支承装置是组合式的结构,其梁式单元体,尺寸为宽 290 mm,高 200 mm,各梁式单元体之间用定距凸台保持 10 mm 的间隙供排液用。驼峰上具有条形侧孔,如图 2-50 所示。图中各梁式单元体由钢板冲压成型。板厚:不锈钢为 4 mm,碳钢为 6 mm。

这种支承装置的特点是:气体通量大,液体负荷高,液体不仅可以从盘上的开孔排出,而且可以从单元体之间的间隙穿过,最大液体负荷可达 200 m³/(m²·h)。它是目前性能最优的散装填料的支承装置,且适用于大型塔。对于直径大于 3 m 的大塔,中间沿与驼峰轴线的垂直方向应加工字钢梁支承以增加刚度。

图 2-49　波纹式支承装置

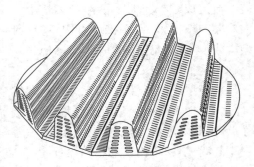

图 2-50　驼峰式支承装置

（3）孔管式　孔管式填料支承装置,如图 2-51 所示。其特点是将位于支承板上的升气管上口封闭,在管壁上开长孔,因而气体分布较好,液体从支点板上的孔中排出,特别适用于塔体用法兰连接的小型塔。

2. 填料塔的液体分布器

液体分布器安装于填料上部,它将液相加料及回流液均匀地分布到填料的表面上,形成液体的初始分布。在填料塔的操作中,因为液体的初始分布对填料塔的影

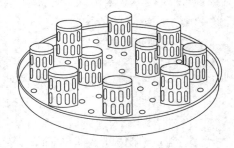

图 2-51　孔管式填料支承装置

响最大,所以液体分布器是填料塔最重要的塔内件之一。液体分布器的设计应考虑液体分布点的密度、分布点的布液方式及布液的均匀性等因素,其中包括分布器的结构形状、几何尺寸的确定。液位高度或压头大小、阻力等。

为了保证液体初始分布均匀,应保证液体分布点的密度即单位面积上的喷淋点数。出于实际设备结构上的限制,液体分布点不可能太多,常用填料塔的喷淋点数可参照下列数值:

$D \leqslant 400$ mm 时,每 30 cm² 的塔截面设一个喷淋点;

$D \leqslant 750$ mm 时,每 60 cm² 的塔截面设一个喷淋点;

$D \leqslant 1\,200$ mm 时,每 240 cm² 的塔截面设一个喷淋点。

对于规整填料,其填料效率较高,对液体分布均匀的要求也高,根据填料效率的高低及液量的大小,可按每 20~50 cm² 塔截面设置一个喷淋点。

液体分布器的安装位置,一般高于填料层表面 150~300 mm,以提供足够的空间,让上升气流不受约束地穿过分布器。

理想的液体分布器,应该是液体分布均匀,自由面积大,操作弹性宽,能处理易堵塞、有腐蚀、易起泡的液体,各部件可通过人孔进行安装和拆卸。

　　液体分布器根据其结构形式,可分为管式、槽式、喷洒式及盘式。

　　(1) 管式液体分布器

　　管式液体分布器分重力型和压力型两种。

　　图 2-52 为重力型排管式液体分布器。它由进液口、液位管、液体分配管及布液管组成。进液管为漏斗形,内置金属丝网过滤器,以防止固体杂质进入液体分布器内。液位管及液体分配管可用圆管或方管制成。布液管一般由圆管制成,且底部打孔以将液体分布到填料层上部。对于塔体分段由法兰连接的小型塔排管式液体分布器做成整体式,而对于整体式大塔,则可做成可拆卸结构,以便从人孔进入塔中,在塔内安装。

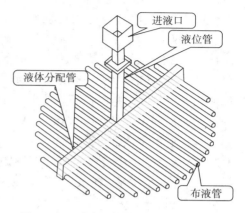

图 2-52　重力型排管式液体分布器

　　这种分布器的最大优点是塔在风载荷作用下产生摆动时,液体不会溅出。此外,液体管中有一定高度的液位,故安装时水平度误差不会对从小孔流出的液体有较大的影响,因而可达到较高的分布质量。因此该分布器一般用于中等以下液体负荷及无污物进入的填料塔中,特别是丝网波纹填料塔。

　　压力型管式分布器是靠泵的压头或高液位通过管道与分布器相连。将液体分布到填料上,根据管子安排的方法不同,有排管式和环管式,如图 2-53 所示。

　　压力型管式分布器结构简单,易于安装,占用空间小,适用于带有压力的液体进料,值得注意的是压力型管式分布器只能用于液体单相进料,操作时必须充满液体。

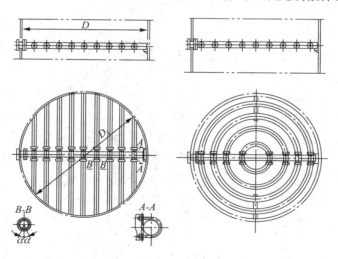

图 2-53　压力型管式分布器

　　(2) 槽式液体分布器

　　槽式液体分布器为重力型分布器,它是靠液位(液体的重力)分布液体。就结构而言,可分为孔流型与溢流型两种。

　　图 2-54 为槽式孔流型液体分布器,它由主槽和分槽组成。主槽为矩形截面敞开式的结

构,长度由塔径及分槽的尺寸决定,高度取决于操作弹性,一般取 200～300 mm。主槽的作用是将液体通过其底部的布液孔均匀稳定地分配到各分槽中。分槽将主槽分配的液体,均匀地分布到填料的表面上。分槽的长度由塔径及排列情况确定,宽度由液体量及要求的停留时间确定,一般 30～60 mm,高度通常为 250 mm 左右。分槽是靠槽内的液位由槽底的布液孔来分布液体的,其设计的关键是布液结构。一般情况下,最低液位以 50 mm 为宜,最高液位由操作弹性、塔内允许的高度及造价确定,一般 200 mm 左右。

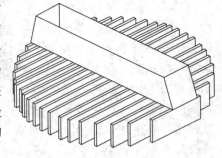

图 2-54　槽式孔流型液体分布器

槽式溢流型液体分布器与槽式孔流型分布器结构上有相似处,它是将槽式孔流型分布器的底孔改成侧向溢流孔。溢流孔一般为倒三角形或矩形,如图 2-55 所示。它适用于高液量或物料内有脏物易被堵塞的场合。液体先进入主槽,靠液位由主槽的矩形或三角形溢流孔分配至各分槽中,然后再依靠分槽中的液位从三角形或矩形溢流孔流到填料表面上。主槽可设置一个或多个,视塔径而定,直径 2 m 以下的塔可设置一个主槽,直径 2 m 以上或液量很大的塔可设 2 个或多个主槽。

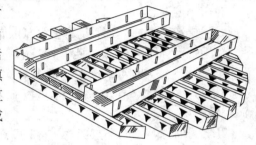

图 2-55　槽式溢流型液体分布器

这种分布器常用于散装填料塔中,由于其分布质量不如槽式孔流型分布器,故高效规整填料塔中应用不多。分槽宽度一般为 100～120 mm,高度为 100～150 mm,分槽中心距为 30 mm 左右。

（3）喷洒式液体分布器

喷洒式液体分布器的结构与压力型管式分布器相似,它是在液体压力下,通过喷嘴(而不是管式分布器的喷淋孔)将液体分布在填料上,其结构如图 2-56 所示,最早使用的喷洒式液体分布器是莲蓬头喷淋式分布器,由于其分布性能差,现已很少使用。利用喷嘴代替莲蓬头,取得较好的分布效果。喷洒式分布器的关键是喷嘴的设计。包括喷嘴的结构、布置、喷射角度、液体的流量反映出的喷嘴的安装高度等。喷嘴喷出的液体呈锥形,为了达到均匀分

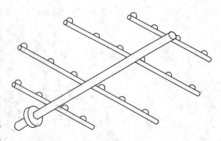

图 2-56　喷洒式液体分布器

布,锥底需有部分重叠,重叠率一般为 30%～40%,喷嘴安装于填料上方约 300～800 mm 处,喷射角度约 120°。

喷洒式分布器结构简单、造价低、易于支承。气体处理量大,液体处理量的范围比较宽,但雾沫夹带较严重,需安装除沫器,且压头损失也比较大,使用时要避免液体直接喷到塔壁上,产生过大的壁流。进料口不能含有气相及固相。

（4）盘式液体分布器

盘式液体分布器分为孔流型和溢流型两种。

盘式孔流型液体分布器是在底盘上开有液体喷淋孔并装有升气管。气液的流道分开:气

体从升气管上升,液体在底盘上保持一定的液位,并从喷淋孔流下。升气管截面可为圆形,也可为锥形,高度一般在 200 mm 以下;当塔径在 1.2 m 以下时,可制成具有边圈的结构,如图 2-57所示。分布器边圈与塔壁间的空间可作为气体通道。

对于大直径塔,可用图 2-58 所示的盘式孔流型液体分布器,它采用支承梁将分布器分为 2～3 个部分,设计时注意支承梁在载荷作用下每米的最大挠度应小于 1.5 mm,两个分液槽安装在矩形升气管上,并将液体加入到盘上。

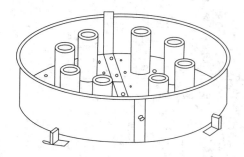

图 2-57　小直径塔用盘式孔流型液体分布器

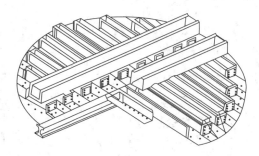

图 2-58　大直径塔用盘式孔流型液体分布器

盘式溢流型液体分布器是将上述盘式孔流型分布器的布液孔改成溢流管。对于大塔径,分布器可制成分盘结构,如图 2-59所示。每块分盘上设升气管,且各分盘间,周边与塔壁间也有升气管道,三者总和约为塔截面积的 $15\%～45\%$。溢流管多采用 $\phi 20$ mm,上端开 $60°$斜口的小管制成,溢流管斜口高出盘底 20 mm 以上,溢流管布管密度可为每平方米塔截面 100 个以上,适用于规整填料及散装填料塔,特别适合中、小流量的操作。

在选择液体分布器的时候,一般而言对于金属丝网填料及非金属丝网填料,应选用管式分布器,对于比较脏的物料,应优先选用槽式分布器。对于分批精馏的情况,应选用高弹性分布器。表 2-4 为各种液体分布器性能的比较。

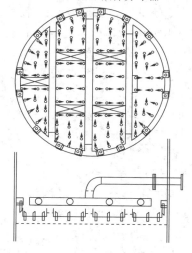

图 2-59　盘式溢流型液体分布器

表 2-4　液体分布器的性能比较

参数 ＼ 种类	管　式		喷洒式	槽式孔流	槽式溢流	盘式孔流	盘式溢流
型式	重力	压力	压力	重力	重力	重力	重力
液体分布质量	高	中	低-中	高	低-中	高	低-中
处理能力 /[m³/(m²·h)]	0.25～10	0.25～2.5	范围较宽	范围宽	范围宽	范围宽	范围宽
塔径/m	任意	>0.4	任意	任意 通常>0.6	任意 通常>0.6	<1.2	<1.2
留堵程度	高	高	中-高	中	低	中	低

续表

种类 参数	管　式	喷洒式	槽式 孔流	槽式 溢流	盘式 孔流	盘式 溢流
气体阻力	低	低	低	低	低-高	高	高
对水平度的要求	低	无	无	低载荷时高	高	低载荷时高	高
腐蚀的影响	中	大	大	大	小	大	小
液相夹带质量	低	高	高	低	低	低	低
	低	低	低	中	中	高	高

3. 液体收集再分布器

当液体沿填料层向下流动时,具有流向塔壁而形成"壁流"的倾向,结果造成液体分布不均匀,降低传质效率,严重时使塔中心的填料不能被液体湿润而形成"干锥"。为此,必须将填料分段,在各段填料之间需要将上一段填料下来的液体收集,再分布。液体收集再分布器将上层填料流下的液体完全收集、混合,然后均匀分布到下层填料,并将上升的气体均匀分布到上层填料以消除各自的径向浓度差。

1) 液体收集器

(1) 斜板式液体收集器

斜板式液体收集器如图 2-60 所示。上层填料下来的液体落到斜板上后沿斜板流入下方的导液槽中,然后进入底部的横向或环形集液槽。再由集液槽中心管流入再分布器中进行液体的

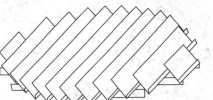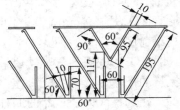

图 2-60　斜板式液体收集器

混合和再分布。斜板在塔截面上的投影必须覆盖整个截面并稍有重叠。安装时将斜板点焊在收集器筒体及底部的横槽及环槽上即可。

斜板液体收集器的特点是自由面积大,气体阻力小,一般不超过 2.5 mmH₂O(即 24.5 Pa),因此特别适用于真空操作。

(2) 升气管式液体收集器

升气管式液体收集器,其结构与盘式液体分布器相同,只是升气管上端设置挡液板,以防止液体从升气管落下,其结构如图 2-61 所示。这种液体收集器是把填料支承和液体收集器合二为一,占据空间小,气体分布均匀性好,可用于气体分布性能要求高的场合。其缺点是阻力较斜板式收集器大,且填料容易挡住收集器的布液孔。

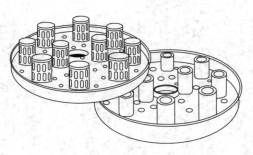

图 2-61　升气管液体收集器

2）液体再分布器

（1）组合式液体再分布器

将液体收集器与液体分布器组合起来即构成组合式液体再分布器，而且可以组合成多种结构型式的再分布器。图 2-62（a）为斜板式收集器与液体分布器的组合，可用于规整填料及散装填料塔；图 2-62（b）为气液分流式支承板与盘式液体分布器的组合。两种再分布器相比，后者的混合性能不如前者，且容易漏液，但它所占据的塔内空间小。

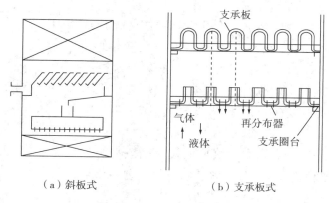

（a）斜板式　　　　　（b）支承板式

图 2-62　组合式液体再分布器

盘式液体再分布器其结构与升气管液体收集器相同，只是在盘上打孔以分布液体。开孔的大小、数量及分布由填料种类及尺寸、液体流量及操作弹性等因素确定。

（2）壁流收集再分布器

分配锥是最简单的壁流收集再分布器，如图 2-63（a）所示。它将沿塔壁流下的液体用再分配锥导出至塔的中心。圆锥小端直径 D_1 通常为塔径 D_i 的 0.7～0.8 倍。分配锥一般不宜安装在填料层里，而适宜安装在填料层分段之间，作为壁流的液体收集器用。这是因为分配锥若安装在填料内则使气体的流动面积减少，扰乱了气体的流动。同时分配锥与塔壁间又形成死角，填料的安装也困难。分配锥上具有通孔的结构，是分配锥的改进结构，如图 2-63（b）所示。通孔使通气面积增加，且使气体通过时的速度变化不大。

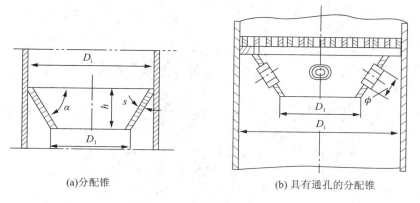

(a)分配锥　　　　　　(b)具有通孔的分配锥

图 2-63　壁流收集再分布器

图 2-64 为玫瑰式再分布器。与上述分配锥相比,具有较高的自由截面积,较大的液体处理能力,不易被堵塞,分布点多且均匀,不影响原料的操作及填料的装填。它将液体收集并通过突出的尖端分布到填料中。

应当注意的是上述壁流收集再分布器,只能消除壁流,而不能消除塔中的径向浓度差。因此,只适用于直径小于 0.6～1 m 的小型散装填料塔。

4. 填料的压紧和限位装置

当气速较高或压力波动较大时,会导致填料层的松动从而造成填料层内各处的装填密度产生差异,引起气、液相的不良分布,严重时会导致散装填料的流化,造成填料的破碎、损坏、流失。为了保证填料塔的正常、稳定操作,在填料层上部应当根据不同材质的填料安装不同的填料压紧器或填料层限位器。

一般情况下,陶瓷、石墨等脆件散装填料使用填料压紧器,而金属、塑料制散装填料及各种规整填料则使用填料层限位器。

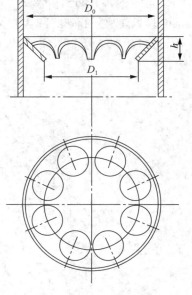

图 2-64　玫瑰式再分布器

(1) 填料压紧器

填料压紧器又称填料压板,将其自由放置于填料层上部,靠其自身的重量压紧填料。当填料层移动并下沉时,填料压板即随之一起下落,故散装填料的压板必须有一定的重量。常用的填料压紧板有栅条式,其结构与图 2-48 所示的栅板型支承板类似,只是要求其空隙率大于 70%。栅条间距约为填料直径的 0.6～0.8 倍,或是底面垫金属丝网以防填料通过栅条间隙。其次是如图 2-65 所示的网板式填料压板,它由钢圈、栅条及金属网制成,如果塔径较大,简单的压紧网板不能达到足够的压强,设计时可适当增强其重量。无论是栅板式还是网板式压板,均可制成整体式或分块结构,视塔径大小及塔体结构而定。

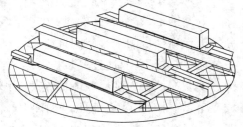

图 2-65　网板式填料压板

(2) 填料限位器

填料限位器又称床层定位器,用于金属、塑料制散装填料及所有规整填料。它的作用是防止高气速、高压力降或塔的操作出现较大波动时,填料向上移动而造成填料层出现空隙,从而影响塔的传质效率。

对于金属及塑料制散装填料,对采用如图 2-65 所示的网板结构作为填料限位器。因为这种填料具有较好的弹性,且不会破碎,故一般不会出现下沉,所以填料限位器需要固定在塔壁上。对于小塔,可用螺钉将网板限位器的外圈固定于塔壁,而大塔则用支耳固定。

对于规整填料,因具有比较固定的结构,因此限位器也比较简单,使用栅条间距为 100～500 mm 的栅板即可。

2.4 塔设备的附件

2.4.1 裙座

塔体常采用裙座支承。裙座形式根据承受载荷情况不同,可分为圆筒形和圆锥形两类。圆筒形裙座制造方便,经济上合理,故应用广泛。但对于受力情况比较差,塔径小且很高的塔(如 $DN<1$ m,且 $H/DN>25$,或 $DN>1$ m,且 $H/DN>30$),为防止风载或地震载荷引起的弯矩造成塔翻倒,则需要配置较多的地脚螺栓及具有足够大承载面积的基础环。此时,圆筒形裙座的结构尺寸往往满足不了这么多地脚螺栓的合理布置,因而只能采用圆锥形裙座。

（1）裙座的结构

裙座的结构如图 2-66 所示。不管是圆筒形还是圆锥形裙座,均由群座筒体、基础环、地脚螺栓座、人孔、排气孔、引出管通道、保温支承圈等组成。

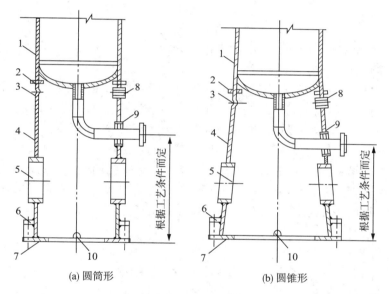

(a) 圆筒形　　　(b) 圆锥形

图 2-66　裙座的结构

1—塔体;2—保温支承圈;3—无保温时排气孔;4—裙座筒体;5—人孔;
6—螺栓座;7—基础环;8—有保温时的排气孔;9—引出管通道;10—排液孔

（2）裙座与塔体的焊缝

裙座与塔底焊接于封头间的焊接接头可分为对接及搭接。采用对接接头时,裙座筒体外与塔体下封头外径相等,焊缝必须采用全熔透的连续焊,焊接结构及尺寸如图 2-67(a)所示。

采用搭接接头时,搭接部位可在下封头上,也可在塔体上。裙座与下封头搭接时,搭接部位必须位于下封头的直边段,详见图 2-67(b),搭接焊缝与下封头的环焊缝距离应在(1.7~3)δ_s 范围内(δ_s 为裙座筒体的厚度),且不得与下封头的环焊缝连成一体。如果裙座与塔体搭接,如图 2-67(c)所示,此搭接焊缝与下封头的环向连接焊缝距离不得小于 $1.7\delta_n$(δ_n 为塔体的名义厚度)。搭接焊缝必须填满。

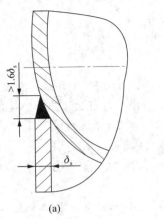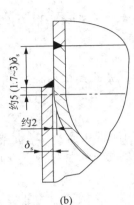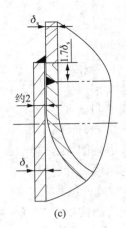

(a)   (b)   (c)

图 2-67　裙座与筒体焊缝

（3）裙座的材料

裙座不直接与塔内介质接触，也不承受塔内介质的压力，因此不受容器用材的限制。可选用较经济的普通碳素结构钢。

常用的裙座材料为 Q 235 系列钢板（GB/T 3274—2007），但仅能用于常温操作，裙座设计温度高于—20℃，且不以风载荷或地震载荷确定裙座筒体厚度的场合（如高径比小，质量轻或置于框架内的塔）。如裙座设计温度等于或低于—20℃时，裙座筒体材料应选用 Q 345R。

如果塔的下部封头为低合金钢或高合金钢，在裙座顶部应增设与封头材料相同的短节，操作温度低于 0℃或高于 350℃时，短节长度按温度影响的范围确定。通常短节长度可定为保温层厚度的 4 倍，且不小于 500 mm，塔底温度为 0～350℃时可考虑采用异种钢的过渡，18-8型不锈钢可作为任何不锈钢与碳素钢之间的过渡，过渡短节长度一般可取 200～300 mm。

2.4.2　除沫器

在塔内操作气速较大时，会出现塔顶雾沫夹带，这不但造成物料的流失，也使塔的效率降低，同时还可能造成环境的污染。为了避免这种情况，需在塔顶设置除沫装置，从而减少液体的夹带损失，确保气体的纯度，保证后续设备的正常操作。

常用的除沫装置有丝网除沫器、折流板除沫器及旋流板除沫器。此外，还有多孔材料除沫器及玻璃纤维除沫器。在分离要求不严格的情况下，也可用干填料层作除沫器。

（1）丝网除沫器

丝网除沫器具有比表面积大、质量轻、孔隙率大及使用方便等优点。特别是它具有除沫效率高、压力降小的特点，因而是应用最广泛的除沫装置。

丝网除沫器适用于清洁的气体，不宜用于液滴中含有或易析出固体物质的场合（如碱液、碳酸氢钠溶液等），以免液体蒸发后留下固体堵塞丝网。当雾沫中含有少量悬浮物时，应注意经常冲洗。

合理的气速是除沫器取得较高的除沫效率的重要因素。气速太低，雾滴没有撞击丝网；气速太大，聚集在丝网上的雾滴不易降落，又被气流重新带走。实际使用中，常用的设计气速为 1～3 m/s。丝网层的厚度按工艺条件通过试验确定，当金属网丝直径为 0.076～0.4 mm，

网层重度为 $480\sim5\,300$ N/m^3,在上述适宜气速下,丝网层的储液厚度为 $25\sim50$ mm,此时取网层厚度为 $100\sim150$ mm,可获得较好的除沫效果。如除沫要求严格,可取厚一些或采用两段丝网。当采用合成纤维丝网,且纤维直径为 $0.005\sim0.03$ mm 时,制成的丝网层应压紧到重度为 $1\,100\sim1\,600$ N/m^3,网层厚度一般取 50 mm。

丝网除沫器的网块结构有盘形和条形两种。盘形结构采用波纹形丝网缠绕至所需的直径。网块的厚度等于丝网的宽度。条形网块结构是采用波纹形丝网一层层平铺至所需的厚度,然后上、下各放置一块隔栅板,再使用定距杆使其连成一整体。图 2-68 为用于小径塔的缩径型丝网除沫器,这种结构其丝网块直径小于设备内直径,需要另加一圆筒短节(升气管)以安放网块。图 2-69 为可用于大直径塔设备的全径型丝网除沫器。丝网与上、下栅板分块制作,每一块应能通过人孔在塔内安装。

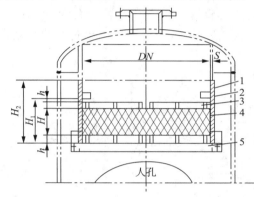

图 2-68　升气管型除沫器

1—升气管;2—挡板;3—格栅;4—丝网;5—梁

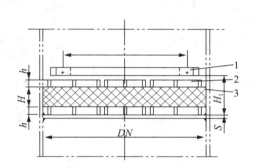

图 2-69　全径型丝网除沫器

1—压条;2—格栅;3—丝网

（2）折流板除沫器

折流板除沫器,如图 2-70 所示。折流板由 50 mm×50 mm×3 mm 的角钢制成。夹带液体的气体通过角钢通道时,由于碰撞及惯性作用而达到截留及惯性分离。分离下来的液体由导液管与进料一起进入分布器。这种除沫装置结构简单,不易堵塞,但金属消耗量大,造价较高。一般情况下,它可除去直径为 5×10^{-5} m 以上的液滴,压力降为 $50\sim100$ Pa。

（3）旋流板除沫器

旋流板除沫器,如图 2-71 所示。它由固定的叶片组成如风车状。夹带液滴的气体通过叶片时产生旋转和离心运动。在离心力的作用下将液滴甩至塔壁,从而实现气-液分离,除沫效率可达 95%。

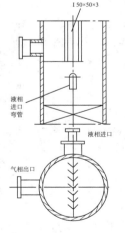

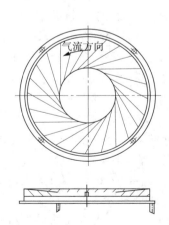

图 2-70　折流板除沫器　　图 2-71　旋流板除沫器

2.4.3　接管

塔体上设置了各种接管,由于各类接管的设计要求不同,因此塔体上各种接管具有不同的结构特点。

1. 液体进料管

回流管与液体进料管的设计应满足以下要求:

(1) 液体不直接加到塔盘的鼓泡区;

(2) 尽量使液体均匀分布;

(3) 接管安装高度应不妨碍塔盘上液体流动;

(4) 液体内含有气体时,应设法排出;

(5) 管内的气体流速一般不超过 1.5~1.8 m/s。

回流管和液体进料管的结构型式很多,常见的有直管进料管和弯管进料管,如图 2-72 所示。在进料管下端设有进口堰,使液体能均匀地通过塔板,并且避免由于进料泵及控制阀门所引起的波动影响。

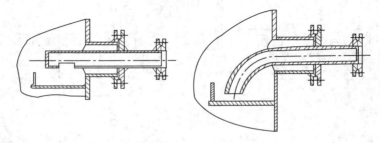

图 2-72　液体进料管

当物料清洁和腐蚀轻微时,可以用不可拆结构,即把进料管直接焊在塔壁上。回流管较通用的一种型式为 T 形进料管,如图 2-73 所示。主管和两条支管构成 T 形等径三通管。其中 A 型的支管端敞开,它适用于塔径小于 $\phi 2\,100$ mm 的小塔;B 型用于大塔,它的两端封闭,管壁下方开设若干圆孔或条孔,这样可沿整个堰长均匀供液。

2. 气液进料管

在这种情况下,不但要求进料均匀,且要求液体通过塔板时蒸气能分离出来,当然也可用图 2-73(b)B 型 T 形进料管,但支管上方应开排气孔。液体进料孔与垂直线成 15°夹角,以免物料冲击塔板。

对于大直径的塔,可设置切向进料口,为有利于液体沉降,挡板应做成缓和的坡度,如图 2-74 所示。

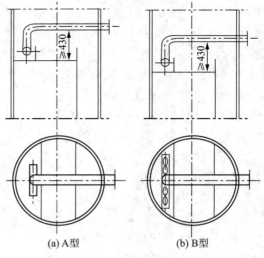

(a) A 型　　　　(b) B 型

图 2-73　T 形进料管

3. 气体进、出口管

对于气态进料口,可安装在塔板间的蒸气空间内,一般可将进气管做成斜切口以改善气体分布或采用较大管径使其流速降低,达到气体均匀分布的目的。图2-75所示的为最常用的气体进料口管;图2-75(b)的气体进料接管虽较复杂,但气体分布较均匀,在大塔中可参考使用。

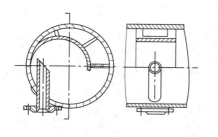

图2-74 气液混合进料口

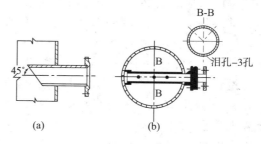

图2-75 气体进料口

气体出口管如图2-76所示,图2-76(a)是装置在塔壁的气体出口管;图2-76(b)是安置在塔顶封头上的气体出口管,其锥形挡板有除沫作用。

4. 釜液出口管

釜液从塔底出口管流出时,会形成一个向下的旋涡,使塔釜液面不稳定,且能带走气体。如果出口管路有泵,气体进入泵内,会影响泵的正常运转,故一般在塔釜出口管前应装设防涡流挡板。塔釜出口的防涡流挡板结构如图2-77所示,图2-77(a)用于较清洁的釜液,当釜液不太清洁时,为防止釜内沉积的脏物进入泵内,应采用出口管伸入塔内的结构。

为防止填料塔底部的出料口被碎填料堵塞,应装设防碎填料挡板,其结构形式如图2-78所示,这种釜液出口也可用于料液不太清洁的情况。

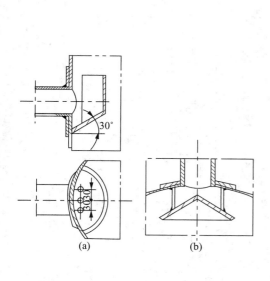

图2-76 出气管

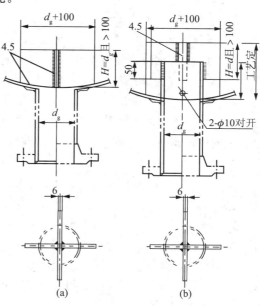

图2-77 釜液出口的防涡流挡板

2.4.4 人孔和手孔

人孔是安装或检修人员进、出塔器的唯一通道。人孔的设置应便于人员进入任何一层塔板。但由于设置人孔处的塔板间距要增大，且人孔设置过多会使制造时塔体的弯曲度难以达到要求，所以一般板式塔每隔10~20层塔板或5~10 m塔板，才设置一个人孔。板间距小的塔按塔板数考虑。但在气

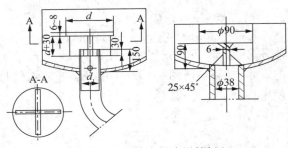

图2-78 防堵塞的防涡挡板

液进、出口等需经常维修清理的部位，应增设人孔。另外在塔顶和塔釜，也应各设置一个人孔。

在设置人孔处，塔板间距不得小于600 mm。塔体上宜采用垂直吊盖人孔或回转盖人孔。

人孔的选择应考虑设计压力、试验条件、设计温度、物料特性及安装环境等因素。人孔法兰的密封面型式及垫片用材，一般与塔的接管法兰相同。操作温度高于350℃时，应采用对焊法兰人孔。人孔应采用JR标准，按设计压力及公称直径选用。图2-79所示为回转盖对焊法兰人孔。

手孔是为小直径塔而设，以便于塔内部件的清理、检查或拆装。

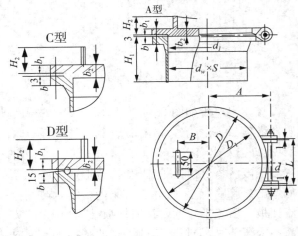

图2-79 回转盖对焊法兰人孔

2.4.5 吊柱

对于较高的室外无框架的整体塔，为了安装及拆卸内件，更换或补充填料，往往在塔顶设置吊柱，吊柱的方位应使吊柱中心线与人孔中心线间有合适的夹角，使人能站在平台上操纵手柄，使吊柱的垂直线可以转到人孔附近，以便从人孔装入或取出塔内件。一般在15m以上的塔都需要设置吊柱。对于分节的塔，内件的拆卸往往在整体拆开后进行，故不必设置吊柱。

吊柱设置方位应使吊柱中心线与人孔中心线有合适的夹角，使人能站在平台上操作手柄，让吊钩的垂直线可以转到人孔附近，以便从人孔装入或取出塔的内件。

吊载荷按填料或零部件的质量决定。根据塔径决定其回转半径，然后根据标准HG/T 21639《塔顶吊柱》设计选用合适的吊柱。

吊柱的结构及在塔体上的安装如图2-80所示。其

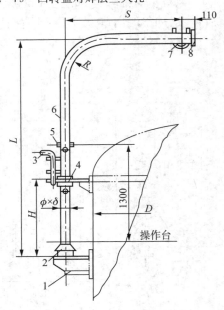

图2-80 吊柱的结构及安装位置
1—支架；2—防雨罩；3—固定销；4—导向板；
5—手柄；6—吊柱管；7—吊钩；8—挡板

中吊柱管通常采用 20 无缝钢管,其他部件可采用 Q 235 系列材料。吊柱与塔连接的衬板应与塔体材料相同。主要结构尺寸参数已制定成系列标准。

2.5 塔设备的强度分析和稳定校核

塔设备大多安装在室外,依靠裙座底部的地脚螺栓固定在混凝土基础上,通常称为自支承式塔。除承受介质压力外,塔设备还承受各种重量(包括塔体、塔内件、介质、保温层、操作平台、扶梯等附件的重量)、管道推力、偏心载荷、风载荷及地震载荷的联合作用,由于在正常操作、停工检修、压力试验等三种工况下,塔所受的载荷并不相同,为了保证塔设备安全运行,必须对其在这三种工况下进行轴向强度及稳定性校核。

轴向强度及稳定性校核的基本步骤为:

(1) 按设计条件,初步确定塔的厚度和其他尺寸;

(2) 计算塔设备危险截面的载荷,包括重量、风载荷、地震载荷和偏心载荷等;

(3) 危险截面的轴向强度和稳定性校核;

(4) 设计计算裙座、基础环板、地脚螺栓等。

2.5.1 塔设备的自振周期

在动载荷作用下,构件各截面的变形及内力的最大值(或动力系数值),与构件的自由振动周期(或频率)及振动形式有密切关系。因此在计算塔设备的风载荷和地震载荷之前,必须求出其自振周期。

从结构动力学知,塔设备是一个具有无限个自由度的体系,因此可具有无限多个自振频率(或周期),其中最低的自振频率 ω_1 称为第一频率或称基本频率,然后按从低到高的顺序分别称为第二自振频率 ω_2,第三自振频率 ω_3,或统称为高频率。

对应于任一自振频率 ω_i,体系中各质点的振动位移之间存在着确定的比例关系,形成一定的曲线形式,称为振型。体系有几个自由度,就有几个频率和振型。相应于频率为 ω_1、ω_2、ω_3 的振型依次称为第一振型(或称基本振型)、第二振型、第三振型,塔设备的振型如图 2-81 所示,第一振型为 $\frac{1}{4}$ 波,第二振型为 $\frac{3}{4}$ 波,第三振型为 $\frac{5}{4}$ 波,第 n 振型为 $\frac{2n-1}{4}$ 波。

1. 等截面(等直径、等厚度)塔的自振周期

对于等直径、等厚度的塔,质量沿高度均匀分布,则计算模型通常简化为顶端自由、底部固定、质量沿高度均匀分布的悬臂梁,如图 2-82 所示。梁在动载荷作用下发生弯曲振动时,其挠度曲线随时间而变化,可表示为 $y=y(x,t)$。设塔为理想弹性体、振幅很小、无阻尼、塔高与塔直径之比较大(>5),由材料力学中的弯曲理论知,在分布惯性力 q 的作用下的挠曲线微分方程为

$$EI \frac{\partial^4 y}{\partial x^4}=q \qquad (2-1)$$

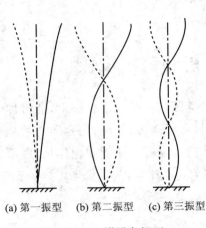

(a) 第一振型　(b) 第二振型　(c) 第三振型

图 2-81　塔设备振型

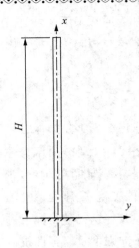

图 2-82　计算模型

式中　E——塔体材料在设计温度下的弹性模量,Pa;

I——塔截面的形心轴惯性矩,$I=\dfrac{\pi}{64}(D_\mathrm{o}^4-D_\mathrm{i}^4)\approx\dfrac{\pi}{8}D_\mathrm{i}^3\delta_\mathrm{e}$,m^3;

D_o——塔的外径,m;

D_i——塔的内径,m;

δ_e——塔壁的有效厚度,m。

根据牛顿第二定律,梁上的分布惯性力

$$q=-m\frac{\partial^2 y}{\partial t^2} \tag{2-2}$$

式中　m——塔单位高度上的质量,kg/m。

将式(2-2)代入式(2-1)得振动方程

$$\frac{\partial^4 y}{\partial x^4}+\frac{m}{EI}\frac{\partial^2 y}{\partial t^2}=0 \tag{2-3}$$

根据塔的振动特性,令上式的解为

$$y(x,t)=Y(x)\sin(\omega t+\varphi)$$

式中　ω——塔的固有圆频率,rad/s;

t——时间,s;

$Y(x)$——塔振动时,在距离地面 x 处的最大位移,m。

将 $y(x,t)$ 代入振动方程式(2-3)中,得

$$\frac{\mathrm{d}^4 Y(x)}{\mathrm{d}x^4}-k^4 Y(x)=0 \tag{2-4}$$

式中　k——系数,$k=\sqrt[4]{\dfrac{m\omega^2}{EI}}$。

式(2-4)的边界条件为:塔底固定端,$Y(x)\big|_{x=0}=0$;塔顶自由端,$\dfrac{\mathrm{d}^2 Y(x)}{\mathrm{d}x^2}\bigg|_{x=H}=0$,

$\dfrac{\mathrm{d}^3Y(x)}{\mathrm{d}x^3}\Big|_{x=H}=0$，求解此方程得塔设备前三个振型时的 k 值分别为：$k_1=\dfrac{1.875}{H}$；$k_2=\dfrac{4.694}{H}$；

$k_3=\dfrac{7.855}{H}$。

由系数 k 以及圆频率 ω 和周期 T 之间的关系 $T=\dfrac{2\pi}{\omega}$，得塔在前三个振型时的自振（固有）周期分别为

$$T_1=1.79\sqrt{\dfrac{mH^4}{EI}}$$

$$T_2=0.285\sqrt{\dfrac{mH^4}{EI}} \tag{2-5}$$

$$T_3=0.102\sqrt{\dfrac{mH^4}{EI}}$$

式中　H——塔高，m。

2. 不等直径或不等厚度塔设备的固有周期

对于不等直径或不等厚度的塔，质量沿塔高也不是均匀分布的，因而难以得到类似于式 (2-3) 的振动方程。工程设计时常将这种塔视为由多个塔节组成，将每个塔节化为质量集中于其重心的质点，并采用质量折算法计算第一振型的固有周期。直径和厚度相等的圆柱壳，改变直径用的圆锥壳可视为塔节。

质量折算法的基本思路是将一个多自由度体系，用一个折算的集中质量来代替，从而将一个多自由度体系简化成一个单自由度体系，如图 2-83 所示。确定集中质量的原则是使两个相互折算体系在振动时产生的最大动能相等。

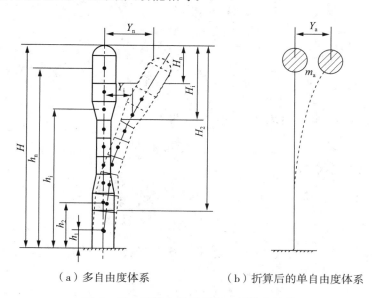

（a）多自由度体系　　　　　　（b）折算后的单自由度体系

图 2-83　不等直径或不等壁厚塔的计算

在图 2-83(a) 中，设塔节数为 n，塔体振动时最大动能为各质点最大动能之和，即

$$T_{max} = \frac{1}{2}\sum_{i=1}^{n} m_i (v_i)_{max}^2 = \frac{1}{2}\sum_{i=1}^{n} m_i \omega_i^2 Y_i^2 \qquad (2-6)$$

式中　T_{max}——多质点体系振动时的最大动能，J；

　　　m_i——第 i 段塔节的质量，kg；

　　　$(v_i)_{max}$——第 i 段塔节重心的最大速度，m/s；

　　　Y_i——第 i 段塔节重心的最大位移，即振幅，m。

同理，设单自由度体系的折算质量为 m_a，则振动时产生的最大动能为

$$T_{max}^* = \frac{1}{2}\sum_{i=1}^{n} m_{ai} \omega_{ai}^2 Y_{ai}^2 \qquad (2-7)$$

式中　T_{max}^*——多质点体系振动时的最大动能，J；

　　　m_{ai}——第 i 段塔节的质量，kg；

　　　ω_{ai}——第 i 段塔节重心的最大速度，m/s；

　　　Y_{ai}——第 i 段塔节重心的最大位移，即振幅，m。

令　　　　　　　　　　　$T_{max} = T_{max}^*$

即

$$\frac{1}{2}\sum_{i=1}^{n} m_i \omega_i^2 Y_i^2 = \frac{1}{2}\sum_{i=1}^{n} m_{ai} \omega_{ai}^2 Y_{ai}^2 \qquad (2-8)$$

因将多自由度体系折算成等价的单自由度体系，所以振动圆频率相同，即 $\omega = \omega_a$；塔顶的最大位移即振幅相等，即 $Y_n = Y_a$。研究表明，多自由度体系的第一振型曲线可近似为抛物线，且最大位移 Y_a 和 Y_i 之间有如下关系：

$$Y_i \approx Y_a \left(\frac{h_i}{H}\right)^{\frac{3}{2}} \qquad (2-9)$$

将上式代入式（2-8）得

$$m_a = \sum_{i=1}^{n} m_i \left(\frac{h_i}{H}\right)^3 \qquad (2-10)$$

对于单自由度系统，其固有周期的计算公式为

$$T = 2\pi \sqrt{m_a \delta} \qquad (2-11)$$

式中　δ——顶端作用单位力时所产生的位移，N/m。

由材料力学的知识可知，顶端作用单位力时，变截面梁在顶端的位移为

$$\delta = \frac{1}{3}\left(\sum_{i=1}^{n} \frac{H_i^3}{E_i I_i} - \sum_{i=2}^{n} \frac{H_i^3}{E_{i-1} I_{i-1}}\right) \qquad (2-12)$$

将式（2-10）和式（2-12）代入式（2-11）处，得不等直径或不等厚度塔设备第一振型的固有周期为

$$T_1 = 2\pi \sqrt{\frac{1}{3}\sum_{i=1}^{n} m_i \left(\frac{h_i}{H}\right)^3 \left(\sum_{i=1}^{n} \frac{H_i^3}{E_i I_i} - \sum_{i=2}^{n} \frac{H_i^3}{E_{i-1} I_{i-1}}\right)} \qquad (2-13)$$

式中　H_i——第 i 段塔节底部截面至塔顶的距离，m；

E_i——第 i 段塔节材料在设计温度下的弹性模量,Pa;

I_i——第 i 段塔节形心轴的惯性矩,对于圆柱形塔节,$I_i \approx \frac{\pi}{8} D_i^3 \delta_{ei}$。

对于圆锥形塔节,$I_i = \frac{\pi D_{ie}^2 D_{if}^2 \delta_{ei}}{4(D_{ie}+D_{if})}$

D_{ie}——圆锥形塔节大端直径,m;

D_{if}——圆锥形塔节小端直径,m;

δ_{ei}——第 i 段塔节的有效厚度,m。

若第 i 段塔节形状为圆柱形,则 $D_{ie}=D_{if}=D_i$。

2.5.2 塔的载荷分析

塔设备除承受操作压力,内件及物料的重力外,还承受风力、地震力及偏心载荷。因此,在进行塔设备设计时必须根据受载情况进行强度计算及校核。

1. 质量载荷

塔设备在不同的工况下,有不同的质量,故应分别计算出操作时、水压试验时(最大质量)和检修或吊装时(最小质量)三种工况下不同的质量。

塔设备在正常操作时的质量

$$m_o = m_{o1} + m_{o2} + m_{o3} + m_{o4} + m_{o5} + m_a + m_e \tag{2-14}$$

塔设备在水压试验时的最大质量

$$m_{max} = m_{o1} + m_{o2} + m_{o3} + m_{o4} + m_a + m_w + m_e \tag{2-15}$$

塔设备在停工检修时的最小质量

$$m_{min} = m_{o1} + 0.2m_{o2} + m_{o3} + m_{o4} + m_a + m_e \tag{2-16}$$

式(2-16)中 $0.2m_{o2}$ 系焊在塔壳上的内件质量,例如塔盘支承圈、降液板等。当空塔吊装时,如未装保温层、平台和扶梯,则不计算 m_{o3} 和 m_{o4}。

式中 m_o——塔设备的操作质量,kg;

m_{o1}——塔壳和裙座壳质量,kg;

m_{o2}——内件质量,kg;

m_{o3}——保温材料质量,kg;

m_{o4}——平台、扶梯质量,kg;

m_{o5}——操作时物料质量,kg;

m_a——人孔、接管、法兰等附件质量,kg;

m_e——偏心质量,kg;

m_w——液压试验时充水质量,kg。

2. 风载荷

安装在室外的塔设备将受到风力的作用。风力除了使塔体产生应力和变形外,还可能使塔体产生顺风向的振动(纵向振动)及垂直于风向的诱导振动(横向振动)。过大的塔体应力会导致塔体的强度及稳定失效,而太大的塔体挠度则会造成塔盘上的流体分布不均,从而使分离效率下降。

因风载荷是一种随机载荷,因而对于顺风向风力,可视为由两部分组成:

(1)平均风力(稳定风力)　对结构的作用相当于静力的作用,是风载荷的静力部分,其值等于风压和塔设备迎风面积的乘积。

(2)脉动风力(阵风脉动)　对结构的作用是动力的作用,是非周期性的随机作用力,它是风载荷的动力部分,会引起塔设备的振动。计算时,通常将其折算成静载荷,即在静力基础上考虑与动力有关的折算系数,称风振系数。

1) 风力计算　塔设备中相邻计算截面间的水平风力(图2-84)可由下式计算

$$P_i = K_1 K_{2i} f_i q_0 l_i D_{ei} \tag{2-17}$$

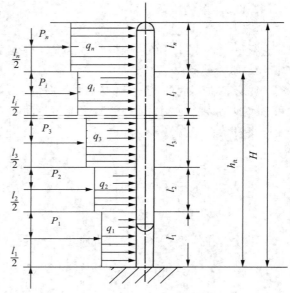

式中　　P_i——塔设备中第 i 段的水平风
　　　　　　力,N;

　　　　K_1——体型系数;

　　　　K_{2i}——塔设备中第 i 计算段的风振
　　　　　　系数;

　　　　f_i——风压高度变化系数;

　　　　l_i——塔设备各计算段的计算高
　　　　　　度,m;

　　　　q_0——各地区的基本风压,N/m²;

　　　　D_{ei}——塔设备中第 i 段迎风面的有
　　　　　　效直径,m;

(1)基本风压 q_0　基本风压 q_0 由相应地区的基本风速 v_0 通过下式确定

$$q_0 = \frac{1}{2}\rho v_0^2 \tag{2-18}$$

图2-84　风载荷计算简图

式中　　q_0——基本风压,N/m²;

　　　　ρ——空气密度,随当地的高度和湿度而异,kg/m³;

　　　　v_0——基本风速,随地区、季节及离地面的高度而变化,m/s。

我国设计规范规定(GB 50009):对空气密度 ρ,统一采用一个大气压下,10℃时干空气密度计算,即 $\rho=1.25$ kg/m³;基本风速 v_0 采用该地区离地面高度 10 m,30 年一遇,10 min 内平均最大风速。我国各地基本风压值 q_0 见表2-5。

表2-5　我国各地基本风压值 q_0　　　　　　　单位:N/m²

地区	q_0	地区	q_0	地区	q_0	地区	q_0	地区	q_0	地区	q_0
上海	450	福州	600	长春	500	洛阳	300	银川	500	昆明	200
南京	250	广州	500	抚顺	450	蚌埠	300	长沙	350	西宁	350
徐州	350	茂名	550	大连	500	南昌	400	株洲	350	拉萨	350
扬州	350	湛江	850	吉林	400	武汉	250	南宁	400	乌鲁木齐	600

续表

地区	q_0	地区	q_0	地区	q_0	地区	q_0	地区	q_0	地区	q_0
南通	400	北京	350	四平	550	包头	450	成都	250	台北	1 200
杭州	300	天津	350	哈尔滨	400	呼和浩特	500	重庆	300	台东	1 500
宁波	500	保定	400	济南	400	太原	300	贵阳	250		
衢州	400	石家庄	300	青岛	500	大同	450	西安	350		
温州	550	沈阳	450	郑州	350	兰州	300	延安	250		

（2）高度变化系数 f_i　由于风的黏滞作用，当它与地面上的物体接触时，形成一股具有速度梯度的边界层气流。因而风速或风压是随离地面的高度而变化的。研究表明：在一定的高度范围内，风速沿高度变化呈指数规律，风压等于基本风压 q_0 与高度变化系数 f_i 的乘积。根据地面的粗糙度类别，风压高度变化系数 f_i 值详见表 2-6。

表 2-6　风压高度变化系数 f_i

距地面高度，h_{it}/m	地面粗糙度类别			
	A	B	C	D
5	1.17	1.00	0.74	0.62
10	1.38	1.00	0.74	0.62
15	1.52	1.14	0.74	0.62
20	1.63	1.25	0.84	0.62
30	1.80	1.42	1.00	0.62
40	1.92	1.56	1.13	0.73
50	2.03	1.67	1.25	0.84
60	2.12	1.77	1.35	0.93
70	2.20	1.86	1.45	1.02
80	2.27	1.95	1.54	1.11
90	2.34	2.02	1.62	1.19
100	2.40	2.09	1.70	1.27
150	2.64	2.38	2.03	1.61

注 1：A 类指近海海面及海岛、海岸、湖岸及沙漠地区；
　　　B 类指田野、乡村、丛林、丘陵及房屋比较稀疏的乡镇和城市郊区；
　　　C 类指有密集建筑群的城市市区；
　　　D 类指有密集建筑群且房屋较高的城市市区。
注 2：中间值可采用线性内插法求取。

（3）风压　风压计算时，对于高度在 10 m 以下的塔设备，按一段计算，以设备顶端的风压作为整个塔设备的均布风压；对于高度超过 10 m 的塔设备，可分段进行计算，每 10 m 分为一计算段，余下的最后一段高度取其实际高度。其中任意计算段的风压为

$$q_i = f_i q_0 \qquad\qquad (2-19)$$

式中　q_i——第 i 段的风压，N/m²。

(4) 体型系数 K_1　在同样风速条件下,风压在不同体型的结构表面分布不相同:对细长圆柱形塔体结构,体型系数 $K_1=0.7$;对矩形截面结构,体型系数 $K_1=1.0$。

(5) 风振系数 K_{2i}　风振系数是考虑风载荷的脉动性质和塔体的动力特性的折算系数。塔的振动会影响风力的大小。当塔设备越高时,基本周期越大,塔体摇晃越大,则反弹时在同样的风压下引起更大的风力。塔高 $H \leqslant 20$ m 时,取 $K_{2i}=1.70$。塔高 $H > 20$ m 时,K_{2i} 按下式计算:

$$K_{2i} = 1 + \frac{\xi v_i \varphi_{zi}}{f_i} \qquad (2-20)$$

式中　ξ——脉动增大系数,与 T_1 有关,其值按表 2-7 确定;

　　　v_i——第 i 段的脉动影响系数,与离地面高度有关,由表 2-8 确定;

　　　φ_{zi}——第 i 段的振型系数,由表 2-9 查得。

表 2-7　脉动增大系数 ξ

$q_1 T_1^2 /(\mathrm{N \cdot s^2/m^2})$	10	20	40	60	80	100
ξ	1.47	1.57	1.69	1.77	1.83	1.88
$q_1 T_1^2 /(\mathrm{N \cdot s^2/m^2})$	200	400	600	800	1 000	2 000
ξ	2.04	2.24	2.36	2.46	2.53	2.80
$q_1 T_1^2 /(\mathrm{N \cdot s^2/m^2})$	4 000	6 000	8 000	10 000	20 000	30 000
ξ	3.09	3.28	3.42	3.54	3.91	4.14

注 1:表中 q_1 为风压,对于 B 类地区取 $q_1=q_0$,而对 A 类取 $q_1=1.38 q_0$,C 类地区 $q_1=0.62 q_0$,D 类地区 $q_1=0.32 q_0$。

注 2:中间值可采用线性内插法求取。

表 2-8　脉动影响系数 v_i

地面粗糙度类别	高度,h_{it}/m									
	10	20	30	40	50	60	70	80	100	150
A	0.78	0.83	0.86	0.87	0.88	0.89	0.89	0.89	0.89	0.87
B	0.72	0.79	0.83	0.85	0.87	0.88	0.89	0.89	0.90	0.89
C	0.64	0.73	0.78	0.82	0.85	0.87	0.90	0.90	0.91	0.93
D	0.53	0.65	0.72	0.77	0.81	0.84	0.89	0.89	0.92	0.97

注:表中 h_{it} 为塔设备第 i 计算段顶部截面至地面的高度,m。

表 2-9　振型系数 φ_{zi}

相对高度 h_{it}/H	振型序号		相对高度 h_{it}/H	振型序号	
	1	2		1	2
0.10	0.02	−0.09	0.60	0.46	−0.59
0.20	0.06	−0.30	0.70	0.59	−0.32
0.30	0.14	−0.53	0.80	0.79	0.07
0.40	0.23	−0.68	0.90	0.86	0.52
0.50	0.34	−0.71	1.00	1.00	1.00

注 1:h_{it} 为第 i 计算段顶部截面至地面的高度,H 为塔设备总高度。

(6) 塔设备迎风面的有效直径 D_{ei}　　塔设备迎风面有效直径 D_{ei} 是该段所有受风构件迎风面宽度总和。

当笼式扶梯与塔顶管线布置成 180° 时

$$D_{ei} = D_{oi} + 2\delta_{si} + K_3 + K_4 + d_0 + 2\delta_{pi} \tag{2-21}$$

当笼式扶梯与塔顶管线布置成 90° 时，D_{ei} 取下列两式中的较大值。

$$\begin{cases} D_{ei} = D_{oi} + 2\delta_{si} + K_3 + K_4 \\ D_{ei} = D_{oi} + 2\delta_{si} + K_4 + d_0 + 2\delta_{pi} \end{cases} \tag{2-22}$$

2) 风弯矩计算

如图 2-84 所示，将塔设备沿高度分为若干段，则水平风力在任意截面处的风弯矩为

$$M_w^{I-I} = p_i \frac{l_i}{2} + p_{i+1}\left(l_i + \frac{l_{i+1}}{2}\right) + p_{i+2}\left(l_i + l_{i+1} + \frac{l_{i+2}}{2}\right)$$
$$+ \cdots + p_n\left(l_i + l_{i+1} + l_{i+2} + \cdots + \frac{l_n}{2}\right) \tag{2-23}$$

3. 地震载荷

地震起源于地壳的深处。地震时所产生的地震波，通过地壳的岩石或土壤向地球表面传播。当地震波传到地面时，引起地面的突然运动，从而迫使地面上的建筑物和设备发生振动。

地震发生时，地面运动是一种复杂的空间运动，可以分解为三个平动分量和三个转动分量。鉴于转动分量的实测数据很少，地震载荷计算时一般不予考虑。地面水平方向（横向）的运动会使设备产生水平方向的振动，危害较大。而垂直方向（纵向）的危害较横向振动要小，所以只有当地震烈度为 8 度或 9 度地区的塔设备才考虑纵向振动的影响。

1) 地震力计算

(1) 水平地震力　　地震时地面运动对于设备的作用力。

单质点系　　对于底部刚性固定在基础上的塔设备，如将其简化成单质点的弹性体系，如图 2-85 所示，则地震力即为该设备质量相对于地面运动时的惯性力，此力为

$$F = \alpha m_p g \tag{2-24}$$

式中　m_p——集中于单质点的质量，kg；

　　　g ——重力加速度，m/s²

　　　α ——地震影响系数，根据场地土的特性周期及塔的自振周期由图 2-85 确定。

对于图 2-86 中的曲线下降段，地震影响系数按式(2-25)计算：

$$\alpha = \left(\frac{T_g}{T_i}\right)^\gamma \eta_2 \alpha_{max} \tag{2-25}$$

式中　T_g——特性周期，按场地土的类型及震区类型由表 2-10 确定；

　　　α_{max}——地震影响系数的最大值，见表 2-11；

　　　γ ——衰减指数，根据塔的阻尼比按式(2-26)确定；

　　　η_2 ——阻尼调整系数，按式(2-27)计算；

　　　T_i——塔设备第 i 振型的自振周期，s。

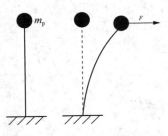

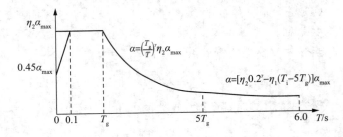

图2-85　单质点体系的地震力　　　　　　　图2-86　地震影响系数 α 值

表 2-10　场地土的特性周期 T_g

设计地震分组	场地土类型				
	I_0	I	II	III	IV
第一组	0.20	0.25	0.35	0.45	0.65
第二组	0.25	0.30	0.40	0.55	0.75
第三组	0.30	0.35	0.45	0.65	0.90

表 2-11　对应设防烈度的设计基本地震加速度及地震影响系数的最大值 α_{max}

设防烈度	7		8		9
设计基本地震加速度	$0.1g$	$0.15g$	$0.2g$	$0.3g$	$0.4g$
对应于多遇地震的 α_{max}	0.08	0.12	0.16	0.24	0.32

注:如有必要,可按国家规定权限批准的设计地震参数进行地震载荷计算。

$$\gamma = 0.9 + \frac{0.05 - \xi_i}{0.5 + \xi_i} \tag{2-26}$$

式中,ξ_i 为塔的阻尼比,根据实测值确定。无实测值时,一阶振型阻尼比可取 $\xi_i = 0.01 \sim 0.03$。高阶振型阻尼比,可参照第一振型阻尼比选取。

$$\eta_2 = 1 + \frac{0.05 - \xi_i}{0.08 + 1.6\xi_i} \tag{2-27}$$

对于图 2-86 中直线下降段,地震影响系数按式 2-28 计算:

$$\alpha = \left[\eta_2 0.2^\gamma - \eta_1 (T_i - 5T_g) \right] \alpha_{max} \tag{2-28}$$

式中　η_1——调整系数,按式(2-29)计算。

$$\eta_1 = 0.02 + \frac{(0.05 - \xi_i)}{4 + 32\xi_i} \tag{2-29}$$

实际上,塔设备是一多质点的弹性体系,如图 2-87 所示。对于多质点体系,具有多个振型。根据振型叠加原理,可将多质点体系的计算转换成多个单质点体系相叠加。因此,对于实际塔设备水平地震力的计算,可在前述单质点体系计算的基础上,为考虑振型对绝对加速度及地震力的影响,引入振型参考系数 η_k。

$$\eta_k = \frac{Y_k \sum\limits_{i=1}^{n} m_i Y_i}{\sum\limits_{i=1}^{n} m_i Y_i^2} \tag{2-30}$$

塔设备的第一振型曲线表示的是抛物线。将式(2-9)代入上式可得相应于第一振型的振型参考系数：

$$\eta_{k1} = \frac{h_k^{1.5} \sum\limits_{i=1}^{n} m_i h_i^{1.5}}{\sum\limits_{i=1}^{n} m_i h_i^3} \tag{2-31}$$

因而，第 k 段塔节重心处(k 质点处)产生的相当于第一振型(基本振型)的水平地震力为

$$F_{k1} = \alpha_1 \eta_{k1} m_k g \tag{2-32}$$

式中　　α_1——对应于塔器基本固有周期 T_1 的地震影响系数值；

　　　　h_k——第 k 段塔节的集中质量 m_k 离地面的距离，m；

　　　　m_k——第 k 段塔节的集中质量(图 2-84)，kg。

　　(2)垂直地震力　　在地震烈度为 8 度或 9 度的地区，塔设备应考虑垂直地震力的作用。一个多质点体系见图 2-88，在地面的垂直运动作用下，塔设备底部截面上的垂直地震力为

$$F_v^{0-0} = \alpha_{v\text{max}} m_{eq} g \tag{2-33}$$

式中　　$\alpha_{v\text{max}}$——垂直地震影响系数的最大值，取 $\alpha_{v\text{max}} = 0.65\alpha_{\text{max}}$；

　　　　m_{eq}——塔设备的当量质量，取 $m_{eq} = 0.75 m_0$，kg；

　　　　m_0——塔设备操作时的质量，kg。

　　塔任意质点 i 处垂直地震力为

$$F_v^{i-i} = \frac{m_i h_i}{\sum\limits_{k=1}^{n} m_k h_k} F_v^{0-0} \quad (i = 1, 2, 3, \cdots, n) \tag{2-34}$$

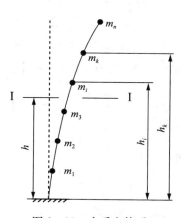

图 2-87　多质点体系

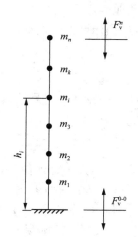

图 2-88　多质点体系的垂直地震力

2）地震弯矩

在水平地震力的作用下，塔设备的任意计算截面 I-I 处，基本振型的地震弯矩为

$$M_{E1}^{I-I} = \sum_{k=i}^{n} F_{k1}(h_k - h) \tag{2-35}$$

式中 M_{E1}^{I-I}——任意截面 I-I 处基本振型的地震弯矩，N·m。

对等直径、等壁厚的塔，质量沿塔高是均匀分布，如图 2-82 所示，在距离地面高度为 x 处，取微元 dx，则质量为 mdx，其振型参考系数为

$$\eta_{k1} = \frac{h_k^{1.5} \int_0^H mh^{1.5} dh}{\int_0^H mh^3 dh} = 1.6 \frac{h_k^{1.5}}{H^{1.5}}$$

则水平地震力 dF_{k1} 为

$$dF_{k1} = \alpha_1 m_k g \left(1.6 \frac{h_k^{1.5}}{H^{1.5}}\right) = 1.6 \frac{\alpha_1 mg}{H^{1.5}} x^{1.5} dx$$

设任意计算截面 I-I 距地面的高度为 h（图 2-87），基本振型在 I-I 截面处产生的地震弯矩为

$$M_{E1}^{I-I} = \int_h^H (x-h) dF_{k1} = \int_h^H 1.6 \frac{\alpha_1 mg}{H^{1.5}} x^{1.5}(x-h) dx$$
$$= \frac{8\alpha_1 mg}{175 H^{1.5}} (10H^{3.5} - 14hH^{2.5} + 4h^{3.5}) \tag{2-36}$$

当 $h=0$ 时，即塔设备底部截面 0-0 处，由基本振型产生的地震弯矩为

$$M_{E1}^{0-0} = \frac{16}{35} \alpha_1 mg H^2 \tag{2-37}$$

以上计算是按塔设备基本振型（第一振型）的结果。当 $H/D > 15$ 或塔设备 $H \geq 20$ m 时，还必须考虑高振型的影响。这时应该根据前三振型，即第一、二、三振型，分别计算其水平地震力及地震弯矩。然而根据振型组合的方法确定作用于 k 质点处的最大地震力及地震弯矩。显然，这种计算方法很复杂，一种简化的近似算法是按第一振型的计算结果估算地震弯矩，即

$$M_E^{I-I} = 1.25 M_{E1}^{I-I} \tag{2-38}$$

4. 偏心载荷

由于塔设备有时悬挂再沸器或冷凝器等附属设备及部件，常承受偏心质量，它引起的弯矩 M_e 为

$$M_e = m_e ge \tag{2-39}$$

式中 g——重力加速度，m/s²；
e——偏心距，即偏心质量中心至塔设备中心线间的距离，m；
M_e——偏心弯矩，N·m。

5. 最大弯矩的确定

确定最大弯矩时，偏保守地设为风弯矩、地震弯矩和偏心弯矩同时出现，且出现在塔设备

的同一方向。但考虑到最大风速和最高地震级别同时出现的可能性极小,NB/T 47041—2014《塔式容器》规定,在正常或停工检修时,塔设备任意危险截面 I-I 的最大弯矩按下式计算:

$$M_{max}^{I-I} = \begin{cases} M_w^{I-I} + M_e \\ M_E^{I-I} + 0.25M_w^{I-I} + M_e \end{cases} \qquad (2-40)$$

取其中较大值为 M_{max}^{I-I} 值。

在水压试验时,由于试验日期可以选择且持续时间较短,取最大弯矩为 $0.3M_w + M_e$。

2.5.3 筒体的强度及稳定性校核

由于塔体受到压力、弯矩和轴向载荷的作用,因此必须计算塔设备在各种状态下的轴向组合应力,并确保塔体的组合轴向拉应力满足强度条件,组合轴向压应力满足稳定条件。如不满足要求,则需调整塔体厚度,重新进行应力校核。

1. 筒体轴向应力计算

（1）设计压力引起的轴向应力

$$\sigma_1 = \frac{pD_i}{4t_e} \qquad (2-41)$$

式中 p——设计压力,MPa;

       D_i——筒体内径,mm;

       t_e——筒体有效壁厚,mm。

（2）塔设备重力及垂直地震力引起的轴向应力

$$\sigma_2^{I-I} = \frac{m^{I-I}g \pm F_v^{I-I}}{\pi D_i t_e} \qquad (2-42)$$

式中 m^{I-I}——计算截面 I-I 以上筒体承受的操作或非操作时的质量,kg。F_v^{I-I} 仅在最大弯矩为地震弯矩参与组合时计入此项。

（3）最大弯矩起的轴向应力

不考虑共振时

$$\sigma_3^{I-I} = \frac{M_{max}^{I-I}}{0.785D_i^2 t_e} \qquad (2-43)$$

式中 M_{max}^{I-I}——计算截面 I-I 处的最大弯矩,N·mm。

考虑共振时

$$\sigma_3'^{I-I} = \frac{M_{max}'^{I-I}}{0.785D_i^2 t_e} \qquad (2-44)$$

式中 $M_{max}'^{I-I}$——共振时计算截面 I-I 处的最大弯矩,N·mm。

$$M_{max}'^{I-I} = \begin{cases} M_w'^{I-I} + M_e \\ M_E^{I-I} + 0.25M_w'^{I-I} + M_e \end{cases} \quad \text{取其中较大值}$$

式中 $M_w'^{I-I}$——共振时由第一振型临界风速 v_{c1} 作用在截面以上塔体的风载荷引起的弯矩,

按式(2-23)计算,但计算水平风力时式(2-17)计算中基本风压 $q_0 = \dfrac{v_{c1}^2}{16}$,单位为 N/m^2。

(4) 共振时惯性力引起的轴向应力

$$\sigma_a^{\text{I-I}} = \frac{M_c^{\text{I-I}}}{0.785 D_i^2 t_e} \tag{2-45}$$

式中 $M_c^{\text{I-I}}$——共振时计算截面 I-I 处由惯性力引起的弯矩,按式(2-46)或式(2-47)计算, $N \cdot mm$。

$$M_c^{\text{I-I}} = 2.16 \frac{v_{c1}^2 D_o H^{2.5}}{T_{c1}^2 EJ} \sum_{i=1}^{n} x_i^{1.5} m_i (x_i - h_I) \tag{2-46}$$

式中 v_{c1}——塔第一振型时的临界风速,m/s;

D_o——塔的外径,m;

H——塔高,m;

T_{c1}——塔的第一振型自振周期,s;

E——塔壁材料的弹性模量,N/m;

J——塔的惯性矩,m^4,对于不等截面塔则为折算惯性矩;

x_i——任意段 i 到塔底距离,m;

h_I——任意截面 I-I 到塔底距离,m。

若塔为等截面,可以认为塔的质量沿高度均匀分布,上式 $\sum$ 项可用积分代替,则上式可简化为

$$M_c^{\text{I-I}} = 0.0617 \frac{v_{c1}^2 D_o m H^{1.5}}{T_{c1}^2 EJ} (10H^{3.5} - 14H^{2.5} h_I + 4h_I^{3.5}) \tag{2-47}$$

2. 筒体最大组合应力计算及校核

由于最大弯矩在塔设备筒体中引起的轴向应力沿环向是不断变化的,与沿环向均布的轴向应力相比,这种应力对塔强度或稳定失效的危害要小一些。为此,在塔体应力校核时,引入载荷组合系数 K,并取 $K=1.2$。

(1) 不考虑共振时

对内压容器,最大组合拉应力:

$$(\sigma_{\max})_{\text{拉}} = \sigma_1 - \sigma_2^{\text{I-I}} + \sigma_3^{\text{I-I}} \leqslant K[\sigma]^t \varphi \tag{2-48}$$

式中 $[\sigma]^t$——设计温度下塔壁材料的许用应力,MPa。

若塔设备为外压操作,取 $\sigma_1 = 0$,$\sigma_2^{\text{I-I}}$ 计算时,$m^{\text{I-I}}$ 取非操作时的质量。

对外压容器,最大组合压应力:

$$(\sigma_{\max})_{\text{压}} = \sigma_1 + \sigma_2^{\text{I-I}} + \sigma_3^{\text{I-I}} \leqslant [\sigma]_{\text{cr}} \tag{2-49}$$

式中 $[\sigma]_{\text{cr}}$——筒体材料的许用临界压应力,MPa。$[\sigma]_{\text{cr}} = \min\{KB, K[\sigma]^t\}$,$B$ 值计算参见 NB/T 47041—2014(4.3.4 节)。

若塔设备为内压操作,σ_1 为拉应力时,取 $\sigma_1 = 0$(停车时),此时 $\sigma_2^{\text{I-I}}$ 按式(2-42)计算时, $m^{\text{I-I}}$ 取非操作时的质量。

（2）考虑共振时

最大组合拉应力：

$$(\sigma_{max})'_{拉} = \sqrt{(\sigma_1 - \sigma_2^{I-I} + \sigma_3'^{I-I})^2 + (\sigma_a^{I-I})^2} \leqslant K[\sigma]^t \qquad (2-50)$$

最大组合压应力：

$$(\sigma_{max})'_{压} = \sqrt{(\sigma_1 + \sigma_2^{I-I} + \sigma_3'^{I-I})^2 + (\sigma_a'^{I-I})^2} \leqslant [\sigma]_{cr} \qquad (2-51)$$

式中　$\sigma_3'^{I-I}$——共振时，风弯矩 M'^{I-I}_{max} 引起的轴向应力，按（2-44）计算，MPa；

　　　σ_a^{I-I}——共振时，筒体 I-I 截面上惯性力产生的弯矩引起的轴向应力按式（2-45）计算，MPa；

3. 筒体水压试验时的应力校核

（1）强度校核

$$\sigma_w = \frac{(p_T + p_l)(D_i + t_e)}{2t_e} \leqslant 0.9\sigma_s\phi \qquad (2-52)$$

式中　σ_w——水压试验筒体上的拉应力，MPa；

　　　p_T——水压试验压力，MPa；

　　　p_l——液柱静压力，MPa；

　　　ϕ——焊接接头系数；

　　　σ_s——塔壁材料的屈服极限，MPa。

（2）稳定性校核

$$\sigma_w' = \frac{m_T^{I-I}g}{\pi D_i t_e} + \frac{0.3M_w^{I-I} + M_e}{0.785 D_i^2 t_e} \leqslant [\sigma]_{cr} \qquad (2-53)$$

式中　σ_w'——水压试验筒体上的压应力，MPa；

　　　m_T^{I-I}——水压试验时，塔体在 I-I 截面以上的质量，kg；

　　　M_w^{I-I}——筒体在 I-I 截面处的风弯矩，N·mm；

　　　M_e——偏心质量引起的弯矩，N·mm；

　　　$[\sigma]_{cr}$——筒体材料的许用临界压应力，MPa。

2.5.4　裙座的强度及稳定性校核

塔设备常采用裙座支承。裙座计算包括裙座圈、基础环、地脚螺栓以及裙座与筒体的焊缝计算等。

1. 裙座圈计算

裙座圈有圆筒形和圆锥形两种。裙座圈在重力载荷、风载荷及地震载荷作用下，产生轴向压缩应力与弯曲应力，而与内、外压无关，裙座圈的危险截面一般发生在操作或水压试验时裙座底截面及开孔削弱截面积较大处，裙座与塔体的连接焊缝处也是危险截面之一。各危险截面的应力计算及校核方法基本相同。裙座圈的厚度一般是参照塔体壁厚，试选一值，然后按操作及水压试验时两种情况进行应力校核。

（1）不考虑共振时

操作时，裙座截面上最大压应力：

$$\sigma_{s压}=\frac{M_{max}^{I\text{-}I}}{W_s}+\frac{m_o^{I\text{-}I}g+F_v^{I\text{-}I}}{A_s}\leqslant\min\{KB,K[\sigma]_s^t\} \qquad (2-54)$$

水压试验时,裙座截面上最大压应力:

$$(\sigma_{s水})_压=\frac{0.3M_{max}^{I\text{-}I}+M_e}{W_s}+\frac{m_{max}^{I\text{-}I}g}{A_s}\leqslant\min\{KB,0.9\sigma_s\} \qquad (2-55)$$

式中　$M_{max}^{I\text{-}I}$——裙座计算截面的最大弯矩,N·mm;

　　　$m_o^{I\text{-}I}$——裙座计算截面的操作质量,kg;

　　　A_s——裙座圈计算截面的面积,mm²;

　　　W_s——裙座圈计算截面的断面系数,mm³;

　　　$[\sigma]_s^t$—设计温度下塔壁材料的许用应力,MPa。

(2)考虑共振时

当可能引起塔设备共振时,裙座的应力除了考虑水平风载荷及地震载荷引起的应力外还应考虑由于共振惯性力而产生的应力(σ_a)。其合成压应力应满足下列条件:

$$\sigma_{s压}'=\sqrt{\left(\frac{M_{max}^{I\text{-}I}}{W_s}+\frac{m_0g}{A_s}\right)^2+\left(\frac{M_c}{W_s}\right)^2}\leqslant\min\{KB,K[\sigma_s^t]\} \quad MPa \qquad (2-56)$$

式中　$M_{max}^{I\text{-}I}$——共振时裙座计算截面的最大弯矩,N·mm;

　　　M_c——共振时裙座计算截面惯性力矩产生的弯矩,N·mm。

按上述校核条件满足后,再考虑壁厚附加量并圆整成钢板标准厚度,则所得值为裙座的最终厚度。

2. 基础环的计算

(1)基础环的尺寸确定

基础环内、外径的选取应考虑可以放置地脚螺栓,一般可参考下式选取

$$D_{bo}=D_{so}+(200\sim400) mm$$
$$D_{bi}=D_{so}-(200\sim400) mm \qquad (2-57)$$

式中　D_{so}——裙座底截面的外径,mm;

　　　D_{bo}——基础环的外径,mm;

　　　D_{bi}——基础环的内径,mm。

(2)作用于基础环上的最大压应力

不考虑共振时,按操作及水压试验两种情况考虑,基础环上承受的最大压应力为(图2-89)

$$\sigma_{bmax}=\begin{cases}\dfrac{M_{max}^{0\text{-}0}}{W_b}+\dfrac{m_o^{0\text{-}0}g+F_v^{0\text{-}0}}{A_b}\\[3mm]\dfrac{0.3M_w^{0\text{-}0}+M_e}{W_b}+\dfrac{m_{max}^{0\text{-}0}g}{A_b}\end{cases}\text{取其中最大值} \qquad (2-58)$$

式中　W_b——基础环的抗弯截面系数,mm³;

$$W_b=\frac{\pi(D_{bo}^4-D_{bi}^4)}{32D_{bo}}=0.1\frac{(D_{bo}^4-D_{bi}^4)}{D_{bo}} \qquad (2-59)$$

式中　A_b——基础环的面积，mm^2。

$$A_b=0.785(D_{bo}^2-D_{bi}^2)$$

其他符号与前述相同。

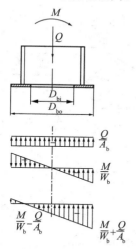

图 2-89　裙座基础环上的合成应力

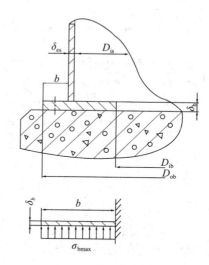

图 2-90　无筋板的基础环

考虑共振时，按操作时塔产生共振及水压试验时两种情况考虑，基础环上承受的最大压应力按下式计算：

$$\sigma_{bmax}=\begin{cases}\sqrt{\left(\dfrac{M'^{0-0}_{max}}{W_b}+\dfrac{m^{0-0}_o g}{A_b}\right)^2+\left(\dfrac{M_c}{W_b}\right)^2}\\[3mm]\dfrac{0.3M^{0-0}_w+M_e+m^{0-0}_{max}g}{W_b\qquad A_b}\end{cases}\quad\text{取其中最大值}\qquad(2-60)$$

（3）基础环厚度的计算

基础环上无筋板时，可近似将基础环简化为一长度为 b 的悬臂梁，如图 2-90 所示。其上受均布载荷 σ_{bmax}，在基础环上取一个单位的狭条，则作用在狭条上的最大弯矩 $M=\dfrac{1}{2}b^2\sigma_{bmax}$，此弯矩产生的应力 σ_b 应小于基础环材料的许用应力，即

$$\sigma_b=\frac{M}{W}=\frac{6M}{S_b^2}\leqslant[\sigma]_b$$

则基础环的厚度为

$$S_b=\sqrt{\frac{6M}{[\sigma]_b}}=1.73b\sqrt{\frac{\sigma_{bmax}}{[\sigma]_b}}\qquad(2-61)$$

式中，$b=\dfrac{1}{2}(D_{bo}-D_{bi})$，$\text{mm}$；

$[\sigma]_b$ 为基础环材料的许用应力。

基础环上有筋板时，筋板可增加裙座底部刚性，从而可减薄基础环厚度。此时将基础环简化为一受均布载荷（σ_{bmax}）的矩形板，两个 b 边由筋板支持，一个 l 边与裙座固定，另一边自由，如图 2-91 所示，取坐标 x、y，单位长度的最大弯矩 M_x、M_y，随 b/l 的比值而变，其数值查

表 2-12。此时基础环的厚度 S_b 按下式计算

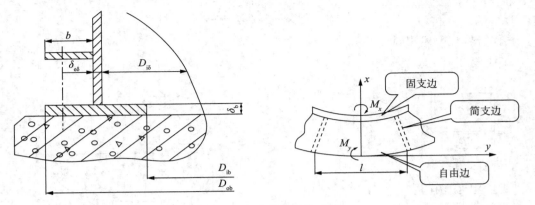

图 2-91　有筋板的基础环

$$S_b = \sqrt{\frac{6M_g}{[\sigma]_b}} \quad \text{mm} \tag{2-62}$$

式中　M_g——计算力矩,取矩形板对 x、y 轴的弯矩 M_x、M_y 中绝对值较大者。

表 2-12　矩形板力矩计算

b/l	$M_x\,(\begin{smallmatrix} x=b \\ y=0 \end{smallmatrix})$	$M_y\,(\begin{smallmatrix} x=0 \\ y=0 \end{smallmatrix})$	b/l	$M_x\,(\begin{smallmatrix} x=b \\ y=0 \end{smallmatrix})$	$M_y\,(\begin{smallmatrix} x=0 \\ y=0 \end{smallmatrix})$
0	$-0.500\sigma_{b,max}b^2$	0	1.6	$-0.0485\sigma_{b,max}b^2$	$0.126\sigma_{b,max}l^2$
0.1	$-0.500\sigma_{b,max}b^2$	$0.0000\sigma_{b,max}l^2$	1.7	$-0.0430\sigma_{b,max}b^2$	$0.127\sigma_{b,max}l^2$
0.2	$-0.49\sigma_{b,max}b^2$	$0.0006\sigma_{b,max}l^2$	1.8	$-0.0384\sigma_{b,max}b^2$	$0.129\sigma_{b,max}l^2$
0.3	$-0.448\sigma_{b,max}b^2$	$0.0051\sigma_{b,max}l^2$	1.9	$-0.0345\sigma_{b,max}b^2$	$0.130\sigma_{b,max}l^2$
0.4	$-0.385\sigma_{b,max}b^2$	$0.0151\sigma_{b,max}l^2$	2.0	$-0.0312\sigma_{b,max}b^2$	$0.130\sigma_{b,max}l^2$
0.5	$-0.319\sigma_{b,max}b^2$	$0.0293\sigma_{b,max}l^2$	2.1	$-0.0283\sigma_{b,max}b^2$	$0.131\sigma_{b,max}l^2$
0.6	$-0.260\sigma_{b,max}b^2$	$0.0453\sigma_{b,max}l^2$	2.2	$-0.0258\sigma_{b,max}b^2$	$0.132\sigma_{b,max}l^2$
0.7	$-0.212\sigma_{b,max}b^2$	$0.0610\sigma_{b,max}l^2$	2.3	$-0.0236\sigma_{b,max}b^2$	$0.132\sigma_{b,max}l^2$
0.8	$-0.173\sigma_{b,max}b^2$	$0.0751\sigma_{b,max}l^2$	2.4	$-0.0217\sigma_{b,max}b^2$	$0.133\sigma_{b,max}l^2$
0.9	$-0.142\sigma_{b,max}b^2$	$0.0872\sigma_{b,max}l^2$	2.5	$-0.0200\sigma_{b,max}b^2$	$0.133\sigma_{b,max}l^2$
1.0	$-0.118\sigma_{b,max}b^2$	$0.0927\sigma_{b,max}l^2$	2.6	$-0.0185\sigma_{b,max}b^2$	$0.133\sigma_{b,max}l^2$
1.1	$-0.0995\sigma_{b,max}b^2$	$0.105\sigma_{b,max}l^2$	2.7	$-0.0171\sigma_{b,max}b^2$	$0.133\sigma_{b,max}l^2$
1.2	$-0.0846\sigma_{b,max}b^2$	$0.112\sigma_{b,max}l^2$	2.8	$-0.0159\sigma_{b,max}b^2$	$0.133\sigma_{b,max}l^2$
1.3	$-0.0726\sigma_{b,max}b^2$	$0.116\sigma_{b,max}l^2$	2.9	$-0.0149\sigma_{b,max}b^2$	$0.133\sigma_{b,max}l^2$
1.4	$-0.0629\sigma_{b,max}b^2$	$0.120\sigma_{b,max}l^2$	3.0	$-0.0139\sigma_{b,max}b^2$	$0.133\sigma_{b,max}l^2$
1.5	$-0.0550\sigma_{b,max}b^2$	$0.123\sigma_{b,max}l^2$			

3. 地脚螺栓的计算

地脚螺栓的作用是将设备固定在基础上,以免倾倒。塔设备在风弯矩、地震矩和重力作

用下,向风侧螺栓受拉伸,背风侧螺栓基本无载荷,故地脚螺栓受拉伸。塔在自重最轻时容易倾倒,所以在计算地脚螺栓时,要考虑安装时受风作用和操作时受地震作用的两种情况。

(1) 裙座基础环在向风侧的最大拉应力 σ_B

不考虑共振时,最大拉应力如图 2-89 所示。安装时,在风载荷作用下,基础环向风侧的最大拉应力为

$$\sigma_B = \frac{M_w^{0-0} + W_e}{W_b} - \frac{m_{min}g}{A_b} \qquad (2-63)$$

操作时承受地震载荷

$$\sigma_B = \frac{M_E^{0-0} + 0.25M_w^{0-0} + M_e}{W_b} - \frac{m_0^{0-0}g - F_v^{0-0}}{A_b} \qquad (2-64)$$

式中　m_{min}——安装时塔设备的最小质量,kg;

W_b——基础环的抗弯截面系数,mm³,$W_b = 0.1\dfrac{D_{bo}^4 - D_{bi}^4}{D_{bo}}$;

A_b——基础环的面积,mm²,$A_b = 0.785(D_{bo}^2 - D_{bi}^2)$;

M_E^{0-0}——设备底部截面的地震弯矩,N·mm;

F_v^{0-0}——仅在最大弯矩为地震弯矩参与组合时计入。

其余符号和取法与以前相同,计算时取两值较大者。

考虑共振时,安装工况下,塔产生共振时的最大地震载荷

$$\sigma_B = \sqrt{\left(\frac{M_w'^{0-0} + M_e}{W_b} - \frac{m_{min}g}{A_b}\right)^2 + \left(\frac{M_c^{0-0}}{W_b}\right)^2} \qquad (2-65)$$

操作时受地震作用

$$\sigma_B = \frac{M_E^{0-0} + 0.25M_w'^{0-0} + M_e}{W_b} - \frac{m_0^{0-0}g - F_v^{0-0}}{A_b} \qquad (2-66)$$

式中各符号同前,设计时取以上两式中较大者。

(2) 地脚螺栓的计算

如果 $\sigma_B \le 0$,则塔设备自身稳定,不会倾倒,但为了固定设备的位置,应设置一定数量的地脚螺栓。如果 $\sigma_B > 0$,则设备必须安装地脚螺栓。

计算地脚螺栓时,先按 4 的倍数假定地脚螺栓数量为 n,若每个螺栓所受的拉力为 T,则有

$$nT = \sigma_b A_b \qquad (2-67)$$

于是所需地脚螺栓的根部直径为

$$d_1 = \sqrt{\frac{4T}{\pi[\sigma]_{bt}}} + C_2 = \sqrt{\frac{4\sigma_B A_b}{\pi n[\sigma]_{bt}}} + C_2 \qquad (2-68)$$

式中　$[\sigma]_{bt}$——地脚螺栓材料的许用应力,MPa;

C_2——腐蚀余量,一般取 3 mm;

n——地脚螺栓个数。

　　然后,根据螺纹根径,按照螺纹标准选取地脚螺栓的公称直径。对于高塔,一般地脚螺栓不宜小于 M24,埋入混凝土基础内的长度最好取 d_1 的 25~40 倍,以免拉脱。

　　4. 裙座与筒体焊缝的校核

　　(1) 搭接焊缝

　　裙座与筒体搭接焊缝如图 2-92 所示。搭接焊缝受到弯矩和重力作用,产生剪切应力 τ_w。不考虑共振时剪应力 τ_w 为:

$$\tau_w = \frac{m_0^{\text{I-I}} g + F_v^{\text{I-I}}}{A_w} + \frac{M_{max}^{\text{I-I}}}{W_w} \leqslant 0.8K[\sigma]_w^t \qquad (2-69)$$

$$\tau_w = \frac{m_{max}^{\text{I-I}} g}{A_w} + \frac{0.3M_w^{\text{I-I}} + M_e}{W_w} \leqslant 0.72K\sigma_s \qquad (2-70)$$

式中　$m_0^{\text{I-I}}$——搭接焊缝截面所承受的设备操作时的质量,kg;

　　　　m_{max}——水压试验时,设备的最大质量,kg;

　　　　A_w——焊缝抗剪截面积,mm^2;

　　　　$A_w = 2.2D_{so}t_{se}$;

　　　　W_w——焊缝抗剪截面的系数,mm^3;

　　　　$W_w = 0.55D_{so}^2 t_{se}$;

　　　　D_{so}——裙座顶部截面的外径,mm;

　　　　t_{se}——裙座有效壁厚,mm;

　　　　$[\sigma]_w^t$——焊接接头在设计温度下的许用应力, MPa,一般取两侧母材许用应力的最 小值,$F_v^{\text{I-I}}$ 项仅在最大弯矩为地震弯矩 参与组合时计入。

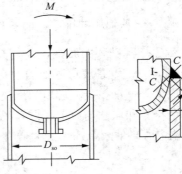

图 2-92　搭接焊缝尺寸

其他符号同前。

　　考虑共振时剪应力为

$$\tau_w = \sqrt{\left(\frac{m_0^{\text{I-I}} g + M_e}{A_w} + \frac{M_{max}'^{\text{I-I}}}{W_w}\right)^2 + \left(\frac{M_c}{W_w}\right)^2} \leqslant 0.8K[\sigma]_w^t \qquad (2-71)$$

$$\tau_w = \frac{m_{max}^{\text{I-I}} g}{A_w} + \frac{0.3M_w'^{\text{I-I}} + M_e}{W_w} \leqslant 0.72K\sigma_s \qquad (2-72)$$

　　式中,各符号同前。

　　(2) 对接焊缝

　　裙座与塔釜封头的对接焊缝(图 2-93)按下式进行应力校核:

$$\sigma_w = \frac{4M_{max}^{\text{I-I}}}{\pi D_{si}^2 t_{se}} - \frac{m_0^{\text{I-I}} g - F_v^{\text{I-I}}}{\pi D_{si} t_{se}} \leqslant 0.6K[\sigma]_w^t$$
$$(2-73)$$

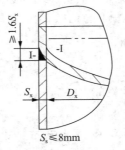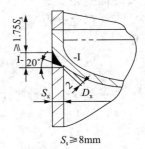

$S_s \leqslant 8mm$　　　　　$S_s \geqslant 8mm$

图 2-93　对接焊缝尺寸

式中　σ_w——操作状态下裙座与塔釜封头对接 焊缝截面的计算应力值,MPa。

2.5.5 塔设备计算的问题考虑

1. 塔设备计算模型的分类

塔式容器计算模型按照塔式容器自身的几何特点和动力特性作如下划分：

(1) 裙座支承塔式容器(高度与直径之比＞5)

NB/T 47041—2014《塔式容器》给出的自振周期公式,是将塔式容器视为一端固定、一端自由的悬臂梁作为平面弯曲振动。同时根据是否变径与变壁厚又将塔式容器的计算模型分为弹性连续体(或称无限自由度)和多自由度体系两种。其中弹性连续体采用的是解析解,可求出各阶自振周期和振形,而多自由度体系求解是利用折算质量法求其近似解。折算质量法原理是将一个多自由度体系利用折算质量的方法化成一个单自由度体系求解。此法只能求出基本振形的自振周期,至于高振形的自振周期可以采用标准附录方法或其他方法求出。

该计算模型适用于高度 H 与直径 D 之比 $H/D>5$ 的裙座自支承的钢制塔式容器,但不适用于采用支腿支承或利用支耳由框架支承的塔式容器,也不适用于带有拉牵装置的塔式容器。

此处"高度"系指塔式容器的总高,即裙座基础环底面至上封头切线的高度;"直径"系指塔式容器壳体的公称直径,对于不等直径的塔式容器应取其各段公称直径的加权平均值。

(2) 裙座支承塔式容器(高度与直径之比≤5)

对于高度与直径之比≤5 的塔式容器,其结构平面对称、立面比较规则、刚度和质量沿高度分布比较均匀,此类容器可简化为单自由度体系,采用动力分析方法中的基底剪力法进行计算。此时设备的振动以剪切振动为主,略去弯曲振动分量的影响。

2. 计算截面的选取

塔式容器需要验算的截面,包括塔底、裙座的检查孔或较大管线引出孔处、裙座与塔体封头连接处、不等直径塔变截面的交界处、等直径塔变壁厚或变材料交界处等。如:

(1) 塔裙座基础环板上表面处裙座壳体的横截面;

(2) 通过裙座开孔(检查孔/引出管)水平中心线的裙座壳体截面;

(3) 裙座与塔体封头连接处的焊缝;

(4) 不等直径塔变截面交界处塔壳横截面(一般取锥形变径段的小端截面);

(5) 等直径塔变壁厚或变材料交界处塔壳横截面(即同一厚度或材料段的底部横截面,包括裙座过渡段的底截面);

(6) 塔的下封头切线所在截面。

3. 计算分段及质量集中

塔式容器的自振周期、地震载荷及风载荷计算中,都要求将塔体及裙座分成若干计算段。

分段时应遵循下述原则:

(1) 每个计算段内不得存在直径或壁厚的变化;

(2) 圆锥形壳体应单独分成一段或几段;

(3) 存在集中质量的塔式容器,应使集中质量的作用点位于该计算段的质量集中点,避免在同一计算段内形成两个质点。

虽然自振周期、地震载荷和风载荷计算均要求将塔体进行分段,但分段数可以相同亦可不同,视计算手段、精度要求而定。一般来讲,计算自振周期时,要求分段数多一些,其计算结果的精度也较高,特别是高振型的自振周期更是如此。而地震载荷与风载荷计算时要求的分段数可以少一些。对于手工计算,适当选择分段数可以减少计算工作量而且又不影响计算结果的精度。

分段后将每段的分布质量进行集中,称之为质点。塔式容器则简化成一个由无质弹性杆连接具有多个质点的模型。

质量集中的部位是多种多样的,例如可以把质量集中在每一段的顶部、该段的 2/3 高度处或中间部位等,视问题的性质和求解的精度而定。标准规定:塔式容器自振周期基本振型和地震载荷计算时,将每段的分布质量集中在其中部,而自振周期高振型计算时集中在该段的两端。

4. 载荷组合系数 K

在地震载荷和风载荷作用下计算壳体和裙座的组合拉、压应力时,许用应力(包括许用拉应力和许用临界应力)为原许用应力乘上载荷组合系数 $K = 1.2$,换言之,即允许在计算时将许用应力提高 20% 使用。原因是地震载荷与风载荷属于短期载荷,它区别于压力载荷和重力载荷等长期载荷。长期载荷与短期载荷作用的效果是不同的,短期载荷的特点是作用时间短,即使在塔式容器整个使用年限中达到其载荷最大值的次数都是有限的,而且最大载荷作用的持续时间也是短暂的,所以这样的载荷在量值稍大时也不会发生破坏;长期载荷由于总持续期长,设计时应把它的应力水平限制在相对较低范围内才是安全的。

2.6　设计实例

已知 ϕ 2 400×73 300 mm 浮阀塔(见图 2-94)的设计条件如下:

设置地区的基本风压 $q_0 = 300$ N/m²,抗震设防烈度为 8 度,设计基本地震加速度为 0.20g,设计地震分组为第二组,场地类型为 Ⅲ 类,地面粗糙度为 B 类,塔壳与裙座对接,塔内装有 155 层浮阀塔盘(浮阀塔盘单位质量 75 kg/m²),每层塔盘存留介质高 100 mm,介质密度 800 kg/m³;

塔体外表面附有 100mm 厚的保温层,保温材料密度 300 kg/m³;裙座内外侧防火层厚度各 50 mm,密度 1 700 kg/m³。塔体每隔 9 m 安装一层操作平台,共 8 层,平台宽 1.0 m,单位质量 150 kg/m²,包角 180°。

设计压力 $p = 2.2$ MPa,设计温度为 125℃。壳体和封头材料选用 Q345R,$[\sigma]^t = 184$ MPa,厚度附加量 3 mm;裙座材质 Q235B,$[\sigma]^t = 116$ MPa,厚度附加量 2 mm;过渡段材质 Q345R,长度 1 000 mm,$[\sigma]^t = 116$ MPa,厚度附加量 2 mm。裙座;焊接接头系数 $\phi = 0.85$。

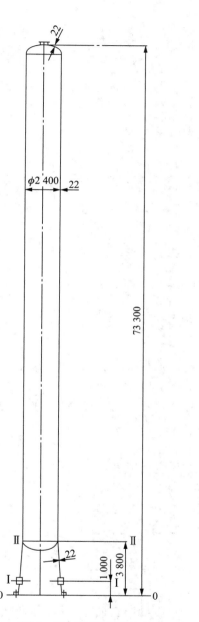

图 2-94　浮阀塔尺寸

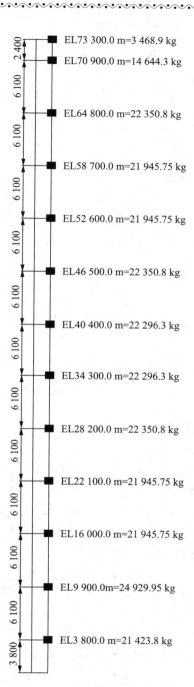

图 2-95　将塔沿高度方向分段

【解】

1. 塔壳强度计算（按 GB 150 计算）

计算过程略，经圆整后塔壳和封头厚度分别为 22 mm，裙座厚度为 22 mm。

2. 塔式容器自振周期计算

圆筒壳、裙座壳和封头质量：

$$m_{01} = 1\,118.28 \times 2 + 4\,875.67 + \frac{\pi}{4} \times (2.444^2 - 2.4^2) \times 68.86 \times 7\,850 = 9.757 \times 10^4 \text{ kg}$$

附属件质量：

$$m_{a} = 0.25 \times m_{01} = 2.439 \times 10^4 \text{ kg}$$

内构件质量：

$$m_{02} = \frac{\pi}{4} \times 2.4^2 \times 155 \times 75 = 5.259 \times 10^4 \text{ kg}$$

保温层质量：

$$m_{03} = 22\,513.1 \text{ kg}$$

平台、扶梯质量：

$$m_{04} = 40 \times 69 + \frac{\pi}{4} \times [(2.444 + 2)^2 - 2.444^2] \times 150 \times 8 \times \frac{180°}{360°} = 9.252 \times 10^3 \text{ kg}$$

物料质量：

$$m_{05} = \frac{\pi}{4} \times 2.4^2 \times 0.1 \times 800 \times 155 + 9\,555.2 = 6.565 \times 10^4 \text{ kg}$$

偏心质量：

$$m_{e} = 0 \text{ kg}$$

水压试验时质量：

$$m_{w} = 311.406\,7 \times 1\,000 = 3.114 \times 10^5 \text{ kg}$$

塔操作质量：

$$m_0 = m_{01} + m_{02} + m_{03} + m_{04} + m_{05} + m_{a} + m_{e} = 2.72 \times 10^5 \text{ kg}$$

塔器最大质量：

$$m_{max} = m_{01} + m_{02} + m_{03} + m_{04} + m_{w} + m_{a} + m_{e} = 5.177 \times 10^5 \text{ kg}$$

塔器最小质量：

$$m_{min} = m_{01} + 0.2\,m_{02} + m_{03} + m_{04} + m_{a} + m_{e} = 1.642 \times 10^5 \text{ kg}$$

将全塔沿高度分为 13 段，见图 2-95，每段的质量列于表 2-13。

3. 塔式容器自振周期计算

因为 $H/D = 30.35 > 15$ 且 $H > 20$ m，所以必须考虑高振型的影响。本设备自振周期和振型向量由程序按 NB/T 47041—2014《塔式容器》附录 B 计算得出：

$T_1 = 3.828\,9$ s，$T_2 = 0.610\,9$ s，$T_3 = 0.220\,2$ s。

各振型向量分别列于表 2-14、表 2-15 和表 2-16。

4. 高振型地震载荷和地震弯矩计算

将塔沿高度方向分成 13 段，每一段的连续分布质量按质量静力等效原则分别集中于该段的两端，一端点处相邻单元的集中质量应予叠加。按 NB/T 47041—2014《塔式容器》附录 B 计算，各阶振型下各集中质引起的水平地震力分别列于表 2-14、表 2-15 表 2-16，垂直地震力列于表 2-17，地震弯矩列于表 2-18。

表 2-13　塔每段的质量

单位:kg

段号 i	1	2	3	4	5	6	7	8	9	10	11	12	13
$m_{01}+m_a$	8 093.5	10 019.7	10 019.7	10 019.7	10 019.7	10 019.7	10 019.7	10 019.7	10 019.7	10 019.7	10 019.7	10 019.7	3 402.2
m_{02}	0	3 393	4 750.2	4 750.2	4 750.2	4 750.2	4 750.2	4 750.2	4 750.2	4 750.2	4 750.2	4 750.2	1 357.2
m_{03}	5 501	1 462.6	1 462.6	1 462.6	1 462.6	1 462.6	1 462.6	1 462.6	1 462.6	1 462.6	1 462.6	1 462.6	635.5
m_{04}	152	1 054.1	1 054.1	244	1 054.1	1 054.1	244	1 054.1	1 054.1	244	1 054.1	1 054.1	96
m_{05}	1 592	11 579.7	5 064.2	5 064.2	5 064.2	5 064.2	5 026	5 064.2	5 064.2	5 064.2	5 064.2	5 064.2	1 446.9
m_w	1 990	27 600	27 600	27 600	27 600	27 600	27 600	27 600	27 600	27 600	27 600	27 600	9 853
m_0	15 338.5	27 509.1	22 350.8	21 540.7	22 350.8	22 350.8	22 241.8	22 350.8	22 350.8	21 540.7	22 350.8	22 350.8	6 937.8
m_{max}	15 726.5	43 529.4	44 886.6	44 076.5	44 886.6	44 886.6	44 415.8	44 886.6	44 886.6	44 076.5	44 886.6	44 886.6	15 343.9
m_{min}	13 746.5	13 215	13 486.44	12 676.34	13 486.44	13 486.44	12 744.2	13 486.44	13 486.44	12 676.34	13 486.44	13 486.44	4 405.14

表 2-14　一阶水平地震力

塔段号	1	2	3	4	5	6	7	8	9	10	11	12	13
m_k/kg	21 423.8	24 929.95	21 945.75	21 945.75	22 350.8	22 296.3	22 296.3	22 350.8	21 945.75	21 945.75	22 350.8	14 644.3	34 68.9
h_k/mm	3 800	9 900	16 000	22 100	28 200	34 300	40 400	46 500	52 600	58 700	64 800	70 900	73 300
X_{1k}	0.003 7	0.026 6	0.070 2	0.131 5	0.207 9	0.296 4	0.394 6	0.499 9	0.610 2	0.723 7	0.838 5	0.954 5	1.000 0
$m_k X_{1k}$	79.268 06	663.136 7	1 540.592	2 885.866	4 646.731	6 608.623	8 798.12	11 173.16	13 391.3	15 882.14	18 747.85	13 977.98	3 468.9
$m_k X_{1k}^2$	0.293 292	17.639 44	108.149 5	379.491 4	966.055 4	1 958.796	3 471.738	5 585.465	8 171.369	11 493.9	15 725.7	13 341.99	3 468.9
A/B					$A=\sum\limits_{k=1}^{13} m_k X_{1k}=101 863.7, B=\sum\limits_{k=1}^{13} m_k X_{1k}^2=64 689.49. A/B=1.574 656$								1.574 656
$\eta_{1k}=\dfrac{X_{1k}A}{B}$	0.005 826	0.041 886	0.110 541	0.207 067	0.327 371	0.466 728	0.621 359	0.787 17	0.960 855	1.139 578	1.320 821	1.503 009	1.574 656
系数			取 $\zeta=0.01, \gamma=0.9+\dfrac{0.05-\zeta}{0.3+6\zeta}=1.011 1, \eta_1=0.02+\dfrac{0.05-\zeta}{4+32\zeta}=0.029 26, \eta_2=1+\dfrac{0.05-\zeta}{0.08+1.6\zeta}=1.416 7. T_g=0.55$										
α_1			$\alpha_1=[\eta_2 0.2^\gamma-\eta_1(T_1-5T_2)]\alpha_{max}=0.246 8\alpha_{max}=0.039 5 (T_1>5 T_g)$									
F_{1k}/N	48.354 846	404.524 5	939.786 8	1 760.427	2 834.584	4 031.371	5 367.001	6 815.818	8 168.916	9 688.371	11 436.5	8 526.805	2 116.087

表 2-15　二阶水平地震力

单位:N

塔段号	1	2	3	4	5	6	7	8	9	10	11	12	13
m_k/kg	21 423.8	24 929.95	21 945.75	21 945.75	22 350.8	22 296.3	22 296.3	22 350.8	21 945.75	21 945.75	22 350.8	14 644.3	34 68.9
h_k/mm	3 800	9 900	16 000	22 100	28 200	34 300	40 400	46 500	52 600	58 700	64 800	70 900	73 300
X_{2k}	−0.022 3	−0.142 7	−0.325 8	−0.513 6	−0.656 1	−0.715 7	−0.670 5	−0.515 6	−0.261 6	0.068 4	0.445 5	0.842 5	1.000 0
$m_k X_{2k}$	−477.751	−3 557.5	−7 149.93	−11 271.3	−14 664.4	−15 957.5	−14 949.7	−11 524.1	−5 741.01	1 501.089	9 957.281	12 337.82	3 468.9
$m_k X_{2k}^2$	10.653 84	507.655 8	2 329.446	5 788.959	9 621.287	11 420.76	10 023.75	5 941.812	1 501.848	102.674 5	4 435.969	10 394.62	3 468.9
A/B	$A = \sum\limits_{k=1}^{13} m_k X_{2k} = -58\,028, B = \sum\limits_{k=1}^{13} m_k X_{1k}^2 = 65\,548.33, A/B = 0.885\,27$												
$\eta_{1k}=\dfrac{X_{2k}A}{B}$	0.019 742	0.126 328	0.288 421	0.454 675	0.580 826	0.633 588	0.593 574	0.456 445	0.231 587	−0.060 55	−0.394 39	−0.745 84	−0.885 27
系数	取 $\zeta=0.01, \gamma=0.9+\dfrac{0.05-\zeta}{0.3+6\zeta}=1.011\,1, \eta_1=0.02+\dfrac{0.05-\zeta}{4+32\zeta}=0.029\,26, \eta_2=1+\dfrac{0.05-\zeta}{0.08+1.6\zeta}=1.4167, T_g=0.55$												
α_2	$\alpha_1 = \left(\dfrac{T_g}{T_2}\right)^{\gamma} \eta_2 \alpha_{\max} = \left(\dfrac{0.55}{0.610\,9}\right)^{1.011\,1} \eta_2\alpha_{\max}=1.274\,\alpha_{\max}=0.204 \; (T_g<T_2<5T_g)$												
F_{2k}/N	846.401 63	6 302.611	12 667.08	19 968.74	25 979.95	28 270.85	26 485.41	20 416.49	10 170.99	−2 659.39	−17 640.7	−21 858.2	−6 145.64

表 2-16 三阶水平地震力

塔段号	1	2	3	4	5	6	7	8	9	10	11	12	13
m_k/kg	21 423.8	24 929.95	21 945.75	21 945.75	22 350.8	22 296.3	22 296.3	22 350.8	21 945.75	21 945.75	22 350.8	14 644.3	3 468.9
h_k/mm	3 800	9 900	16 000	22 100	28 200	34 300	40 400	46 500	52 600	58 700	64 800	70 900	73 300
X_{3k}	0.060 1	0.334 8	0.629 5	0.744 0	0.591 0	0.215 9	−0.231 4	−0.563 2	−0.631 4	−0.385 2	0.115 2	0.743 4	1.000 0
$m_k X_{3k}$	1 287.57	8 346.547	13 814.85	16 327.64	13 209.32	4 813.771	−5 159.36	−12 588	−13 856.5	−8 453.5	2 574.812	10 886.57	3 468.9
$m_k X_{3k}^2$	77.382 98	2 794.424	8 696.448	12 147.76	7 806.71	1 039.293	1 193.877	7 089.545	8 749.023	3 256.289	296.618 4	8 093.078	3 468.9
A/B						$A = \sum\limits_{k=1}^{13} m_k X_{3k}\,34\,672.6, B = \sum\limits_{k=1}^{13} m_k X_{3k}^2 = 64\,709.35, A/B = 0.535\,821$							
$\eta_{1k} = \dfrac{X_{3k} A}{B}$	0.032 203	0.179 393	0.337 299	0.398 65	0.316 67	0.115 684	−0.123 99	−0.301 77	−0.338 32	−0.206 4	0.061 727	0.398 329	0.535 821
系数					取 $\zeta = 0.01 \cdot \eta_2 = 1 + \dfrac{0.05 - \zeta}{0.08 + 1.6\zeta} = 1.416\,7, T_g = 0.55$								
α_3					$\alpha_1 = \eta_2 \alpha_{\max} = 1.416\,7\,\alpha_{\max} = 0.227(0.1\,\mathrm{g} < T_3 < 5\,T_g)$								
F_{3k}/N	1 536.332 5	9 959.123	16 483.92	19 482.18	15 761.4	5 743.805	−6 156.17	−15 020	−16 533.7	−10 086.7	3 072.273	12 989.89	4 139.101

N

表 2-17　垂直地震力　　　　　　　　　　　　　　　　　　　　　N

塔段号	1	2	3	4	5	6	7	8	9	10	11	12	13
m_k/kg	21 423.8	24 929.95	21 945.75	21 945.75	22 350.8	22 296.3	22 296.3	22 350.8	21 945.75	21 945.75	22 350.8	14 644.3	34 68.9
h_k/mm	0	3 800	9 900	16 000	22 100	28 200	34 300	40 400	46 500	52 600	58 700	64 800	70 900
$m_k h_k$	0	94 733 810	2.17E+08	3.51E+08	4.94E+08	6.29E+08	9.03E+08	9.03E+08	1.02E+08	1.15E+08	1.31E+08	9.49E+08	2.46E+08
$\sum\limits_{k=1}^{13} m_k h_k$						$\sum\limits_{k=1}^{13} m_k h_k = 9.68 \times 10^9$							
α_{vmax}						$\alpha_{vmax} = 0.65\,\alpha_{max} = 0.65 \times 0.16 = 0.104$							
m_{eq}/kg						$m_{eq} = 0.75\,m_0 = 0.75 \times 272\,000 = 204\,000$							
F_v^{0-0}/N						$F_v^{0-0} = \alpha_{vmax} m_{eq} g = 0.104 \times 204\,000 \times 9.81 = 208\,129$							
F_{vi}/N	0	2 423.622	5 558.345	8 983.184	12 637.04	16 085.77	19 565.31	23 101.19	26 107.38	29 532.22	33 565.34	24 277.47	6 292.133
F_v^{-i}/N	208 129	208 129	205 705.4	200 147	191 163.8	178 526.8	162 441	142 875.7	119 774.5	93 667.17	64 134.95	30 569.61	6 292.133

表 2-18　各计算载面地震弯矩　　　　　　　　　　　　　　　　　N · mm

计算载面	0	1	2	3	4	5	6	7	8	9	10	11	12
载面高度 h/mm	0	3 800	9 900	16 000	22 100	28 200	34 300	40 400	46 500	52 600	58 700	64 800	70 900
M_{E1}^{-i}	155 292 940	1.5E+08	1.4E+08	1.32E+08	1.26E+08	1.2E+08	1.15E+08	1.11E+08	1.07E+08	1.03E+08	1.01E+08	7 000 0251	5 078 609
M_{E2}^{-i}	-4.47E+08	-3.9E+08	-3.1E+08	-2.7E+08	-1.6E+08	-1E+08	-7.8E+07	-7.8E+07	-1E+08	-1.4E+08	-2E+08	-1.9E+08	-1.5E+07
M_{E3}^{-i}	309 234 156	3.48E+08	1.01E+08	1.09E+08	9614538	35037209	-3.8E+07	-9.2E+07	-1E+08	-6.2E+07	18 740 864	79 238 316	9 933 842
M_E^{-i}	565 492 842	5.43E+08	3.57E+08	3.27E+08	2.22E+08	1.63E+08	1.44E+08	1.64E+08	1.79E+08	1.87E+08	2.22E+08	2.14E+08	18 493 839

（a）0-0 截面的地震弯矩：

$$M_E^{0\text{-}0}=\sqrt{(M_{E1}^{0\text{-}0})^2+(M_{E2}^{0\text{-}0})^2+(M_{E3}^{0\text{-}0})^2}=5.65\times10^8\,\text{N}\cdot\text{mm}$$

（b）Ⅰ-Ⅰ 截面的组合地震弯矩：

$$M_E^{\text{Ⅰ-Ⅰ}}=\sqrt{(M_{E1}^{\text{Ⅰ-Ⅰ}})^2+(M_{E2}^{\text{Ⅰ-Ⅰ}})^2+(M_{E3}^{\text{Ⅰ-Ⅰ}})^2}=5.58\times10^8\,\text{N}\cdot\text{mm}$$

（c）Ⅱ-Ⅱ 截面的地震弯矩：

$$M_E^{\text{Ⅱ-Ⅱ}}=\sqrt{(M_{E1}^{\text{Ⅱ-Ⅱ}})^2+(M_{E2}^{\text{Ⅱ-Ⅱ}})^2+(M_{E3}^{\text{Ⅱ-Ⅱ}})^2}=5.43\times10^8\,\text{N}\cdot\text{mm}$$

5. 风载荷计算

将全塔沿高度分为 13 段。因为 $H/D=30.35>15$ 且 $H>30\,\text{m}$，所以除计算顺风向载荷外，还应计算横风向载荷。

（1）顺风向载荷计算

水平风力计算按下式计算：

$$p_i=K_1K_{2i}q_0f_il_iD_{ei}\times10^{-6}\,\text{N}$$

各段计算结果列于表 2-19。

表 2-19　各段顺风向水平风力　　　　　　　　　　　　　　　　　　　　　　N

塔段号	1	2	3	4	5	6	7	8	9	10	11	12	13
塔段长度/m	0~3.8	3.8~9.9	9.9~16	16~22.1	22.1~28.2	28.2~34.3	34.3~40.4	40.4~46.5	46.5~52.6	52.6~58.7	58.7~64.8	64.8~70.9	70.9~73.3
k_1	0.7												
ζ	3.13（$q_1T_1^2=4\,398.25$）												
V_i（B类）	0.720	0.720	0.762	0.798	0.823	0.839	0.851	0.863	0.873	0.879	0.885	0.89	0.89
ϕ_{zi}	0.02	0.034	.0075	0.141	0.216	0.305	0.401	0.505	0.625	0.791	0.849	0.954	1
f_i	1	1	1.162	1.286	1.389	1.480	1.564	1.631	1.696	1.757	1.813	1.868	1.890
$K_{2i}=1+\dfrac{\xi v_i\varphi_{zi}}{f_i}$	1.045 1	1.076 6	1.153	1.275	1.401	1.540	1.683	1.835	2.001	2.237	2.296	2.422	2.473
q_0	300												
l_i	3 900	6 100	6 100	6 100	6 100	6 100	6 100	6 100	6 100	6 100	6 100	6 100	2 400
D_{ei}	3 444	3 644	3 644	3 044	3 644	3 644	3 044	3 644	3 644	3 044	3 644	3 644	3 044
p_i	2 947.8	5 025.3	6 254.4	6 389.8	9 083.5	10 640.7	10 265.3	13 975.1	15 882.2	15 323.8	19 429.6	21 119.1	7 169.9

（a）0-0 截面风弯矩：

$$M_w^{0\text{-}0}=p_1\frac{l_1}{2}+p_2\left(l_1+\frac{l_2}{2}\right)+\cdots p_{13}\left(l_1+l_2+\frac{l_{13}}{2}\right)=6.572\times10^9\,\text{N}\cdot\text{mm}$$

（b）Ⅰ-Ⅰ 截面风弯矩：

$$M_w^{\text{Ⅰ-Ⅰ}}=p_1\frac{l_1-1\,000}{2}+p_2\left(l_1-1\,000+\frac{l_2}{2}\right)+\cdots p_{13}\left(l_1-1\,000+l_2+\frac{l_{13}}{2}\right)=6.43\times10^9\,\text{N}\cdot\text{mm}$$

（c）Ⅱ-Ⅱ 截面风弯矩：

$$M_w^{\text{Ⅱ-Ⅱ}}=p_2\frac{l_2}{2}+p_3\left(l_2+\frac{l_3}{2}\right)+\cdots p_{13}\left(l_2+l_3+\frac{l_{13}}{2}\right)=6.034\times10^9\,\text{N}\cdot\text{mm}$$

（2）横风向风载荷计算

a）临界风速计算：

$$v_{c1} = \frac{D_a}{T_1 S_t} \times 10^{-3} = \frac{2\,644}{3.828\,9 \times 0.2} \times 10^{-3} = 3.453 \text{ m/s}$$

$$v_{c2} = \frac{D_a}{T_2 S_t} \times 10^{-3} = \frac{2\,644}{0.610\,9 \times 0.2} \times 10^{-3} = 21.64 \text{ m/s}$$

b) 共振判别：

设计风速计算：

$$v = v_H = 1.265 \sqrt{f_t q_0} = 1.256 \sqrt{1.890 \times 300} = 30.12 \text{ m/s}$$

因为 $v > v_{c2} > v_{c1}$，故应同时考虑第一振型和第二振型的振动。

c) 横风塔顶振幅：

共振时塔顶振幅按 NB/T 47041—2014《塔式容器》中式(39)计算：

当雷诺数 $Re = 69 v D_a = 69 \times 30.12 \times 2\,644 = 5.495 \times 10^6 > 4 \times 10^5$ 时，$C_1 = 0.2$。

当 $\dfrac{H_{c1}}{H} = \left(\dfrac{v_{c1}}{v_H}\right)^{\frac{1}{a}} = \left(\dfrac{3.453}{30.12}\right)^{1/0.16} \approx 0$ 时，$\lambda_1 = 1.56$（查表14）。

当 $\dfrac{H_{c2}}{H} = \left(\dfrac{v_{c2}}{v_H}\right)^{\frac{1}{a}} = \left(\dfrac{21.64}{30.12}\right)^{1/0.16} \approx 0.126\,6$ 时，$\lambda_1 = 0.804$（查表14）。

对变截面塔，当 $I = \dfrac{H^4}{\displaystyle\sum_{i=1}^{2} \dfrac{H_i^4}{I_i} - \sum_{i=2}^{2} \dfrac{H_i^4}{I_i}} = 1.122 \times 10^{11} \text{ mm}^4$，

其中，$\quad I_1 = \dfrac{\pi D_{ie}^2 D_{if}^2 \delta_{e1}}{4(D_{ie} + D_{if})} = \dfrac{\pi \times 3\,000^2 \times 2\,400^2 \times 20}{4(3\,000 + 2\,400)} = 1.508 \times 10^{11} \text{ mm}^4$

$$I_2 = \frac{\pi}{8}(D_{ie} + \delta_{e2})^3 \delta_{e2} = \frac{\pi}{8}(2\,400 + 19)^3 \times 19 = 1.056 \times 10^{11} \text{ mm}^4$$

第一振型的横向风塔顶振幅 Y_{T1}（第一振型时取阻尼比 0.01）为：

$$Y_{T1} = \frac{C_L D_a \rho_a v_{c1}^2 H^4 \lambda}{49.4\, \xi_1 EI} = \frac{\pi \times 2\,644 \times 1.25 \times 3.453^2 \times 73\,300^4 \times 1.56}{49.4 \times 0.01 \times 2.015 \times 10^5 \times 1.122 \times 10^{11}} \times 10^{-9} = 0.031\,78 \text{ m}$$

第二振型的横向风塔顶振幅 Y_{T2}（第一振型时取阻尼比 0.01）为：

$$Y_{T1} = \frac{C_L D_a \rho_a v_{c2}^2 H^4 \lambda}{49.4\, \xi_1 EI} = \frac{\pi \times 2\,644 \times 1.25 \times 3.453^2 \times 73\,300^4 \times 1.56}{49.4 \times 39.283 \times 0.03 \times 2.015 \times 10^5 \times 1.122 \times 10^{11}} \times 10^{-9}$$

$$= 0.005\,458\,4 \text{ m}$$

其中，$G = \dfrac{T_1^2}{T_2^2} = 39.283$。

d) 塔体横风向弯矩：

共振时临界风速风压作用下的顺风向水平风力列于表 2-20。

塔体 i-i 截面处第 j 阶振型的共振时横风向弯矩，按 NB/T 47041—2014《塔式容器》中式(43)计算：

(a) 0-0 截面：

$$M_{ca}^{0-0} = \begin{cases} \left(\dfrac{2\pi}{T_1}\right)^2 Y_{T1} \displaystyle\sum_{k=1}^{5} m_k h_k \varphi_{k1} = \left(\dfrac{2\pi}{3.828\,9}\right)^2 \times 0.031\,78 \times 9.7 \times 10^9 = 8.301 \times 10^8 \\[3mm] \left(\dfrac{2\pi}{T_2}\right)^2 Y_{T2} \displaystyle\sum_{k=1}^{5} m_k h_k \varphi_{k2} = \left(\dfrac{2\pi}{0.610\,9}\right)^2 \times 0.005\,458\,4 \times 6.77 \times 10^9 = 3.909 \times 10^9 \end{cases}$$

$$= 3.909 \times 10^9 \text{ N} \cdot \text{mm}$$

表 2 - 20　各段共振时顺风向水平风力　　　　　　　　　　N

塔段号		1	2	3	4	5
m_k/kg		13 746.5	37 530.5	37 530.5	37 530.5	37 530.5
h_k/mm		1 900	12 487.5	29 862.5	47 237.5	64 612.5
ξ		振型 1：$\xi=1.894\ 7(q_0T_1^2=109.2)$，振型 2：$\xi=1.894\ 7(q_0T_2^2=109.2)$				
v_i		0.72	0.7947	0.8471	0.8759	0.89
φ_{Ei}	振型 1	0.02	0.1311	0.3711	0.7159	1
	振型 2	—0.09	—0.5044	—0.6789	—0.0745	1
f_i		1	1.27	1.54	1.73	1.89
k_{2i}	振型 1	1.027 3	1.155 3	1.386 7	1.686 8	1.892 2
	振型 2	0.877 2	0.401 9	0.292 4	0.928 5	1.892 2
l_i/mm		3 800	17 375	17 375	17 375	17 375
D_{ei}/mm		3 444	3 644	3 644	3 644	3 644
$q_0/(\text{N/m}^2)$		振型 1：$q_0=\dfrac{1}{2}\rho v_{e1}^2=7.452$，振型 2：$q_0=\dfrac{1}{2}\rho v_{e2}^2=292.681$				
P_i	振型 1	70.1	484.6	705.3	963.8	1181.2
	振型 2	2 352.1	6 622.2	5 842	20 837.2	46 390.4

(b) Ⅰ-Ⅰ截面：

$$M_{ca}^{\text{I-I}} = \begin{cases} \left(\dfrac{2\pi}{T_1}\right)^2 Y_{T1} \sum_{k=1}^{5} m_k(h_k-1\ 000)\varphi_{k1} = \left(\dfrac{2\pi}{3.828\ 9}\right)^2 \times 0.031\ 78 \times 9.46 \times 10^9 \\ \qquad\qquad\qquad\qquad\qquad = 8.096 \times 10^8 \\ \left(\dfrac{2\pi}{T_2}\right)^2 Y_{T2} \sum_{k=1}^{5} m_k(h_k-1\ 000)\varphi_{k2} = \left(\dfrac{2\pi}{0.6109}\right)^2 \times 0.005\ 458\ 4 \times 6.63 \times 10^9 \\ \qquad\qquad\qquad\qquad\qquad = 3.828 \times 10^9 \end{cases}$$

$$= 3.828 \times 10^9 \text{ N} \cdot \text{mm}$$

(c) Ⅱ-Ⅱ截面：

$$M_{ca}^{\text{II-II}} = \begin{cases} \left(\dfrac{2\pi}{T_1}\right)^2 Y_{T1} \sum_{k=1}^{5} m_k(h_k-3\ 800)\varphi_{k1} = \left(\dfrac{2\pi}{3.828\ 9}\right)^2 \times 0.031\ 78 \times 8.8 \times 10^9 \\ \qquad\qquad\qquad\qquad\qquad = 7.531 \times 10^8 \\ \left(\dfrac{2\pi}{T_2}\right)^2 Y_{T2} \sum_{k=1}^{5} m_k(h_k-3\ 800)\varphi_{k2} = \left(\dfrac{2\pi}{0.610\ 9}\right)^2 \times 0.005\ 458\ 4 \times 6.25 \times 10^9 \\ \qquad\qquad\qquad\qquad\qquad = 3.609 \times 10^9 \end{cases}$$

$$= 3.609 \times 10^9 \text{ N} \cdot \text{mm}$$

e) 塔体顺风向弯矩：

(a) 0-0 截面：

$$M_{ew}^{0-0} = 2\ 352.1 \times \frac{3\ 800}{2} + 6\ 622.2 \times \left(3\ 800 + \frac{17\ 375}{2}\right) + 5\ 842 \times \left(21\ 175 + \frac{17\ 375}{2}\right)$$

$$+20\ 837.2\times\left(38\ 550+\frac{17\ 375}{2}\right)+46\ 390.4\times\left(55\ 925+\frac{17\ 375}{2}\right)=4.069\times10^9\ \text{N}\cdot\text{mm}$$

(b) Ⅰ-Ⅰ截面：

$$M_{ew}^{\text{Ⅰ-Ⅰ}}=2\ 352.1\times\frac{3\ 800-1\ 000}{2}+6\ 622.2\times\left(2\ 800+\frac{17\ 375}{2}\right)+5\ 842\times\left(20\ 175+\frac{17\ 375}{2}\right)+$$

$$20\ 837.2\times\left(37\ 550+\frac{17\ 375}{2}\right)+46\ 390.4\times\left(54\ 925+\frac{17\ 375}{2}\right)=3.991\times10^9\ \text{N}\cdot\text{mm}$$

(c) Ⅱ-Ⅱ截面：

$$M_{ew}^{\text{Ⅱ-Ⅱ}}=6\ 622.2\times\frac{17\ 375}{2}+5\ 482\times\left(17\ 375+\frac{17\ 375}{2}\right)+20\ 837.2\times\left(34\ 750+\frac{17\ 375}{2}\right)$$

$$+46\ 390.4\times\left(53\ 125+\frac{17\ 375}{2}\right)=3.772\times10^9\ \text{N}\cdot\text{mm}$$

f) 塔体共振时组合风弯矩：

(a) 0-0 截面：

$$M_{ew}^{0-0}=\begin{cases}M_w^{0-0}=6.572\times10^9\\\sqrt{(M_{ca}^{0-0})^2+(M_{cw}^{0-0})^2}=5.642\times10^9\end{cases}\quad\text{选}\ 6.572\times10^9\ \text{N}\cdot\text{mm}$$

(b) Ⅰ-Ⅰ截面：

$$M_{ew}^{\text{Ⅰ-Ⅰ}}=\begin{cases}M_w^{\text{Ⅰ-Ⅰ}}=6.43\times10^9\\\sqrt{(M_{ca}^{\text{Ⅰ-Ⅰ}})^2+(M_{cw}^{\text{Ⅰ-Ⅰ}})^2}=5.530\times10^9\end{cases}\quad\text{选}\ 6.43\times10^9\ \text{N}\cdot\text{mm}$$

(c) Ⅱ-Ⅱ截面：

$$M_{ew}^{\text{Ⅱ-Ⅱ}}=\begin{cases}M_w^{\text{Ⅱ-Ⅱ}}=6.034\times10^9\\\sqrt{(M_{ca}^{\text{Ⅱ-Ⅱ}})^2+(M_{cw}^{\text{Ⅱ-Ⅱ}})^2}=5.220\times10^9\end{cases}\quad\text{选}\ 6.034\times10^9\ \text{N}\cdot\text{mm}$$

6. 偏心弯矩

$$M_e=m_egl_e=0$$

7. 最大弯矩

(a) 0-0 截面：

$$M_{max}^{0-0}=\begin{cases}M_{ew}^{0-0}+M_e=6.572\times10^9\\M_E^{0-0}+0.25M_w^{0-0}+M_e=2.21\times10^9\end{cases}\quad\text{选}\ 6.572\times10^9\ \text{N}\cdot\text{mm（风弯矩控制）}$$

(b) Ⅰ-Ⅰ截面：

$$M_{max}^{\text{Ⅰ-Ⅰ}}=\begin{cases}M_{ew}^{\text{Ⅰ-Ⅰ}}=6.43\times10^9\\M_E^{\text{Ⅰ-Ⅰ}}+0.25M_w^{\text{Ⅰ-Ⅰ}}=2.166\times10^9\end{cases}\quad\text{选}\ 6.43\times10^9\ \text{N}\cdot\text{mm（风弯矩控制）}$$

(c) Ⅱ-Ⅱ截面：

$$M_{max}^{\text{Ⅱ-Ⅱ}}=\begin{cases}M_{ew}^{\text{Ⅱ-Ⅱ}}+M_e=6.034\times10^9\\M_E^{\text{Ⅱ-Ⅱ}}+0.25M_w^{\text{Ⅱ-Ⅱ}}=2.052\times10^9\end{cases}\quad\text{选}\ 6.034\times10^9\ \text{N}\cdot\text{mm（风弯矩控制）}$$

8. 圆筒应力校核

验算塔壳Ⅱ-Ⅱ界面处的稳定和强度,列于表 2-21。

表 2 - 21　验算结果

计算截面			Ⅱ - Ⅱ
塔壳有效厚度 δ_{ei}		mm	$22 - 3 = 19$
计算截面以上操作质 m_0		kg	256 225.7
计算截面横截面积 $A = \pi D_i \delta_{ei}$		mm²	143 184
计算截面断面系数 $Z = \dfrac{\pi}{4} D_i^2 \delta_{ei}$		mm³	8.59×10^7
计算截面最大弯矩 M_{max}		N·mm	6.034×10^9
许用轴向压缩应力 $[\sigma]_{cr} = \begin{cases} KB \\ K[\sigma]^t \end{cases}$		MPa	$1.2 \times 139.51 = 167.412$ $1.2 \times 184 = 220.8$
许用轴向拉应力 $[\sigma]_t = 1.2[\sigma]^t \varphi$		MPa	$1.2 \times 184 \times 0.85 = 187.68$
操作压力引起的轴向应力 $\sigma_1 = \dfrac{p_c D_i}{4\delta_{ei}}$		MPa	69.47
重力引起的轴向应力 $\sigma_2 = \dfrac{m_0 g \pm F_v}{A}$		MPa	19
M_{max} 引起的轴向应力 $\sigma_3 = \dfrac{M_{max}}{Z}$		MPa	70.24
组合压应力 $\sigma_c = \sigma_2 + \sigma_3 \leqslant [\sigma]_{cr}$		MPa	$89.24 < 167.412$
组合拉应力 $\sigma_t = \sigma_1 - \sigma_2 + \sigma_3 \leqslant K\varphi[\sigma]^t$		MPa	$120.71 < 166.3$

Ⅱ - Ⅱ 截面：$A = 0.094 \dfrac{\delta_{e2}}{R_i} = 0.094 \times \dfrac{19}{1\ 200} = 0.001\ 49$，查 GB 150.3 中的图 4 - 4，得 $B = 139.51$ MPa。

9. 裙座验算

裙座一般验算两个截面，即底截面和人孔或较大管线引出孔截面。前者是最大弯矩的截面，后者是裙座因开孔而被削弱的截面。

裙座一般先选用圆筒形裙座，经验算不能满足要求时，则可根据情况改用锥形裙座或增加壁厚，直到满足要求为止。本算例属于高径比 H/D 较大的塔器，裙座与地脚螺栓在侧向载荷作用下将承受较大的拉应力，在设备布置允许的情况下，直接选用圆锥形裙座。

（a）塔底 0 - 0 截面：

裙座按圆锥形裙座（下封头椭圆方程为：$\dfrac{x^2}{1\ 222^2} + \dfrac{y^2}{622^2} = 1$）进行验算。

0 - 0 截面：$A = 0.094 \dfrac{\delta_{e0}}{R_i} = 0.094 \times \dfrac{20}{1\ 200} = 0.001\ 57$，查 GB 150.3 中的图 4 - 5，得 $B = 125.1$ MPa。

圆锥半顶角 $\beta = \arctan \dfrac{0.5 \times (3\ 000 - 2\ 400)}{3\ 800 - 123 - 50} = 4.728°$

根据椭圆方程 $\dfrac{x^2}{1\ 222^2} + \dfrac{y^2}{622^2} = 1$，可得 $y = 622\sqrt{1 - (1\ 200 / 1\ 222)^2} = 117$ mm。

$$\begin{cases} KB\cos^2\beta=1.2\times125.1\times\cos^2 4.728=149.1\text{ MPa} \\ K[\sigma]_s^t=1.2\times116=139.2\text{ MPa} \end{cases}，取\ 139.2\text{ MPa}$$

$$\begin{cases} B\cos^2\beta=125.1\times\cos^2 4.728°=124.23\text{ MPa} \\ 0.9R_{eL}=0.9\times235=211.5\text{ MPa} \end{cases}，取\ 124.23\text{ MPa}$$

因为 $Z_{sb}=\dfrac{\pi}{4}D_{is}^2\delta_{es}=\dfrac{\pi\times3\,000^2\times20}{4}=1.413\times10^8\text{ mm}^3$，$A_{sb}=\pi D_{es}\delta_{es}=\pi\times3\,000\times20=1.884\times10^5\text{ mm}^2$，

所以 $\dfrac{1}{\cos\beta}\left(\dfrac{M_{max}^{0-0}}{Z_{sb}}+\dfrac{m_0 g}{A_{sb}}\right)=\dfrac{1}{\cos 4.728°}\left(\dfrac{6.572\times10^9}{1.413\times10^8}+\dfrac{256\,225.7\times9.81}{1.884\times10^5}\right)=60.1<139.2\text{ MPa}$

$$\dfrac{1}{\cos\beta}\left(\dfrac{0.3M_w^{0-0}+M_e}{Z_{sb}}+\dfrac{m_{max}g}{A_{sb}}\right)=\dfrac{1}{\cos 4.728°}\left(\dfrac{0.3\times6.572\times10^9+0}{1.413\times10^8}+\dfrac{517\,700\times9.81}{1.884\times10^5}\right)$$
$$=41.05\text{ MPa}<124.23\text{ MPa}$$

(b) Ⅰ-Ⅰ 截面(人孔所在截面)：

裙座设置 2 个 ϕ500mm 的人孔，则水平方向的最大宽度 $b_m=500$ mm，加强段长度 $l_m=250$ mm，加强段厚度 $\delta_m=18$ mm。人孔截面处裙座直径 $D_{im}=2\,834.98$ mm。

Ⅰ-Ⅰ 截面：$A=0.94\dfrac{\delta_{el}}{R_i}=0.094\times\dfrac{20}{1\,200}=0.001\,57$，查 GB 150.3 中的图 4-5，得 $B=125.1$ MPa。

人孔 $l_m=250$ mm，$b_m=600$ mm，$\delta_m=18$ mm，$D_{im}=2\,834.98$ mm，$m_0^{I-I}=268\,655$ kg

$$A_{sm}=\pi D_{im}\delta_{es}-\sum[(b_m+2\delta_m)\delta_{es}-A_m]=\pi\times2\,834.98\times20-2$$
$$\times[(500+2\times8.5)\times20-2\times250\times8.5]=165\,856.74\text{ mm}^2$$

$$Z_m=2\delta_{es}l_m\sqrt{\left(\dfrac{D_{im}}{2}\right)^2-\left(\dfrac{b_m}{2}\right)^2}=2\times20\times250\times\sqrt{\left(\dfrac{2\,834.98}{2}\right)^2-\left(\dfrac{500}{2}\right)^2}$$
$$=1.395\times10^7\text{ mm}^2$$

$$Z_{sm}=\dfrac{\pi}{4}D_{im}^2\delta_{es}-\sum\left(b_m D_{im}\dfrac{\delta_{es}}{2}-Z_m\right)=\dfrac{\pi}{4}\times2\,834.98^2\times20$$
$$-\left(500\times2834.98\times\dfrac{20}{2}-1.395\times10^7\right)=1.26\times10^8\text{ mm}^3$$

$$\dfrac{1}{\cos\beta}\left(\dfrac{0.3M_{max}^{I-I}}{Z_{sm}}+\dfrac{m_0^{I-I}g}{A_{sm}}\right)=\dfrac{1}{\cos 4.728°}\left(\dfrac{6.43\times10^9}{1.26\times10^8}+\dfrac{268\,655\times9.81}{165\,856.74}\right)$$
$$=67.15\text{ MPa}<139.2\text{ MPa}$$

$$\dfrac{1}{\cos\beta}\left(\dfrac{0.3M_w^{I-I}+M_e}{Z_{sm}}+\dfrac{m_{max}^{I-I}g}{A_{sm}}\right)=\dfrac{1}{\cos 4.728°}\left(\dfrac{0.3\times6.43\times10^9}{1.26\times10^8}+\dfrac{518\,475\times9.81}{165\,856.74}\right)$$
$$=46.1\text{ MPa}<124.23\text{ MPa}$$

10. 塔式容器立置液压试验时的应力校核(校核 Ⅱ-Ⅱ 截面)

由试验压力引起的周向应力：

$$\sigma=\dfrac{(p_T+液柱静压力)(D_i+\delta_{ei})}{2\delta_{ei}}=\dfrac{(2.75+0.68)(2400+19)}{2\times19}=218.35\text{ MPa}$$

由试验压力引起的轴向应力：

$$\sigma_1=p_T D_i/4\delta_{ei}=2.75\times2\,400\div(4\times19)=86.84\text{ MPa}$$

由质量引起的轴向应力：

$$\sigma_2 = m_{\mathrm{T}}^{\mathrm{I-I}} g / \pi D_i \delta_{ei} = \frac{192\ 195.3 \times 9.81}{\pi \times 2\ 400 \times 19} = 13.17\ \mathrm{MPa}$$

由弯矩引起的轴向应力：

$$\delta_3 = 4(0.3 M_{\mathrm{w}}^{\mathrm{I-I}} + M_e) / \pi D_i^2 \delta_{ei} = 4 \times (0.3 \times 6.034 \times 10^9) \div (\pi \times 2\ 400^2 \times 19) = 21.07\ \mathrm{MPa}$$

液压试验时周向应力：

$$\sigma = 207.52\ \mathrm{MPa} < 0.9 R_{eL}\phi = 248.625\ \mathrm{MPa}$$

液压试验时最大组合拉应力：

$$\sigma_1 - \sigma_2 + \sigma_3 = 94.74 < [\sigma]_{cr} = \begin{cases} B \\ 0.9 R_{eL} = 139.51\ \mathrm{MPa} \end{cases}$$

液压试验时最大组合压应力：

$$\sigma_2 + \sigma_3 = 34.24 < 0.9 R_{eL}\phi = 0.9 \times 325 \times 0.85 = 248.6\ \mathrm{MPa}$$

校核合格。

11. 基础环厚度计算

基础环外径 $D_{ob} = D_{is} + (160 \sim 400) = 3\ 264\ \mathrm{mm}$。

基础环内径 $D_{ib} = D_{is} - (160 \sim 400) = 2\ 784\ \mathrm{mm}$。

$$Z_b = \frac{\pi(D_{ob}^4 - D_{ib}^4)}{32 D_{ob}} = \frac{\pi(3\ 264^4 - 2\ 784^4)}{32 \times 3\ 264} = 1.606\ 2 \times 10^9\ \mathrm{mm}^3$$

$$A_b = \frac{\pi}{4}(D_{ob}^2 - D_{ib}^2) = \frac{\pi}{4}(3\ 264^2 - 2\ 784^2) = 2.278 \times 10^6\ \mathrm{mm}^2$$

$$\sigma_{bmax} \begin{cases} \dfrac{M_{max}^{0-0}}{Z_b} + \dfrac{m_0 g}{A_b} = \dfrac{6.572 \times 10^9}{1.606\ 2 \times 10^9} + \dfrac{256\ 225.7 \times 9.81}{2.278 \times 10^6} = 5.20\ \mathrm{MPa} \\[2mm] \dfrac{0.3 M_{max}^{0-0} + M_e}{Z_b} + \dfrac{m_{max} g}{A_b} = \dfrac{0.3 \times 6.572 \times 10^9}{1.606\ 2 \times 10^9} + \dfrac{517\ 700 \times 9.81}{2.278 \times 10^6} = 3.46\ \mathrm{MPa} \end{cases}$$

取 $\sigma_{bmax} = 5.20\ \mathrm{MPa}$

该塔的基础采用 200# 混凝土，其许用压应力取为 9 MPa，故作用在基础上的压应力验算合格。

$b/l = 0.5 \times (3\ 264 - 3\ 044)/212.22 = 0.518$，在 NB/T 47041—2014《塔式容器》中，查表 15，得 C_x、C_y，则：

$$M_x = -0.276\ 48 \times 110^2 \sigma_{bmax} = -3\ 345.41 \sigma_{bmax} = -17\ 396.1\ \mathrm{N \cdot mm}$$

$$M_y = 0.029\ 25 \times 212.22^2 \sigma_{bmax} = 1\ 317.3 \sigma_{bmax} = 6\ 850.2\ \mathrm{N \cdot mm}$$

因为 $|M_y| < |M_x|$，所以，$M_s = |M_x| = 17\ 396.1\ \mathrm{N \cdot mm}$

因此基础环厚度（$[\sigma]_b = 147\ \mathrm{MPa}$）为：

$$\delta_b = \sqrt{6 M_s / [\sigma]_b} = \sqrt{6 \times 17\ 396.1 / 147} = 26.65\ \mathrm{mm}$$，考虑到基础环的腐蚀裕度及钢板负偏差，取 $\delta_b = 28\ \mathrm{mm}$。

12. 地脚螺栓计算

地脚螺栓材料选择：Q345（$[\sigma]_b = 147\ \mathrm{MPa}$）为：

$$\delta_b = \sqrt{6 M_s / [\sigma]_b} = \sqrt{6 \times 17\ 396.1 / 147} = 26.65\ \mathrm{mm}$$，考虑到基础环的腐蚀裕度及钢管的负偏差，取 $\delta_b = 28\ \mathrm{mm}$。

12. 地脚螺栓计算

地脚螺栓材料选择：Q345($[\sigma]_{bt}=170$ MPa)

$$\sigma_B=\begin{cases}\dfrac{M_w^{0-0}+M_e}{Z_b}-\dfrac{m_{min}g}{A_b}=\dfrac{6.572\times10^9}{1.606\ 2\times10^9}-\dfrac{164\ 200\times9.81}{2.278\times10^6}=3.385\ \text{MPa}\\[4mm]\dfrac{M_E^{0-0}+0.25M_w^{0-0}+M_e}{Z_b}-\dfrac{m_0g-F_v^{0-0}}{A_b}=\dfrac{5.65\times10^8+0.25\times6.572\times10^9}{1.606\ 2\times10^9}\\[4mm]\qquad-\dfrac{2.72\times10^5\times9.81-208\ 129}{2.278\times10^6}=0.295\ \text{MPa}\end{cases}$$

取 $\sigma_B=3.385$ MPa。

地脚螺栓的螺纹小径 d_1 为：

$$d_1=\sqrt{\frac{4\sigma_B A_b}{\pi n[\sigma]_{bt}}}+C_2=\sqrt{\frac{4\times3.385\times2.278\times10^6}{\pi\times28\times170}}+3=48.43\ \text{mm}$$

取地脚螺栓为 M56,28 个。

13. 筋板

$$n_1=2,\delta_G=22\ \text{mm},l_2=160\ \text{mm},l_k=279\ \text{mm}。$$

$$F=\frac{\sigma_B A_b}{n}=\frac{3.385\times2.278\times10^6}{28}=2.754\times10^5\ \text{mm}^2$$

$$\lambda=\frac{0.5l_k}{\rho_i}=\frac{0.5\times279}{0.289\times22}=21.94$$

$$\lambda_c=\sqrt{\frac{\pi^2 E}{0.6[\sigma]_G}}=\sqrt{\frac{\pi^2\times1.962\times10^5}{0.6\times147}}=148.1$$

因为 $\lambda<\lambda_c$,

所以,$[\sigma]_c=\dfrac{\left[1-0.4\left(\dfrac{\lambda}{\lambda_c}\right)^2\right][\sigma]_G}{\upsilon}=\dfrac{\left[1-0.4\left(\dfrac{21.94}{148.1}\right)^2\right]\times147}{1.5+\dfrac{2}{3}\times\left(\dfrac{21.94}{148.1}\right)^2}=96.2\ \text{MPa}$

筋板压应力 $\sigma_G=\dfrac{F}{n_1\delta_G l_2}=\dfrac{2.754\times10^5}{2\times22\times160}=39.1\ \text{MPa}<96.2\ \text{MPa}。$

验算合格。

14. 板(盖板为环形盖板加垫板结构)

$l_2=160$ mm,$l_3=110$ mm,$l_4=110$ mm,$d_3=75$ mm,$d_2=59$ mm,$\delta_e=40$ mm,$\delta_z=22$ mm。

$$\sigma_z=\frac{3Fl_3}{4(l_2-d_3)\delta_e^2+4(l_4-d_2)\delta_z^2}=\frac{3\times2.754\times10^5\times110}{4(160-75)\times40^2+4(110-59)\times22^2}$$
$$=141.4\ \text{MPa}<147\ \text{MPa}$$

验算合格。

15. 裙座与塔壳连接焊缝验算(对接焊缝)

$$M_{max}^{J-J}\approx M_{max}^{II-II}=6.034\times10^9\ \text{N}\cdot\text{mm}$$

$$m_0^{J-J}\approx m_0^{II-II}=256\ 225.7\ \text{kg}$$

$$\frac{4M_{max}^{J-J}}{\pi D_{it}^2\delta_{es}}+\frac{m_0^{J-J}g}{\pi D_{it}\delta_{es}}=\frac{4\times6.034\times10^9}{3.14\times2\ 400^2\times20}-\frac{256\ 225.7\times9.81}{3.14\times2\ 400\times20}$$
$$=50.04\ \text{MPa}<0.6K[\sigma]_w^t$$
$$=132.48\ \text{MPa}$$

2.7　塔设备的振动

露天放置的塔设备在风力作用下,将在两个方向上产生振动。一种是顺风向的振动,振动的方向与风的流向一致,另一种是横风向的振动,振动的方向与风的流向垂直。前一种振动是常规设计的主要内容,后一种振动也称风诱发的振动,在工程界以前较少予以重视。自从 1940 年美国塔坷玛大桥因风诱发的振动被摧毁之后,接着在美、英等国陆续发生钢烟囱剧烈振动与断裂的事故,管壳式换热器中出现明显的噪声与管束振动,因此流体诱发振动的研究正日益受到各国工程界的重视。

塔设备在风力作用下,当振动频率接近于塔的自振频率时,塔就会发生共振,可能导致设备的破坏。因此,塔设备受风力作用而产生的诱导振动以及如何减小因振动而产生的危害,提高塔设备的抗震能力都是需要在设计时予以考虑的问题。本节主要讨论风的诱导振动的产生与分析、塔设备的自振周期、塔设备在共振时的强度计算以及塔设备的防振技术。

2.7.1　风的诱导振动

风的诱导振动现象首先被匈牙利学者冯·卡曼发现并研究,工程上称这种涡流现象为卡曼涡街(或卡曼涡流)。下面介绍其产生的原因并分析。

(1) 卡曼涡街

当空气以某一速度流经圆柱体时,在圆柱体两侧的背风面交替产生旋涡,然后脱离并形成一个旋涡尾流,这就是卡曼涡街现象。

如图 2-96(a)所示,当稳定的气流流经一个圆柱体时,流体质点从上风的 A 到 B 逐渐加速,即动能增加,并在下风的 E 到 D 逐渐减速,即动能减少。根据伯努利能量守恒定律,流体的动能与静压能互相转换,即流体静压强从 A 到 B 逐渐减少,为降压流动;从 B 到 D 静压强逐渐回升,为升压流动。在流速很低的情况下,其压强变化曲线如图 2-96(a)下部曲线所示。由曲线可见,D 点的压强应回升到与 A 点相近。又根据流体力学的边界层理论,当流体流经一个固体表面时,在表面形成边界层,层内质点的速度从壁面为零逐渐增大,直到与层外流体的速度相同,即层内质点速度较层外低,圆柱体上各点速度侧形图如图 2-96(b)所示。在气

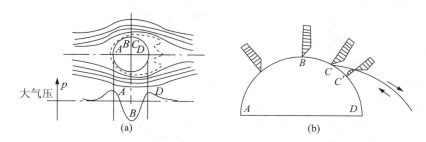

图 2-96　流体流过圆柱体时边界层的分离与旋涡的形成

体从 A 到 B 的加速流动过程中,层外质点会把动能传给边界层内质点,所以层内质点获得能量而加速,即动能逐渐增加而压强逐渐下降。但因为在边界层内黏性摩擦力很大,层内质点以较高速度从 A 到 B 时要消耗本身大量动能,所以层内质点达到 B 点后再移动不多远就会停止。而过 B 点后,层外流体压强逐渐增大,将会迫使层内质点向相反方向运动,如图 2-96(b)

所示。这种反方向运动先使边界层增厚,然后形成一旋涡,并逐渐长大,而后脱离固体表面,并流入下风气流中,其流动速度较空气流速较小。因此当气流速度很低时,在圆柱背风的尾流处将产生两个对称旋涡,如图2-96(a)所示。随着空气流速增加,这一对旋涡逐渐拉长,直到其中一个旋涡破坏而转变为在背风尾流处交替产生旋涡。当一侧的一个旋涡长大后脱离固体表面而汇入下风气流中时,另一侧

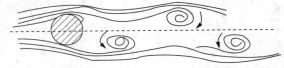

图2-97　卡曼涡街示意图

的旋涡正在形成并长大;当此旋涡脱离时,原来一侧又形成旋涡。这样圆柱体两侧背风面交替形成有规律的两列分别为顺时针方向和逆时针方向的旋涡尾流,如图2-97所示,称为卡曼涡街。

在出现卡曼涡街时,由于塔体两侧旋涡的交替产生和脱落,在塔两侧的流体阻力是不相同的,并呈周期性的变化。在阻力大的一侧,即旋涡形成并长大的一侧绕流较差,流速下降,静压强较高;而阻力小的一侧,即旋涡脱落的一侧,绕流改善,速度较快,静压力较低,因而,阻力大(静压强高)的一侧产生一垂直于风向的推力。当一侧旋涡脱落后,另一侧又产生旋涡。因此在另一侧产生一垂直于风向,与上述方向相反的推力,从而使塔设备在沿风向的垂直方向产生振动,称之为横向振动。显然,其振动的频率就等于旋涡形成或脱落的频率。

(2) 升力

上述由于旋涡交替产生及脱落而在沿风向的垂直方向产生的推力称为升力。风在沿风向产生的风力成为拽力,通常升力要比拽力大得多。

升力的大小可由下式确定:

$$F_L = \frac{C_L \rho v^2 A}{2} \tag{2-74}$$

式中　　F_L——升力,N;

ρ——空气密度,kg/m³;

v——风速,m/s;

A——沿风向的投影面积,等于塔径乘以塔高,m²;

C_L——升力系数,量纲一的量,与雷诺数 Re 有关,

当 $5 \times 10^4 < Re < 2 \times 10^5$ 时,$C_L = 0.5$;

当 $Re > 4 \times 10^5$ 时,$C_L = 0.2$;

当 $2 \times 10^5 < Re < 4 \times 10^5$ 时按线性插值法确定。

(3) 塔设备风诱导振动的激振频率

在塔的一侧,卡曼旋涡是以一定的频率产生并从圆柱形塔体表面脱落的,该频率即为塔一侧横向力 F_L 作用的频率或塔体的激振频率。由研究表明,对于单个圆柱体,其旋涡脱落的频率与圆柱体的直径及风速有关,并可用下式表示:

$$f_v = St \cdot \frac{v}{D} \tag{2-75}$$

式中　　St——斯特罗哈尔数(Strouhal number),因纪念捷克学者 Strouhal 而命名,其值与雷诺数 Re 大小有关,可由图2-97确定;

D——塔体的外直径,如塔体有保温层,则为保温层外表面处的直径,m;

v——风速,m/s。

由图2-98可以看出,当雷诺数 Re 在 $300\sim2\times10^5$ 内(亚临界范围),其 St 值近似地保持一常数 0.21。当 Re 增加至 3.5×10^5 ,St 增大,但难以保持一确定数值。当 $Re>3.5\times10^6$ 时,St 值接近 0.27。

(4)临界风速

作用在塔体上的升力是交变的,因为升力的频率与旋涡脱落的频率相同,所以当旋涡脱落的频率与塔的

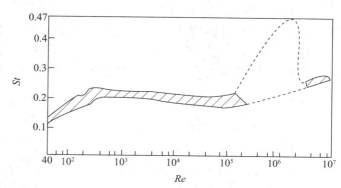

图 2-98　圆柱体的 St 值

任一振型的固有频率一致时,塔就会产生共振,塔产生共振时的风速称为临界风速,若采用 $St=0.2$,则由式(2-76)可求得临界风速。

$$v_{\mathrm{cn}}=5f_{\mathrm{cn}}D=\frac{5D}{T_{\mathrm{cn}}} \qquad (2-76)$$

式中　v_{cn}——塔在第 n 振型下共振时的临界风速,m/s;

f_{cn}——塔第 n 振型时的固有频率,s^{-1};

T_{cn}——塔在第 n 振型时的周期,s;

D——塔的外径,m。

2.6.2　塔设备的防振

如果塔设备产生共振,轻者使塔产生严重弯曲、倾斜,塔板效率下降,影响塔设备的正常操作,重者使塔设备产生严重破坏,造成事故。因此,在塔的设计阶段就应采取措施以防止共振的发生。

为了防止塔的共振,塔在操作时激振力的频率(即升力作用的频率或旋涡脱落的频率) f_{v} 不得在塔体第一振型固有频率的 $0.85\sim1.3$ 倍内,即

$$0.85f_{\mathrm{c1}}>f_{\mathrm{c}}>1.3f_{\mathrm{c1}} \qquad (2-77)$$

式中　f_{c}——激振力的频率,Hz;

f_{c1}——塔第一振型的固有频率,Hz。

如果激振力的频率 f_{c} 处于式(2-77)的范围内,则应采取以下相应的措施。

(1)增大塔的固有频率

降低塔高,增大内径,可降低塔的高径比,增大塔的固有频率或提高临界风速,但这必须在工艺条件许可的情况下进行,增加塔的厚度也可有效地提高固有频率,但这样会增加塔的成本。

(2)采用扰流装置

合理地布置塔体上的管道、平台、扶梯和其他的连接件可以消除或破坏卡曼涡街的形成。在沿塔体周围焊接一些螺旋型板可以消除旋涡的形成或改变旋涡脱落的方式,进而达到消除过大振动的目的。此方法在某些装置上已获得成功。螺旋板焊接在塔顶部 1/3 塔高的范围

内,它的螺距可取为塔径的 5 倍,板高可取塔径的 1/10。

(3) 增大塔的阻尼

增加塔的阻尼对控制塔的振动起着很大的作用。当阻尼增加时塔的振幅会明显下降。当阻尼增加到一定数值后,振动会完全消失。塔盘上的液体或塔内的填料都是有效的阻尼物。研究表明,塔盘上的液体可以将振幅减小 10％左右。

思考题二

1. 塔设备由哪几部分组成? 各部分的作用是什么?

2. 填料塔中液体分布器以及液体再分布器的作用是什么?

3. 试分析塔在正常操作、停工检修和压力试验三种工况下的载荷。

4. 简述塔设备设计的基本步骤。

5. 塔设备振动的原因有哪些? 如何判断塔设备是否会产生共振? 如何预防振动?

6. 塔设备设计中,哪些危险截面需要校核轴向强度和稳定性? 如何校核?

7. 试分析哪些工况下,内压操作的塔体具有最大的轴向压应力? 并画出此时最大的组合轴向压应力图。

第3章 反 应 设 备

3.1 反应设备概述

3.1.1 反应设备在化学工业中的作用

化工过程可分为传递过程（能量传递、热量传递、质量传递的物理过程）和化学反应过程。完成化学反应的设备统称为反应设备（或称反应器）。

典型的化工生产流程如图3-1所示，原料经过一系列的前处理，如提纯、预热、分离、混合等过程，以达到化学反应的要求，然后进入反应设备中，在一定的温度、压力、催化剂等条件下进行化学反应过程，得到的反应产物以及一部分未完全反应的原料经过分离、提纯等后处理过程，其中分离得到的一部分原料被循环利用，重新进入反应过程参与化学反应，一部分废水、废气、废渣等被排掉进行三废处理，而最终获得符合质量要求的产品。例如：化肥工业中氨的合成反应就是经过造气、精制，得到一定比例、合格纯度的氮、氢混合气后，在合成塔中以一定的压力、温度及催化剂的存在下经化学反应得到氨气。其他如染料、油漆、农药等工业中的氧化、氯化、磺化、硝化，以及石油化工工业中的催化裂化、加氢脱硫、加氢裂化等工艺都是典型的化工反应过程。

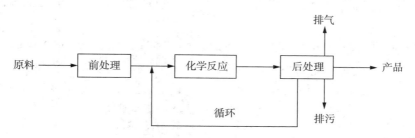

图3-1 典型的化工生产流程

3.1.2 常见反应器的种类及特点

常用的反应设备主要有机械搅拌式、固定式、管式、流化床等反应器。现将这几种常见的反应器介绍如下。

1. 机械搅拌式反应器

搅拌反应器是涉及典型的传质、传热、动量传递和化学反应的过程装备，可用于均相（多为液相）、液-液相、液-气相和液-固相等多种相态的反应。搅拌反应器的操作要经过投料-反应-卸料等过程，因此，大多是间歇操作的。用于小批量多规格产品的生产有较大的优势。可在常压、加压、真空操作条件下操作，可进行加热和冷却操作，反应产品出料容易，清洗方便。

搅拌反应器广泛适用于各种物性和各种操作条件的反应过程，大量用于染料、制药、高分子材料、精细化工等有机单元操作中，如在合成材料的生产中，搅拌设备作为反应器，约占反应器总数的90%。多数搅拌反应器都带有传热部件（如夹套、蛇管），用来提供反应需要的热量或移走反应生成的热量。本章将着重以搅拌反应器为主，进行详细讨论。

2. 固定床反应器

气体流经固定不动的催化剂床层进行催化反应的装置称为固定床反应器。它主要用于气-固相催化反应,具有结构简单、操作稳定、便于控制、易实现大型化和连续化生产等优点,是现代化工和反应中应用很广泛的反应器。例如,氨合成塔、甲醇合成塔、硫酸及硝酸生产的一氧化碳变换塔、三氧化硫转化器等。

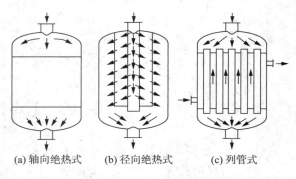

(a) 轴向绝热式　　(b) 径向绝热式　　(c) 列管式

图 3-2　固定床反应器

固定床反应器有三种基本形式:轴向绝热式、径向绝热式和列管式。轴向绝热式固定床反应器见图 3-2(a),催化剂均匀地放置在一个多孔筛板上,预热到一定温度的反应物料自上而下沿轴向通过床层进行反应.在反应过程中反应物系与外界无热量交换。径向绝热式固定床反应器见图 3-2(b),催化剂装载于两个同心圆筒的环隙中,流体沿径向通过催化床层进行反应。径向反应器的特点是在相同筒体直径下增大流道截面积。列管式固定床反应器见图 3-2(c),这种反应器由很多并联管子构成,管内(或管外)装催化剂,反应物料通过催化剂进行反应。载热体流经管外(或管内),在化学反应的同时进行换热。图 3-3 所示的氨合成塔是典型的固定床反应器。N_2、H_2 合成气由主进气口进入反应塔,塔内压力约 30 MPa,温度 550℃,在催化剂作用下合成为氨。氨的合成反应为放热反应,高温的合成气及未合成的 N_2、H_2 混合气经塔下部换热器降温后从底部排出。

固定床反应器的缺点是床层的温度分布均匀,由于固相粒子不动,床层导热性较差,因此对放热量大的反应,应增大换热面积,及时移走反应热,但这会减少有效空间。如果固体催化剂连续加入,反应物通过固体颗粒连续反应后连续排出,这种反应器称为移动床反应器。在反应器中固体颗粒之间基本上没有相对运动,而是整个颗粒层的移动,因此可看成是移动的固定床反应器。和固定床反应器相比,移动床反应器有如下特点:固体和流体的停留时间可以在较大范围内改变,固体和流体的运动接近活塞流,返混较少。控制固体粒子运动的机械装置较复杂,床层的传热性能与固定床接近。

3. 管式反应器

管式反应器结构简单,制造方便。混合好的气相或液相反应物从管道一端进入,连续流动,连续反应,最后从管道另一端排出。根据不同的反应,管径和管长可根据需要设计。管外壁可以进行换热,因此换热面积大。反应物在管内的流动快,停留时间短,经一定的控制手段,可使管式反应器具有一定的温度梯度和浓度梯度。

管式反应器可用于连续生产,也可用于间歇操作,反应物不返混,也可在高温、高压下操作。图 3-4 为石脑油分解转化管式反应器,其内径 $\phi102$ mm,外径 $\phi143$ mm,长 1 109 mm。管的下部催化剂支承架内装有催化剂。气体由进气总管进入管式转化器,在催化剂存在条件下,石脑油转化为 H_2 和 CO,供合成氨用,反应温度为 750~850℃,压力为 2.1~3.5 MPa。

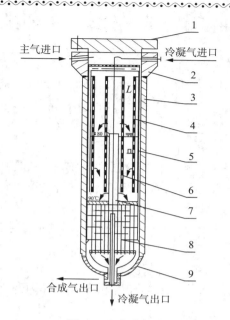

图 3-3　合成氨塔

1—平顶盖；2—筒体端部；3—筒体；4—上催化剂框；
5—下催化剂框；6—中心网筒；7—升气管；
8—换热器；9—半球形封头

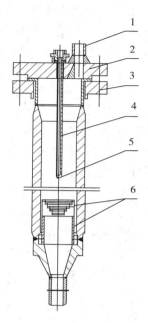

图 3-4　管式反应器

1—进气管；2—上法兰；3—下法兰；
4—温度；5—管子；6—催化剂支承

4．流化床反应器

流体(气体或液体)以较高的流速通过床层。带动床内的固体颗粒运动，使之悬浮在流动的主体流中进行反应，并具有类似流体流动的一些特性的装置称为流化床反应器。流化床反应器是工业上应用较广泛的反应装置，适用于催化或非催化的气-固、液-固和气-液-固反应。在反应器中固体颗粒被流体吹起呈悬浮状态，可做上下左右剧烈运动和翻动，好像是液体沸腾一样，故流化床反应器又称沸腾床反应器，流化床反应器的结构型式很多，一般由壳体、气体分布装置、换热装置、气-固分离装置、内构件以及催化剂加入和卸出装置等组成。典型的流化床反应器如图 3-5 所示，反应气体从气体管进入反应器，经气体分布板进入床层。反应器内设有换热器，气体离开床层时总要带走部分的催化剂颗粒，为此将反应器上部直径增大，使气体速

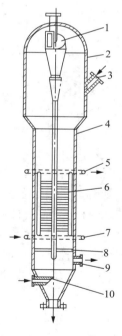

图 3-5　流化床反应器

1—旋风分离器；2—筒体扩大段；3—催化剂入口；4—筒体；
5—冷却介质出口；6—换热器；7—冷却介质进口；
8—气体分布板；9—催化剂出口；10—反应气入口

度降低,从而使部分较大的颗粒沉降下来,落回床层中,较细的颗粒经过反应器上部的旋风分离器分离出来后返回床层,反应后的气体由顶部排出。

流化床反应器的最大优点是传热面积大、传热系数高和传热效果好。流态化较好的流化床,床内各点温度相差一般不超5℃,可以防止局部过热。流化床的进料、出料、废渣排放都可以用气流输送,易于实现自动化生产。流化床反应器的缺点是:反应器内物料返混大,粒子磨损严重,通常要有回收和集尘装置,内构件比较复杂,操作要求高等。

5. 其他型式的反应器

（1）鼓泡反应器　在这种反应器中,由于液体中含有溶解了的非挥发性催化剂或其他反应物料,反应气体可鼓泡通过液体进行反应,产物可由气流从反应器中带出。在这种情况下传质过程控制反应速率。乙烯氧化生产乙醛的休克斯托-瓦克(Hoechst-Wacker)法,就是一个例子。

（2）浆态反应器　这种反应器与鼓泡反应器相似,但液相是含有细固体催化剂的浆料。它用于烃类物质的催化羟基化反应以产生醇类。

（3）滴流床反应器　在这种反应器中,固体催化剂并不呈流化状态而是作为固定床,两种能部分互溶的液体作为反应物料并流或逆流地流过床层。丙烯高压水合制取异丙醇就是一个例子。

（4）移动床反应器　在这种反应器中,固体在床层顶部加入,并向下移动,自器底排出,流体向上通过填充层。它已用于二甲苯的催化异构反应以及离子交换法的连续水处理过程。

如上所述,反应设备的种类很多,本章仅介绍应用最广泛的搅拌式反应器。

3.2　搅拌反应器

搅拌可以使两种或多种不同的物质在彼此之中互相分散,从而达到均匀混合;也可以加速传热和传质过程。搅拌操作的例子颇为常见,例如在化验室里制备某种盐类的水溶液时,为了加速溶解,常常用玻璃棒将烧杯中的液体进行搅拌。又如为了制备某种悬浮液,就要用玻璃棒不断地搅动容器中的液体,使固体颗粒不致沉下,而保持它在液体中的悬浮状态。在工业生产中,搅拌操作是从化学工业开始的,围绕食品、纤维、造纸、石油、水处理等,作为工艺过程的一部分而被广泛应用。

搅拌操作分机械搅拌和气流搅拌。气流搅拌是利用气体鼓泡通过液体层,对液体产生搅拌作用,或使气泡群以密集状态上升即所谓气升作用促进液体产生对流循环。与机械搅拌相比,仅气泡的作用对液体所进行的搅拌是比较弱的,对于高黏度液体是难以适用的。但这种搅拌无运动部件,所以在处理腐蚀性液体,高温高压条件下的反应液体搅拌是很便利的。在工业生产中,大多数的搅拌操作均为机械搅拌,因此本章主要叙述的是常见的机械搅拌。机械搅拌设备主要由搅拌装置、轴封和搅拌罐三大部分组成。其构成形式如下:

3.2.1 搅拌反应器的总体结构及类型

1. 搅拌反应器的总体结构

典型搅拌反应器的总体结构如图 3-6 所示。

搅拌反应器主要由搅拌装置、轴封和搅拌罐三大部分组成。

搅拌装置包括传动装置、搅拌轴和搅拌器。由电动机和搅拌器驱动搅拌轴,按照一定的转速旋转以实现搅拌的目的。

轴封为搅拌罐和搅拌轴之间的动密封,以封住罐内的流体不致泄漏。

搅拌罐包括罐体、加热装置及附件,它是盛放反应物料和提供热量的部件,如夹套、蛇管,另外还有工艺接管及防爆装置等。

2. 搅拌反应器的类型

(1) 立式容器中心搅拌反应器

这类搅拌器是应用最为普遍的一种。它是将搅拌装置安装在立式设备的中心线

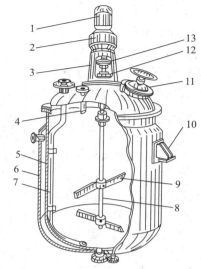

图 3-6 搅拌式反应器简图

1—电动机;2—减速器;3—机架;4—进料口;
5—筒体;6—夹套;7—压出管;8—搅拌轴;
9—搅拌器;10—支座;11—人孔;12—轴封;13—轴承

上,如图 3-6 所示。驱动方式一般为皮带和齿轮传动。功率可以从 0.1 kW 到 100 kW,常用的为 0.2~22 kW。目前,由于设备向大型化发展,超过 400 kW 的搅拌反应器也已出现,转速小于 100 r/min 的为低速,100~400 r/min 的为中速,大于 400 r/min 的为高速。

中、小型立式容器中心搅拌反应器,在国外已标准化,转速为 300~360 r/min,电机功率 0.4~15 kW,用皮带或一级齿轮减速。由于大型搅拌反应器的搅拌器直径大,所传递的扭矩很大,使整个传动装置、轴封等制造困难,因而不易实现标准化。

(2) 偏心式搅拌反应器

偏心式搅拌反应器示意如图 3-7 所示。

搅拌中心偏离容器中心,使流体在各点所处的压力不同,因而使液层间的相对运动加强,增加了液层间的湍动,使搅拌效果明显提高。但偏心式搅拌容易引起振动,一般多用于小型设备。

(3) 倾斜式搅拌反应器

为了防止涡流的产生,对简单圆筒形或方形敞开的立式设备,可将搅拌装置用夹板或卡盘直接安装在设备的上缘,搅拌轴倾斜插入筒体内,如图 3-8 所示。

此种搅拌装置小巧、轻便、结构简单、操作容易、应用广泛。一般功率为 0.1~2.2 kW,使用一层或两层桨叶,转速为 36~300 r/min。用于药品的稀释、溶解、分散、调和及 pH

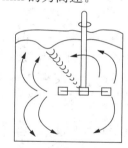

图 3-7 偏心式搅拌反应器

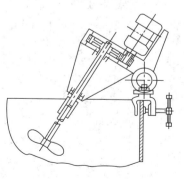

图 3-8 倾斜式搅拌反应器

值的调整等。

（4）底搅拌反应器

搅拌装置设在底部的称为底搅拌设备，如图3-9所示。底搅拌反应器的优点是搅拌轴短而细，轴的稳定性好，降低了安装要求，所需安装、检修的空间比上述的搅拌反应器小。由于把笨重的传动装置安放在地面基础上，从而改善了罐体上封头的受力状态，而且也便于维护和检修。搅拌装置安装在底部方便了罐体上封头接管的排列与安装，特别是上封头需带夹套，在冷却气相介质时更为有利。底搅拌有利于底部出料，它可以使底部出料口处得到充分搅动，使输料管畅通。大型聚合反应器常采用此种搅拌设备。

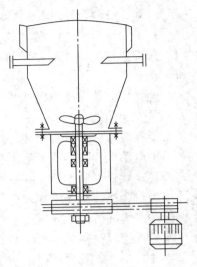

图3-9　底搅拌反应器

底搅拌的突出缺点是轴封困难；另外搅拌器下部至轴封处的轴上常有固体物料黏结，经过一段时间，变成小团物料混入产品中而影响产品的质量，为此常用定量、室温的溶剂注入，注入速度应大于聚合物颗粒沉降的速度，以防止聚合物沉降结块；而且，检修搅拌反应器及轴封时一般需将釜内物料排净。

（5）卧式容器搅拌反应器

搅拌装置安装在卧式容器上面，可降低设备的安装高度，提高搅拌设备的抗震性，改进悬浮液的状态。搅拌装置可以直立也可以倾斜地安装在卧式容器上，可用于搅拌气、液非均相系的物料。图3-10所示为卧式容器上安装四组搅拌装置的结构，用于充气的搅拌。

（6）旁入式搅拌反应器

如图3-11所示，旁入式搅拌反应器是将搅拌装置安装在设备筒体的侧壁上，所以轴封困难。在小型设备中，可以抽出设备内的物料，卸下搅拌装置更换轴封，所以搅拌装置的结构应尽量简单；对于大型设备，为了不需抽出设备内的物料，多半在设备内设置断流结构。

当用推进式搅拌器时，在消耗同等功率的条件下，旁入式搅拌能得到最好的搅拌效果。这种搅拌器的转速一般为360～450 r/min，驱动方式有皮带和齿轮两种。

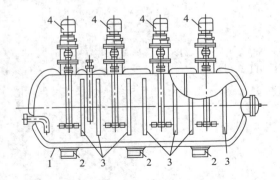

图3-10　卧式容器搅拌反应器
1—壳体；2—支座；3—挡板；4—搅拌器

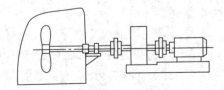

图3-11　旁入式搅拌反应器

3.2.2　搅拌反应器在工业生产中的应用

搅拌设备在工业生产中应用范围很广，尤其是化学工业中，很多的化工生产都或多或少地应用着搅拌操作。化学工艺过程的各种化学变化,是以参加反应物质的充分混合为前提的,对于加热、冷却和液体萃取以及气体吸收等物理变化过程也往往要采用搅拌操作才能得到好的效果。搅拌设备在许多场合是作为反应器来应用的。例如在三大合成材料的生产中,搅拌设备作为反应器约占反应器总数的 90%。其他如染料、医药、农药、油漆等行业,搅拌设备的使用亦很广泛。有色冶金部门对全国有色冶金行业中的搅拌设备作了调查及功率测试,结果是许多湿法车间的动力消耗 50% 以上是用在搅拌作业上。搅拌设备的应用范围之所以这样广泛,还因搅拌设备操作条件(如浓度、湿度、停留时间等)的可控范围较广,又能适应多样化的生产。

　　搅拌设备的作用不外乎:①使物料混合均匀;②使气体在液相中很好地分散;③使固体粒子(如催化剂)在液相中均匀地悬浮;④使不相溶的另一液相均匀悬浮或充分乳化;⑤强化相间的传质(如吸收等);⑥强化传热。对于均匀相反应主要是①、⑥两点。混合的快慢,均匀程度和传热情况好坏,都会影响反应结果。至于非均相系统则还影响到相界面的大小和相间的传质速度,情况就更复杂,所以搅拌情况的改变,常很敏感地影响到产品的质量和数量。生产中的这种例子几乎比比皆是。在溶液聚合和本体聚合的液相聚合反应装置中,搅拌的主要作用则是:促进釜内物料流动,使反应器内物料均匀分布,增大传质和传热系数。在聚合反应过程中,往往随着转化率的增加,聚合液的黏度也增加。如果搅拌情况不好,就会造成传热系数下降或局部过热,物料和催化剂分散不均匀,影响聚合产品的质量,也容易导致聚合物粘壁,使聚合反应操作不能很好地进行下去。

　　在互不相溶的液体之间或液体和固体相互作用时,搅拌在加速反应的进行方面起着非常重要的作用。因为增加一物相混入另一物相的速度,接触面就会增大,物质就以较大速度相互作用。在某些情况下,搅拌是在反应过程中创造良好条件的一个重要因素。例如,使传热作用加强,减少局部过热,以及避免加热过程中物质焦化等。如高压聚乙烯生产中,由于搅拌器的作用,使反应器内有一定的停留时间,更重要的是使催化剂在反应器内分布均匀,以防止局部剧烈的聚合作用而造成爆炸,因此搅拌设备在工业生产中起着非常重要的作用。

　　搅拌设备在石油化工生产中被用于物料混合、溶解、传热、制备悬浮液、聚合反应、制备催化剂等。例如石油工业中,异种原油的混合调整和精制,汽油中添加四乙基铅等添加物而进行混合使原料液或产品均匀化。化工生产中制造苯乙烯、乙烯、高压聚乙烯、聚丙烯、合成橡胶、苯胺染料和油漆颜料等工艺过程,都装备着各种型式的搅拌设备。

　　在石油工业中因为大量应用催化剂、添加剂,所以对搅拌设备的需要量很大。由于物料操作条件的复杂性、多样性,对搅拌设备的要求也复杂化了。如炼油厂的硅铂反应器、打浆罐、钡化反应釜、硫磷化反应釜、烃化反应釜、白土混合罐等都是装有各种不同型式搅拌器的搅拌设备。大型原油储罐中,由于原油里含有多种不同的组分,各组分密度不同,因此油罐中会出现各处组成不一的现象,为使油罐中上下组成均一,就必须将原油不断地进行搅拌。

　　搅拌设备使用历史悠久,应用范围广,但对搅拌操作的科学研究还很不够。搅拌操作看来似乎简单,但实际上,它所涉及的因素却极为复杂。对于搅拌器型式的选择,从工艺的观点以及力学观点来说,迄今都是研究得不够的。

　　近代化学工业中,流动的物料不再只是一些低黏度的牛顿型流体,许多高黏度流体也常常遇到,尤其是各种各样的高分子溶液以及混有催化剂粒子的浆状流体等非牛顿型流体的应用日益广泛。它们与通常的牛顿型流体具有不同的流动特性,所以对于非牛顿型液体的研究是当今的一个重要课题。对高黏度流体,特别是非牛顿型流体的搅拌传热的研究,也是近年来的一个方向。聚合釜的传热特性与其中所用的搅拌器的型式关系甚大。对于各种常用搅拌设备的传热,前人给出了许多方程式,近年来在一些文章中也补充了有关搅拌设备的传热系数的推算公式。

3.2.3　搅拌设备设计与选型的基本方法

1. 搅拌设备的设计步骤

搅拌设备设计包括工艺设计和机械设计两部分内容。工艺设计提出机械设计的原始条件,即给出处理量、操作方式、最大工作压力(或真空度)、最高工作温度(或最低工作温度)、被搅物料的物性和腐蚀情况等,同时还需提出传热面的型式和传热面积、搅拌器型式、搅拌转速与功率等。而机械设计则应对搅拌容器、传动装置、轴封以及内构件等进行合理的选型、强度(或刚度)计算和结构设计。具体的设计步骤框图参见图3-12。

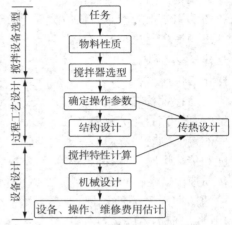

图3-12　搅拌设备设计步骤框图

(1) 明确任务、目的

设计的全部依据来源于搅拌的任务和目的,其基本内容应包括:

① 明确被搅物料体系;

② 搅拌操作所达到的目的;

③ 被搅物料的处理量(间歇操作按一个周期的批量,连续操作按时、班或年处理量);

④ 明确有无化学反应、有无热量传递等,考虑反应体系对搅拌效果的要求。

(2) 了解物料性质

物料体系的性质是搅拌设备设计计算的基础。物料性质包括物料处理量,物料的停留时间、物料的黏度、体系在搅拌或反应过程中达到的最大黏度、物料的表面张力、粒状物料在悬浮介质中的沉降速度、固体粒子的含量和通气量等。

(3) 搅拌器选型

搅拌器的结构型式和混合特性很大程度上决定了体系的混合效果。因此,搅拌器的选型好坏直接影响着整个搅拌设备的搅拌效果和操作费用。目前,对于给定的搅拌过程,搅拌器的选型还没有成熟、完善的方法。往往在同一搅拌目的下,几种搅拌器均可适用,此时多数依靠过去的经验或相似工业实例分析以及对放大技术的掌握程度。有时对一些特殊的搅拌过程,还需进行测试甚至需要模型演示过程才能确定合适的搅拌器结构型式。

在搅拌器结构型式选定之后,还应考虑搅拌器直径的大小与转速的高低。

(4) 确定操作参数

操作参数包括搅拌设备的操作压力与温度、物料处理量与时间、连续或间歇操作方式、搅拌器直径与转速、物料的有关物性与运动状态等。而最基本的目的是要通过这些参数,计算出搅拌雷诺数,确定流动类型,进而计算搅拌功率。

(5) 搅拌设备结构设计

在确定搅拌器结构型式和操作参数的基础上进行结构设计,主要内容是确定搅拌器构型的几何尺寸、搅拌容器的几何形状和尺寸。

（6）搅拌特性计算

搅拌特性包括搅拌功率、循环能力、切应变速率及分布等，根据搅拌任务及目的确定关键搅拌特性。搅拌功率计算又分两个步骤：①确定搅拌功率；②考虑轴封和传动装置中的功率损耗，确定适当的电动机额定功率，进而选用相应的电动机。

（7）传热设计

当搅拌操作过程中存在热量传递时，应进行传热计算。其主要目的是核算搅拌设备提供的换热面积是否满足传热的要求。

（8）机械设计

根据操作环境和工艺要求，确定传动机构的类型；同时根据搅拌器转速和所选用的电动机转速，选择合适的变速器型号；并进行必要的强度计算，提供所有机械零部件的加工尺寸，绘制相应的零部件图和总体装配图。

（9）费用估算

在满足工艺要求的前提下，花费最低的总费用是评价搅拌设备性能、校验设计是否合理的重要指标之一。完整的费用估算应包括以下几个方面：

① 设备加工与安装费用包括设备材料、加工制造与安装、通用设备购置等所需费用。

② 操作费用包括动力消耗、载热剂消耗、操作管理人员配备等所需的费用。

③ 维修费用包括按生产周期进行维修时对耗用材料、更新零部件、人工、器材等所需的费用。

④ 整体设备折旧费用的估算。

2. 搅拌设备设计与选用的基本原则

（1）搅拌器

一般情况下，搅拌器结构型式的选用应满足下列基本要求：保证物料的有效混合，消耗最少的功率，所需费用最低，操作方便，易于制造和维修。

同时，搅拌器的桨叶应该具有足够的强度。桨叶根部所受弯矩最大，该截面应有足够的抗弯截面模量。当桨叶很长时，在叶根部非工作面处可设置加强板，使截面成空心形状。这不仅能有效地增加截面抗弯模量，还可减小桨叶的质量。对于轴流式搅拌器的加强板，其形状不应破坏流形，不宜在叶根部处加焊立筋。径向流搅拌器可以焊水平的筋板。桨叶的防腐包衬层厚度不宜过大，以防止叶形偏离最佳形状，使流量及输入的搅拌功率减小，影响操作的效果。

（2）搅拌容器

应根据生产规模（即物料处理量）、搅拌操作目的和物料特性确定搅拌容器的形状和尺寸，在确定搅拌容器的容积时应合理选择装料系数，尽量提高设备的利用率。如果没有特殊需要，釜体一般宜选用最常用的立式圆筒形容器，并选择适宜的筒体高径比（或容器装液高径比）。若有传热要求，则釜体外须设置夹套结构。夹套种类有整体夹套、螺旋挡板夹套、半管夹套、蜂窝夹套，传热效果依次提高但制造成本也相应增加。

（3）搅拌轴

搅拌轴应有足够的扭转强度和弯曲强度。通常，搅拌轴均应设计成刚性轴，要求具有足够的刚性。为防止轴发生共振，操作转速应控制在第一阶临界转速的75%以下。当操作转速较高（800~1 200 r/min）时，搅拌轴也可设计成柔性的，但尽可能不用。搅拌轴的结构应保证其质量较小,如轴径较大时尽量采用空心轴结构。

(4) 轴封

在允许液体泄漏量较多、釜内压力较低的场合,可选用填料密封;在允许液体泄漏量少、釜内压力或真空度较高,并且要求轴与轴套间摩擦动力消耗少的场合,则建议采用机械密封结构;而当搅拌介质为剧毒、易燃、易爆,或较为昂贵的高纯度物料,或者需要在高真空状态下操作,对密封要求很高,且填料密封和机械密封均无法满足时,可选用全封闭的磁力传动装置,但磁力传动装置可传递的功率一般较小。

(5) 变速器

应根据工艺要求和操作环境,选配合适的变速器。所选用的变速器除应满足功率和输出转速的要求外,还应运转可靠,维修方便,并具有较高的机械效率和较低的噪声。

(6) 机架

搅拌设备的机架应该使搅拌轴有足够的支承间距,以保证操作时搅拌轴下端的偏摆量不大。机架应保证变速器的输出轴与搅拌轴对中,同时还应与轴封装置对中。机架轴承除承受径向载荷外,还应承受搅拌器所产生的轴向力。

(7) 搅拌设备内构件

应根据搅拌器结构型式和物料操作特性确定容器内是否设置挡板和内冷管。安装有挡板的搅拌设备,大多在全挡板条件下操作。对于低温度液体的搅拌,常在釜内安装四块挡板,宽度为 D/12~D/10 即可满足全挡板条件。随着液体黏度的增加,挡板宽度可变窄。当液体黏度为 20 Pa·s 时,挡板宽度可取常用值的 75 %;当液体黏度超过 50 Pa·s 后,就没有必要设置挡板。

3.3　搅拌器及搅拌附件

3.3.1　搅拌器

1. 搅拌器的功能和流动特性

搅拌器的功能概括地说就是提供搅拌过程所需的能量和适宜的流动状态,以达到搅拌过程的目的。

搅拌器的搅拌作用由运动着的桨叶所产生,因此,桨叶的形状、尺寸、数量以及转速就影响搅拌器的功能。同时搅拌器的功能还与搅拌介质的物性以及搅拌器的工作环境有关。搅拌介质的物性的影响已如上文所述。另外,搅拌槽的形状、尺寸、挡板的设置情况、物料在槽中的进、出方式都属于工作环境的范畴,这些条件以及搅拌器在槽内的安装位置及方式都会影响搅拌器的功能。

1) 流型

搅拌器的流型与搅拌效果、搅拌功率的关系十分密切。搅拌器的改进和新型搅拌器的开发往往从流型着手。搅拌容器内的流型取决于搅拌器的形式、搅拌容器和内构件几何特征,以及流体性质、搅拌器转速等因素。对于搅拌机顶插式中心安装的立式圆筒,有三种基本流型。

(1) 径向流

流体的流动方向垂直于搅拌轴,沿径向流动,碰到容器壁面分成两股流体分别向上、向下流动,再回到叶端,不穿过叶片,形成上、下两个循环流动,如图 3-13(a)所示。

（2）轴向流

流体的流动方向平行于搅拌轴。流体由桨叶推动,使流体向下流动,遇到容器底面再翻上形成上下循环流,如图 3-13(b)所示。

（3）切向流

无挡板的容器内,流体绕轴做旋转运动,流速高时液体表面会形成旋涡,这种流型称为切向流,如图 3-13(c)所示。此时流体从桨叶周围周向卷吸至桨叶区的流量很小。混合效果很差。

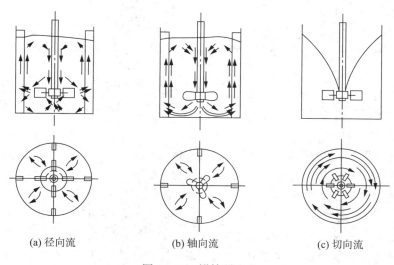

(a) 径向流　　　　　　(b) 轴向流　　　　　　(c) 切向流

图 3-13　搅拌器流型

上述三种流型通常同时存在,其轴向流与径向流对混合起主要作用,而切向流应加以抑制,采用挡板可削弱切向流,增强轴向流和径向流。

2）挡板与导流筒

（1）挡板

搅拌器沿容器中心线安装,搅拌物料的黏度不大,搅拌转速较高时,液体将随着桨叶旋转方向一起运动,容器中间部分的液体在离心力作用下涌向内壁面并上升,中心部分液面下降,形成旋涡,通常称为打旋区[图 3-13(c)]。随着转速的增加,旋涡中心下凹到与桨叶接触,此时外面的空气进入桨叶被吸到液体中,液体混入气体后密度减小,从而降低混合效果。为消除这种现象,通常可在容器中加入挡板。一般在容器内壁面均匀安装 4 块挡板,其宽度为容器直径的 1/12～1/10。当再增加挡板数和挡板宽度,功率消耗不再增加时,称为全挡板条件。全挡板条件与挡板数量和宽度有关。挡板的安装见图 3-14。搅拌容器中的传热蛇管可部分或全部代替挡板,装有垂直换热管时一般可不再安装挡板。

（2）导流筒

导流筒是上、下开口圆筒。安装于容器内,在搅拌混合中起导流作用。对于涡轮式或桨式搅拌器,导流筒刚好置于桨叶的上方。对于推进式搅拌器,导流筒套在桨叶外面,或略高于桨叶,如图 3-15 所示。通常导流筒的顶端都低于静液面,且筒身上开孔或槽,当液面降落后流体仍可从孔或槽进入导流筒。导流筒将搅拌容器截面分成面积相等的两部分,即导流筒的直径约为容器直径的 70%。当搅拌器置于导流筒之下,且容器直径又较大时,导流筒的下端直径应缩小,使下部开口小于搅拌器的直径。

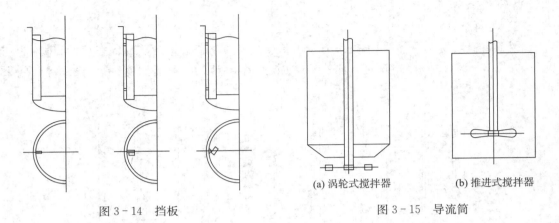

图 3-14　挡板　　　　　　　　　　　　　　(a) 涡轮式搅拌器　　　　(b) 推进式搅拌器

　　　　　　　　　　　　　　　　　　　　　　图 3-15　导流筒

（3）流动特性

搅拌器从电动机获得的机械能,推动物料(流体)运动。搅拌器对流体产生剪切作用和循环流动。剪切作用与液-液搅拌体系中液滴的细化、固-液搅拌体系中固体粒子的破碎以及气-液搅拌体系中气泡的细微化有关;循环作用则与混合时间、传热、固体的悬浮等相关。当搅拌器输入流体的能量主要用于流体的循环流动时,称为循环型叶轮,如框式、螺带式、锚式、桨式、推进式等为循环型叶轮。当输入液体的能量主要用于对流体的剪切作用时,则称为剪切型叶轮,如径向涡轮式、锯齿圆盘式等为剪切型叶轮。

2. 常用的搅拌器

按流体流动形态。搅拌器可分为轴向流搅拌器、径向流搅拌器和混合流搅拌器。按搅拌器结构可分为平叶、折叶、螺旋面叶。桨式、涡轮式、框式和锚式的桨叶都有平叶和折叶两种结构;推进式、螺杆式和螺带式的桨叶为螺旋面叶。按搅拌的用途可分为:低黏流体用搅拌器和高黏流体用搅拌器。用于低黏流体搅拌器有:推进式、长薄叶螺旋桨、桨式、开启涡轮式、圆盘涡轮式、布鲁马金式、板框桨式、三叶后弯式、MIG 和改进 MIG 等。用于高黏流体的搅拌器有:锚式、框式、锯齿圆盘式、螺旋桨式、螺带式(单螺带、双螺带)、螺旋-螺带式等。搅拌器的径向、轴向和混合流型的图谱见图 3-16。

桨式、推进式、涡轮式和锚式搅拌器在搅拌反应设备中应用最为广泛,据统计约占搅拌器总数的 75%～80%。下面介绍几种常用的搅拌器。

（1）桨式搅拌器

图 3-17 所示的反应釜中采用的是桨式搅拌器,桨式搅拌器在结构上较简单。它的搅拌叶一般以扁钢制造,当釜内物料对碳钢有显著腐蚀性时,可用合金钢或有色金属制成,也可以采用钢制外包橡胶或环氧树脂、酚醛玻璃布等方法。桨叶安装形式分为平直叶和折叶两种。平直叶是叶面与旋转方向互相垂直;折叶则是与旋转方向成一倾斜角度。平直叶主要使物料产生切线方向的流动,加搅拌挡板后可产生一定的轴向搅拌效果。折叶与平直叶相比轴向分流略多。桨式搅拌器的运转速度较慢,一般为 20～80 r/min,圆周速度在 1.5～3 m/s 内比较合适,广泛用于促进传热、可溶固体的混合与溶解以及需在慢速搅拌的情况下,如搅拌被混合

的液体及带有固体颗粒的液体都是很有效果的。

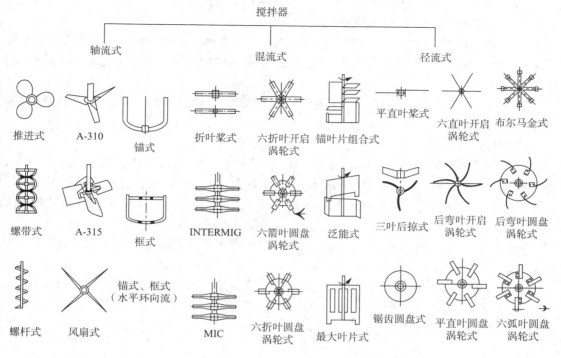

图 3－16　搅拌器流型分类图谱

在料液层比较高的情况下,为了将物料搅拌均匀,常装有几层桨叶,相邻两层搅拌叶常交叉成 90°安装,如图 3－6 所示。在一般情况下,几层桨叶安装位置如下:一层安装在下封头焊缝线高度上;两层时,一层安装在下封头焊缝线高度上,另一层安装在下封头焊缝与液面的中间或稍高的位置上;三层时,一层安装在下封头焊缝线高度上,另一层安装在液面下约 200 mm 处,中间再安装一层。

桨式搅拌器直径 D 约取反应釜内径的 $1/3 \sim 2/3$,不宜采用太长的桨叶,因为搅拌器消耗的功率与桨叶直径的五次方成正比。

（2）框式和锚式搅拌器

框式搅拌器可视为桨式搅拌器的变形,水平桨叶与垂直桨叶联成一体构成刚性框架,结构比较坚固。当这类搅拌器底部形状和反应釜下封头形状相似时,常称为锚式搅拌器。

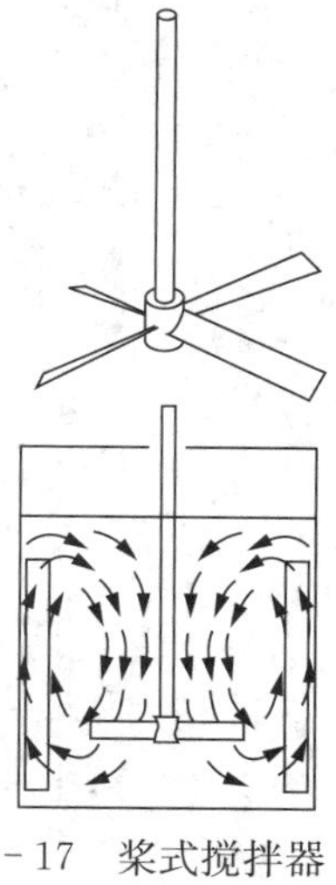

搅拌叶可用扁钢或角钢弯制,见图 3－18。当搅拌器直径 $D \leqslant$ 1 140 mm 时,因使用这些搅拌器的反应釜直径较小,可起吊上封头进行安装和检修,因此做成不可拆的。搅拌叶间、搅拌叶与轴套间全部焊接,也有采用整体铸造方法。当搅拌器直径 $D \geqslant 1\,340$ mm 时,搅拌器常做成可拆式,用螺栓连接各搅拌叶,检修时从人孔中分别取出。如果设备上无上封头（敞开式）,或搅拌器不需检修时,也可以做成不可拆式。与轴的连接通常采用螺栓对夹加穿轴螺栓。碳钢制框式搅拌器通常采用角钢或扁

图 3－17　桨式搅拌器

钢制造,不锈钢制框式搅拌器则采用扁钢焊接,加筋后桨叶断面呈 T 字形,既有利于提高桨叶强度,又节约了不锈钢材且便于加工制造。在有些场合,可采用管材制造,外表进行搪瓷、覆胶或覆其他保护性覆盖层,以防腐蚀。

框式或锚式搅拌器的框架或锚架直径往往较大,通常框架或锚架的直径 D 取反应釜内径 D_1 的 2/3~9/10,线速度约 0.5~1.5 m/s,转速为 50~70 r/min,最高也有达 100 r/min 左右的,但应用较少。

根据反应釜的直径,搅拌器直径与搅拌轴直径按标准 HG/T 3796.12—2005《锚框式搅拌器》推荐取值。

(3) 推进式搅拌器

推进式搅拌器常整体铸造,加工方便。采用焊接,需模锻后再与轴套焊接,加工较困难。制造时均应做静平衡试验,搅拌器可用轴套以平键和紧定螺钉与轴连接,如图 3-19 所示。

推进式搅拌器直径约取反应釜内径 D_1 的 1/4~1/3,切向线速度可达 5~15 m/s,转速为 300~600 r/min,甚至更快,一般来说小直径取高转速,大直径取较低转速。

搅拌时能使物料在反应釜内循环流动,所起的作用以容积循环为主,剪切作用小、上下翻腾效果好。当需要有更大的液流速度和液体循环时,则应安装导流筒。

推进式搅拌器材料常用铸铁、铸钢,如 HT150、HT200、ZG200-400 及 ZG1Cr13、ZG1Cr18Ni9 等。

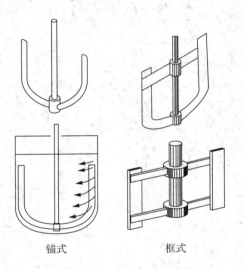

图 3-18　锚式和框式搅拌器

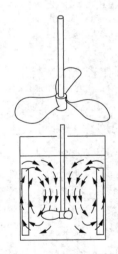

图 3-19　推进式搅拌器

(4) 涡轮式搅拌器

涡轮式搅拌器形式很多,有开启式的、带圆盘的以及闭式的。桨叶又分为平直叶和弯叶两种。

这类搅拌器与推进式搅拌器相似,搅拌速度也较大,切向线速度 3~8 m/s,$D:L:h=20:5:4$,弯叶数多为 6 叶。

涡轮搅拌器使流体均匀地由垂直方向运动改变成水平方向运动,自涡轮流出的高速液流沿圆周切线方向散开,从而使整个液体体积内得到剧烈搅拌。

开启式平直叶涡轮搅拌器已有标准系列 HG/T 3796.4—2005《开启式涡轮搅拌器》。

搅拌叶一般与圆盘焊接或用螺栓连接。圆盘焊接在轴套上。铸造的桨叶较均匀,稳定性好,表面硬度大。能适用于需耐磨损的场合,但铸造比焊接困难。涡轮式搅拌器制造时均应进行静平衡试验。搅拌器以轴套用平键和销钉与轴连接,在它的下端再用一个螺母紧固。

（5）螺带式搅拌器

螺带式搅拌器主要由一定螺距的螺旋带、轴套和把两者连接的支承杆组成,如图 3 - 20 所示。螺带外径尽量与筒体内壁靠近,有时间距仅几毫米。搅动时液体呈复杂的螺旋运动,至上部再沿轴而下。螺带式搅拌器常用于高分子化合物的聚合反应器内,也可用于高黏度物料。有时搅拌轴上装两根螺带。外缘圆周线速度一般小于 2 m/s。

由于搅拌过程种类繁多,介质情况千差万别,所以搅拌的型式也是多种多样。在典型的搅拌器的基础上,还出现了许多改型。另外还有组合式搅拌器（将不同搅拌器组合在一起,以利用各自的长处）,可适用黏度有变化的搅拌过程。改善搅拌效果。

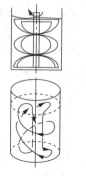

图 3 - 20　螺带式搅拌器

3. 搅拌器的选型

设计反应釜时,选择合适的搅拌器是十分重要的。选择时根据什么原则,考虑什么因素,下面提出一些原则性的意见。

考虑的因素主要有两个方面,一是介质的性质,如被搅拌液体的黏度、密度及腐蚀性;另一方面是反应过程的特性及传质传热的要求等。

（1）液体的黏度

由于液体的黏度对搅拌状态及功率消耗有很大影响,许多研究者及规范制定者都以液体黏度的大小作为搅拌器使用范围的条件,如图 3 - 21 所示。图中随黏度增高各种搅拌器的使用顺序是:推进式、涡轮式、桨叶式、锚式、螺带式。这个图并不是规定得很严格的。例如桨叶式由于结构简单,挡板可改善流型,高低黏度都适用;涡轮式由于对流循环能力、湍流扩散和剪切力都较强,所以整个黏度范围都可应用。

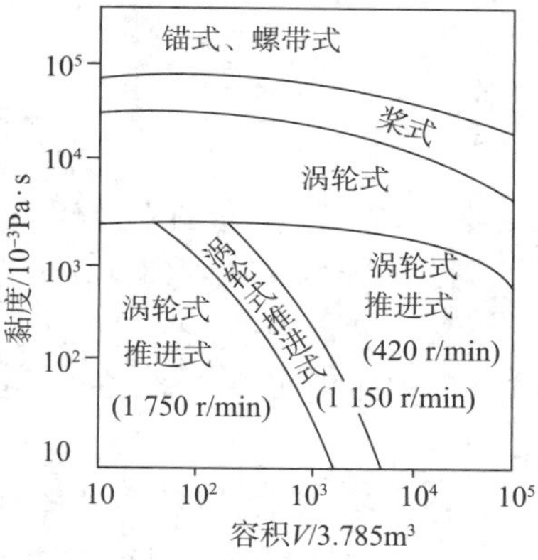

（2）液体的密度

由于液体的密度也是雷诺数的一个参数,而雷诺数则是决定流体运动状态的。此外,如果是非均匀相的液体,例如液体有固体颗粒,还要看两者的密度及密度差（重度 $\gamma = \rho g$,也受密度的影响）。如果密度差大,固体颗粒容易沉降,要将固体颗粒搅起并悬浮,则需较大的搅动量和较高的搅拌器转速。应根据这些具体数据选择搅拌器的型式。

（3）液体的腐蚀性

如果液体有强烈的腐蚀性,则需考虑抗腐蚀性能好的贵金属或衬防腐蚀覆盖层的方便性与经济性。如果使用贵金属,则宜选用耗材少的螺旋桨式或平桨式。如果采用覆盖层,则宜采用锚式,而框式、螺带式都是不适宜的。

（4）反应过程的特性

首先要考虑的是间歇操作或是连续操作,如果是后者,反应物流是一次通过反应器,理想

图 3 - 21　根据黏度选型

的搅拌作用是使液体产生活塞流，不短路，不滞留，无返混。其次要考虑的是热的特性，是放热反应还是吸热反应，对传质传热要求的程度，如果有要求较高的传质传热系数，则要求搅拌液流产生一定的雷诺数。再要考虑反应是否产生结晶或固体沉淀物，这些固相物质是否会在传热面（釜壁）上结垢，如果有这些情况发生，则需用搅动量较大、能搅起沉淀物的框式或锚式搅拌器。

各种反应过程具体搅拌器型式的选用，可根据具体过程按上述原则进行具体分析，并参考有关资料。表3-1给出了各种型式搅拌器的适用条件。

表3-1　搅拌器型式选择

搅拌器型式	流动状态			搅拌目的									搅拌容器容积/m³	转速范围/(r/min)	最高黏度/(Pa·s)
	对流循环	湍流扩散	剪切流	低黏度混合	高黏度液体混合传热反应	分散	溶解	固体悬浮	气体吸收	结晶	传热	液相反应			
涡轮式	◆	◆	◆	◆	◆	◆	◆	◆	◆	◆	◆	◆	1～100	10～300	50
桨式	◆	◆	◆	◆		◆	◆	◆		◆	◆	◆	1～200	10～300	50
推进式	◆	◆		◆		◆	◆	◆		◆	◆	◆	1～1 000	10～500	2
折叶开启涡轮式	◆	◆	◆	◆		◆	◆	◆	◆	◆	◆	◆	1～1 000	10～300	50
布鲁马金式	◆	◆	◆	◆		◆	◆	◆	◆	◆	◆	◆	1～100	10～300	50
锚式	◆				◆						◆		1～100	1～100	100
螺杆式	◆				◆						◆		1～50	0.5～50	100
螺带式	◆				◆		◆						1～50	0.5～50	100

注：有"◆"者为可用，空白者不详或不适用。

3.3.2　搅拌器功率计算

1. 搅拌器功率和搅拌作业功率

搅拌过程进行时需要动力，笼统地称这动力时就可叫作搅拌功率。但仔细进行分析时，就会发现所谓搅拌功率实际上包含了两个不同而又有联系的概念，就是搅拌器功率和搅拌作业功率。

具有一定结构形状的设备中装有一定物性的液体，其中用一定型式的搅拌器以一定转速进行搅拌时，将对液体做功并使之发生流动，这时为使搅拌器连续运转所需要的功率就是搅拌器功率。显然搅拌器功率是搅拌器的几何参数、搅拌槽的几何参数、物料的物性参数和搅拌器的运转参数等的函数。这里所指的搅拌器功率不包括机械传动和轴封部分所消耗的动力。

被搅拌的介质在流动状态下都要进行一定的物理过程或化学反应过程，即都有一定的目的，其中有的混合，有的分散，有的传热，有的溶解等。不同的搅拌过程，不同的物性、物料量在完成其过程时所需要的动力不同，这是由工艺过程的特性所决定的。这个动力的大小是被搅拌的介质的物理、化学性能以及各种搅拌过程所要求的最终结果的函数。我们把搅拌器使搅拌槽中的液体以最佳方式完成搅拌过程所需要的功率叫作搅拌作业功率。

在处理搅拌过程的功率问题时，最好是能够知道为了达到搅拌过程所要求的结果而必须用于被搅拌介质的功率即搅拌作业功率，同时运用搅拌器功率的概念，来提供一套能向被搅拌介质中输入足够功率的搅拌装置。最理想的状况当然是搅拌器功率正好就等于搅拌作业功率,这就可使搅拌过程以最佳方式完成。搅拌器功率小于搅拌作业功率时,可能使过程无法完成,也可能拖长操作时间而得不到最佳方式。而搅拌器的功率过分大于搅拌作业功率时,只能浪费动力而对于过程无益。遗憾的是目前无论搅拌器的功率也好,搅拌作业功率也好,都还没有很准确的求法,当然也很难评价最佳方式是否达到的问题。生产实践中搅拌器功率不足的问题易于察觉,而搅拌器功率过大造成浪费的问题则容易被忽视。

目前,搅拌器的功率研究工作成果较多,不少结论也趋于一致,得到的规律也大体相近,而搅拌作业功率的研究成果并不多。有一些功率数据是和过程的种类相联系的,虽然无从鉴定它是否是在最佳方式下得到的,但是从数据的来源看,它们还应划入搅拌作业功率的范畴中去。这些功率数据可以作为搅拌器功率计算方法的比较和补充。

2. 影响搅拌器功率的因素

搅拌器的功率与槽内造成的流动状态有关,所以影响流动状态的因素必须也是影响搅拌器功率的因素。如:

(1) 搅拌器的几何参数与运转参数:桨径、桨宽、桨叶角度、桨转速、桨叶数量、桨叶离槽底的安装高度等;

(2) 搅拌槽的几何参数:槽内径、液体深度、挡板宽度、挡板数量、导流筒尺寸等;

(3) 搅拌介质的物性参数:液相的密度、液相的黏度、重力加速度等。

因为搅拌器的功率是从搅拌器的几何参数运转条件来研究其动力消耗的,所以在影响因素中看不到搅拌目的的不同的影响。换句话说,只要上面这些参数相同,不论是进行什么搅拌过程,所得到的搅拌器的功率都是相同的。上述这些影响因素归纳起来可称之为桨、槽的几何变量,桨的操作变量以及影响功率的物理变量。设法找到这些变量与功率的关系,也就是解决搅拌器功率计算的问题。

3. 搅拌功率计算

上述影响因素可用下式关联

$$N_p = \frac{P}{\rho n^3 d^5} = K(Re)^r(Fr)^q f\left(\frac{d}{D}, \frac{B}{D}, \frac{h}{D}, \cdots\right) \tag{3-1}$$

式中　　N_p——功率准数;

P——搅拌功率,W;

ρ——密度,kg/m³;

n——转速,r/s;

d——搅拌器直径,m;

K——系数;

Re——雷诺数,$Re = \dfrac{d^2 n \rho}{\mu}$;

r, q——指数;

Fr——弗鲁德准数,$Fr = \dfrac{n^2 d}{g}$;

D——搅拌容器内直径,m;

B——桨叶宽度,m;

h——液面高度,m;

一般情况下弗鲁德准数 Fr 的影响较小。容器内径 D、挡板宽度 b 等几何参数可归结到系数 K。由式(3-1)得到搅拌功率为

$$P = N_p \rho n^3 d^5 \tag{3-2}$$

式中，ρ、n、d 为已知数，故计算搅拌功率的关键是求得功率准数 N_p。在特定的搅拌装置上，可以测得功率准数 N_p 与雷诺数 Re 的关系。将此关系绘于双对数坐标图上即得功率曲线。图 3-22 为六种搅拌器的功率曲线。由图 3-22 可知，功率准数 N_p 随雷诺数 Re 变化。在低雷诺数($Re \leqslant 10$)的层流区域内，流体不会打旋，重力影响可忽略，功率曲线为斜率为 -1 的直线；当 $10 \leqslant Re \leqslant 10\ 000$ 时为过渡流区，功率曲线为一下凹曲线；当 $Re > 10\ 000$ 时，流动进入充分湍流区，功率曲线呈一水平直线，即 N_p 与 Re 无关，保持不变。用式(3-2)计算搅拌功率时，功率准数 N_p 可直接从图 3-22 查得。

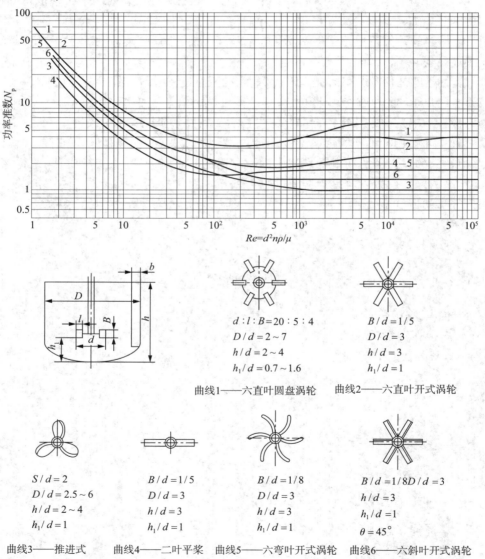

图 3-22　典型搅拌器的功率曲线(全挡板条件)

需要指出图 3-22 所示的功率曲线只适用于图示六种搅拌器的几何比例关系。如果比例关系不同,功率准数 N_p 也不同[不同比例关系搅拌装置的功率曲线,请参见《化工原理(第三版)》陈敏恒等编著,第 106-110 页]。

上述功率曲线是在单一液体下测得的;对于非均相的液-液或液-固系统,用上述功率曲线计算时,需用混合物的平均密度 $\bar{\rho}$ 和修正黏度 $\bar{\mu}$ 代替式(3-2)中的 ρ 和 μ。

计算气-液两相系统搅拌功率时,搅拌功率与通气量的大小有关;通气时,气泡的存在降低了搅拌液体的有效密度,与不通气相比,搅拌功率要低得多。

[例题 3-1] 搅拌反应器的筒体内直径为 1 800 mm,容器内均布四块挡板,采用六直叶圆盘涡轮搅拌器,搅拌器直径 600 mm,搅拌轴转速 160 r/min。容器内液体的密度为 1 300 kg/m³,黏度为 0.12 Pa·s。试求:(1)搅拌功率;(2)改用推进式搅拌器后的搅拌功率。

解:已知 $\rho=1\ 300$ kg/m³,$\mu=0.12$ Pa·s,$d=600$ mm,$n=160$ r/min$=2.667$ r/s。

(1)搅拌功率

计算雷诺数 Re

$$Re=\frac{\rho n d^2}{\mu}=\frac{1\ 300\times2.667\times0.6^2}{0.12}=10\ 401.3$$

由图 3-22 功率曲线 1 查得,$N_p=6.3$。

按式(3-2)计算搅拌功率

$$P=N_p\rho n^3 d^5=6.3\times1\ 300\times2.667^3\times0.6^5=12.08(kW)$$

(2)改用推进式搅拌器后的搅拌功率

雷诺数不变,由图 3-22 曲线 3 查得,$N_p=1.0$。搅拌功率为

$$P=N_p\rho n^3 d^5=1.0\times1\ 300\times2.667^3\times0.6^5=1.92(kW)$$

[例题 3-2] 有一内径 $D=1.6$ m 的搅拌反应器,中心安装直径 $d=0.5$ m 的二叶平桨搅拌器(满足图 3-22 功率曲线 4 的要求),桨叶宽度 $b=0.1$ m,厚度 $\delta=20$ mm,选用的材料许用应力 $[\sigma]$ 为 100 MPa,转速为 180 r/min,液体黏度为 0.1 Pa·s,密度为 1 400 kg/m³。又知轴封为机械密封,机械密封的磨损功率为搅拌功率的 10%,采用的传动装置系统效率为 0.9。

试求:(1)搅拌功率;(2)校核搅拌器强度是否符合要求。

解:(1)搅拌器转速 $n=180$ r/min,转化为以秒为单位:$n'=180/60=3$ r/s

$$雷诺数\ Re=d^2 n'\rho/\mu=0.5^2\times3\times1\ 400/0.1=10\ 500$$

根据图 3-22 可以查得,功率准数 $N_p=1.75$

$$则搅拌功率\ N=N_p\rho n^3 d^5=1.75\times1\ 400\times3^3\times0.5^5=2\ 067\ W=2.07\ kW$$

(2)则总的功率 $N_总=N(1+0.1)/0.9=2.53\ kW$

$$计算功率\ N_j=N_总\ \eta_k-0.1N=2.53\times0.9-0.1\times2.07=2.07\ kW$$

$$轴的扭矩:M_t=9551\frac{N_j}{n}=109.84\ N\cdot m$$

$$每个叶片所承受的最大弯矩\ M=M_t/2=54.92\ N\cdot m$$

则

$$\sigma=\frac{M}{W}=\frac{M}{bh^2/6}=54.92/(0.1\times0.02\times0.02/6)=8\,238\,000\text{ Pa}=8.24\text{ MPa}$$

$\sigma<[\sigma]$，故强度校核合格。

3.4 搅拌罐体及其传热装置

3.4.1 搅拌罐体

搅拌容器又称搅拌釜，包括筒体、换热元件及内构件等，其作用是为物料搅拌提供合适的空间。搅拌容器的筒体大多是圆筒形的，两端端盖一般采用椭圆形封头、锥形封头或平盖，并以椭圆形封头应用最广。根据工艺需要，容器上装有各种接管，以满足进料、出料、排气以及测温、测压等要求；上封头上一般焊有凸缘法兰，用于搅拌容器与机架的连接；同时，为方便物料加热或取走反应热，搅拌容器常设置外夹套或内盘管。

搅拌罐体通常是立式安置的，但也有一些是卧式的。立式釜在常压下操作时，为降低釜体的制造成本，一般可采用平底釜结构；当物料对环境没有污染，且被搅物料对空气中尘埃的落入并不敏感时，釜体上部又可设计成敞口型式，当搅拌物料中含有较大颗粒的淤浆时，为便于固体颗粒的出料，下封头常采用锥壳。

当搅拌釜卧式放置时，大多进行半釜操作。因此卧式釜与立式釜相比有更多的气-液接触面积，因而卧式釜常用于气-液传质过程；另一方面，卧式釜的料层较浅，有利于搅拌器将粉末搅动，并可借搅拌器的高速回转使粉体抛扬起来，使粉体在瞬间失重状态下进行混合。

1. 罐体的长径比

在已知搅拌反应器的操作容积后，首先要选择罐体适宜的长径比(H/D_i)，以确定罐体的直径和高度（图3-23）。选择罐体的长径比主要考虑其对搅拌功率的影响、对传热的影响及物料反应对长径比的要求。

（1）罐体长径比对搅拌功率的影响　一定结构型式的搅拌器直径与搅拌罐体内径有一定的比例关系。随着罐体长径比的减小，即高度减小而直径加大，搅拌器直径也相应放大，在固定的搅拌轴转速下，搅拌功率与搅拌器直径的五次方成正比。所以，随着罐体直径的放大，搅拌器的功率增加很多。因此，除了需要较大搅拌作业功率的搅拌过程外，长径比可考虑得大一些。

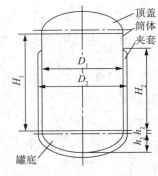

图3-23　罐体结构

（2）罐体长径比对传热的影响　罐体长径比对夹套传热有显著影响。当容积一定时，长径比越大，则罐体盛料部分表面积越大，夹套的传热面积也就越大。同时，长径比越大，传热表面距离罐体中心越近，物料的温度梯度就越小，传热效果越好，因此，从传热角度考虑，希望长径比取得大一些。

（3）物料反应对长径比的要求　某些物料的搅拌反应对罐体长径比有着特殊的要求。例如发酵罐，为了使通入罐内的空气与发酵液有充分的接触时间，需要足够的液位高度，就希望长径比取得大一些。

根据实际经验,几种搅拌反应器罐体的长径比列于表 3-2。

表 3-2 几种搅拌反应器罐体的 H/D_i 值

种类	釜内物料的类型	H/D_i
一般搅拌罐	液-固相或液-液相	1~1.3
	气-液相	1~2
发酵罐类		1.7~2.5

2. 搅拌反应器罐体的装料量

(1)装料系数　根据搅拌反应器的物料性质,不能将罐体装满物料,而考虑一定的装料系数 η,通常 η 可取 0.6~0.85。如果物料在反应过程中起泡沫或呈沸腾状态,η 应取低值,约为 0.6~0.7;如果搅拌状态平稳时,η 可取 0.8~0.85(物料黏度较大时可取最大值)。罐体容积 V 与罐体的公称容积(即操作时盛装物料的容积)V_N 有如下关系:

$$V_N = V\eta \tag{3-3}$$

(2)初步计算筒体直径　知道了筒体的长径比和装料系数之后,还不能直接算出筒体直径和高度,因为当筒体直径不知道时封头的容积就不知道,罐体全容积也就不能最后确定。为了便于计算,先忽略封头的容积,认为

$$V \approx \frac{\pi}{4} D_i^2 H \tag{3-4}$$

式中,D_i、H 的单位是 m。把罐体长径比代入式(3-4),得

$$V \approx \frac{\pi}{4} D_i^3 \left(\frac{H}{D_i}\right)$$

故

$$D_i \approx \sqrt[3]{\frac{4}{\pi \left(\dfrac{H}{D_i}\right)} \times \frac{V_N}{\eta}} \tag{3-5}$$

(3)初步计算筒体高度　将式(3-5)计算出的结果圆整成标准直径,代入式(3-6)算出筒体高度:

$$H = \frac{V - v}{\frac{\pi}{4} D_i^2} = \frac{\dfrac{V_N}{\eta} - v}{\frac{\pi}{4} D_i^2} \tag{3-6}$$

式中　v——封头容积,m^3。

再将式(3-6)算出的筒体高度进行圆整,然后核算 H/D_i 及 η,如大致符合要求即可。

3. 罐体壁厚的确定

中、低压反应器罐体和夹套的壁厚按中低压容器设计规范计算。承受内压的罐体,如不带夹套,则按内压容器设计筒体及封头壁厚,以操作时釜内最大压力作为工作压力;如带夹套,则反应器罐体及下封头的壁厚应分别按承受内压和外压计算,取两者中较大者。

3.4.2　搅拌反应器的传热

在容器中对被搅拌的液体进行加热或冷却是化工过程中一个经常遇到的操作,这对于在被搅拌的液体中进行化学反应尤为重要。化学反应过程常伴有放热和吸热反应,而且常常需要先加热促使化学反应的进行,一旦反应开始往往又需要冷却,调节温度维持反应条件,直到反应完毕又需散热。因此,反应釜必须配备有加热和冷却的装置,以维持最佳的工艺条件,取得最好的反应效果。而混合的快慢,它的均匀程度和传热情况都会影响反应结果。如聚氯乙烯等生产中,如果搅拌效果不好,聚合热集中,易产生局部暴聚等不良后果,产品质量下降,甚至出废品。又如丙烯腈在硝酸水溶液均相聚合反应器中的聚合,是在低温(9℃)下进行的,需要及时传出聚合热,否则会导致物料分解,甚至爆炸。因此,在这些场合下,传热搅拌是极其重要的操作。

反应器的加热和冷却有多种方式。可在容器的外部或内部设置供加热或冷却用的换热装置,例如在容器外部设置夹套,在容器内部设置蛇管、换热器等。一般用得最普遍的是采用夹套传热的方式。

1. 夹套传热

传热夹套一般由普通碳钢制成(图 3-24)。它是一个套在反应器筒体外面能形成密封空间的容器,既简单又方便。夹套上设有水蒸气、冷却水或其他加热、冷却介质的进、出口。如果加热介质是水蒸气,则进管应靠近夹套上端,冷凝液从底部排出;如果传热介质是液体,则进口管应安置在底部,液体从底部进入,上部流出,使传热介质能充满整个夹套的空间。

夹套的主要结构型式有:整体夹套、型钢夹套、半圆管夹套和蜂窝夹套等,其适用的温度和压力范围见表 3-3。

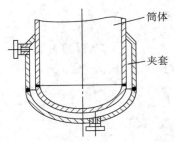

图 3-24　夹套传热

表 3-3　各种碳钢夹套的适用温度和压力范围

夹套型式		最高温度/℃	最高压力/MPa
整体夹套	U 形	350	0.6
	圆筒形	300	1.6
型钢夹套		200	2.5
蜂窝夹套	短管支承式	200	2.5
	折边锥体式	250	4.0
半圆管夹套		350	6.4

(1) 整体夹套　常用的为整体夹套,结构类型如图 3-25 所示。图 3-25(a)仅圆筒一部分有夹套,用在需要加热面积不大的场合;图 3-25(b)为圆筒一部分和下封头包有夹套,是最常用的典型结构;图 3-25(c)是考虑到罐体受外压时为了减小罐体的计算长度 L,或者为了实现罐体的轴向分段控制温度而采用分段夹套,各段之间设置加强圈或采用能够起到加强圈作用的夹套封口结构,后一种结构适用于罐体细长的情况;图 3-25(d)为全包式夹套,与前三种比较,有最大的传热面积。

有时,对于较大型的容器,为了得到较好的传热效果,在夹套空间装设螺旋导流板(图 3-26),以缩小夹套中流体的流通面积,提高流体的流动速度和避免短路,但结构较为复杂一些。

(2) 型钢夹套　型钢夹套一般用角钢与筒体焊接组成,如图 3-27 所示。角钢主要有两种布置方式:沿筒体外壁轴向布置和沿容器筒体外壁螺旋布置。型钢的刚度大,不易弯曲成螺旋形。

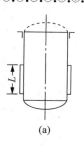
(a)

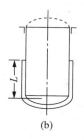
(b)

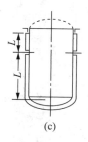
(c)

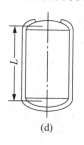
(d)

图 3-25 整体夹套的型式

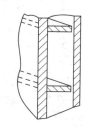

图 3-26 螺旋导流板

（3）半圆管夹套　半圆管夹套如图 3-28 所示。半圆管在筒体外的布置，既可螺旋形缠绕在筒体上，也可沿筒体轴向平行焊在筒体上或沿筒体圆周方向平行焊接在筒体上，见图 3-29。半圆管或弓形管由带材压制而成，加工方便。当载热介质流量小时宜采用弓形管。半圆管夹套的缺点是焊缝多，焊接工作量大，筒体较薄时易造成焊接变形。

为了提高传热效率，在夹套的上端开有不凝性气体排出口。夹套同器身的间距视容器公称直径的大小采用不同的数值，一般取 25～100 mm。

夹套的传热面积是由工艺要求确定。但须注意的是夹套的高度决定于传热面积 F，而传热面积是由工艺要求决定的，同时须注意的是夹套的高度一般应不低于液料的高度，应比容器内液位高出 50～100 mm 左右，以保证充分传热。

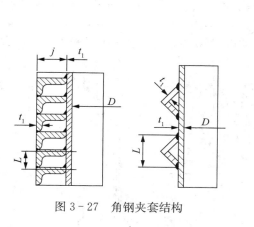

图 3-27 角钢夹套结构

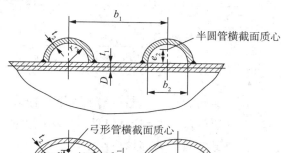

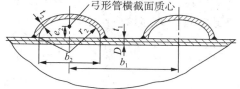

图 3-28 半圆管夹套结构

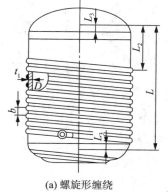

(a) 螺旋形缠绕

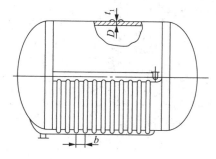

(b) 平行排管

图 3-29 半圆管夹套的安装方式

根据装料系数 η,物料容积为 $V\eta$,因此,夹套高度 H_j 可以由下式估算:

$$H_j \geqslant \frac{V\eta - v_h}{\frac{\pi}{4}D_i^2} \tag{3-7}$$

式中　H_j——夹套高度,m;

　　　　v_h——罐底封头容积,m³;

其他符号同前。

2. 蛇管传热

当需要的传热面积较大,而夹套传热在允许的反应时间内尚不能满足要求时,或是壳体内衬有橡胶、耐火砖等隔热材料而不能采用夹套传热时,可采用蛇管传热(图3-30)。蛇管沉浸在物料中,热量损失小,传热效果好。排列密集的蛇管能起到导流筒和挡板的作用,改变液体的流动状态,减小旋涡,强化搅拌强度提高传热效率,但检修较麻烦。对含有固体颗粒的物料或黏稠物料,容易堆积和挂料,以致影响传热效率。蛇管不宜很长,因为凝液可能会积聚,使这部分传热面降低传热作用,而且从很长的蛇管中排出蒸气中所夹带的惰性气体也是很困难的,蛇管的长度与管径的比值可参考表3-4。如要求蛇管传热面很大时,则可做成几个并联的同心圆蛇管组,但这种结构固定及安装都不方便。

表3-4　蛇管的长度与管径之比值

蒸气压力/MPa	0.045	0.125	0.20	0.30	0.50
管长与管径最大比值	100	150	200	225	275

蛇管允许的操作温度范围为 $-30\sim+280℃$,公称压力系列为 0.4 MPa、0.6 MPa、1.0 MPa、1.6 MPa。

用蛇管可以使传热面积增加很多,有时可以完全取消夹套。由于管内流速高,蛇管的传热系数比夹套的大,而且可以采用较高压力的传热介质。

直立式蛇管还能起挡板作用,见图3-31。

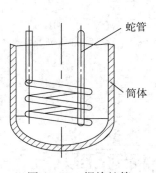

图3-30　螺旋蛇管

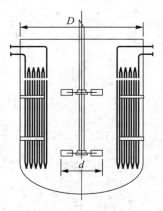

图3-31　竖直蛇管

3.5　搅拌反应器的传动装置与搅拌轴

3.5.1　传动装置

1. 传动方式

传动装置包括电动机、减速机、联轴器及机架。常用的传动装置如图 3-32 所示。

在比电动机速度低得多的搅拌器上常用的减速装置是装在设备上的齿轮减速机、蜗轮减速机、三角皮带以及摆线针齿行星减速机等。其中最常用的是固定和可移动的齿轮减速搅拌器,这是由于它的加工费用低、结构简单、装配检修方便。有时由于设备条件的限制或其他情况必须采用卧式减速机时,也可利用一对伞齿轮来改变方向,但须注意由于只有一个轴承所以必须设置底轴承。这种结构因为伞齿轮不是浸在油箱内,故不能应用在有防火、防爆要求的场合。

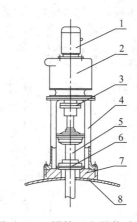

图 3-32　搅拌反应器传动装置
1—电动机;2—减速机;3—联轴器;
4—支架;5—搅拌轴;6—轴封装置;
7—凸缘;8—上封头

当搅拌器快速转动并和电动机同步时,可与电动机直接连用。也可制造可移动的搅拌器,对简单的圆筒形或方形敞开设备可将传动装置安装在筒体上,搅拌轴斜插入筒体内。

对高黏度搅拌过程,有时为了提高搅拌效果,往往需要两种不同型式不同转速的搅拌器,使之能够同时达到搅拌、刮壁等要求。这时可采用双轴传动减速机,即利用一台电动机驱动两根同心安装的搅拌轴。根据需要双轴旋转方向可设计成相同或者相反。

2. 电动机的选型

由搅拌功率计算电机的功率

$$P_e = \frac{P + P_s}{\eta} \tag{3-8}$$

式中　P——搅拌功率,kW;

　　　P_s——轴封的摩擦损失功率,kW;

　　　η——传动系统的机械效率。

电动机的型号应根据功率、工作环境等因素选择。工作环境包括防爆、防护等级、腐蚀环境等。

3. 减速机选型

搅拌反应器往往在载荷变化、有振动的环境下连续工作,选择减速机的型式时应考虑这些特点。常用的减速机以及圆柱蜗杆减速机,其传动特点见表 3-5。一般根据功率、转速来选择减速机。选用时应优先考虑传递效率高的齿轮减速机和摆线针轮行星减速机。

4. 机架

机架一般有无支点机架、单支点机架(图 3-33)和双支点支架(图 3-34)。无支点机架一般仅适用于传递小功率和小的轴向载荷的条件。单支点机架适用于电动机或减速机可作为一个支点,或容器内可设置中间轴承和底轴承的情况。双支点机架适用于悬臂轴。

搅拌轴的支承有悬臂式和单跨式。由于筒体内不设置中间轴承或底轴承,维护检修方便,特别对卫生要求高的生物反应器,减少了筒体内的构件。因此应优先采用悬臂轴,对悬臂轴选用机架时应考虑以下几点。

(1) 当减速机中的轴承完全能够承受液体搅拌所产生的轴向力时,可在轴封下面设置一个滑动轴承来控制轴的横向摆动,此时可选无支点机架。计算时,这种支座条件可看作是一个支点在减速机出轴上的滚动轴承,另一个支点为滑动轴承的双支点支承悬臂式轴,减速机与搅拌轴的连接用刚性联轴器。

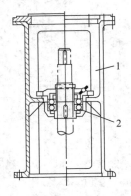

图 3-33 单支点机架
1—支架;2—轴承

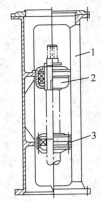

图 3-34 双支点机架
1—支架;2—上轴承;3—下轴承

(2) 当减速机的轴承能承受部分轴向力。可采用单支点机架,机架上的滚动轴承承担大部分轴向力。搅拌轴与减速机出轴的连接采用刚性联轴器。计算时,这种支承看作是一个支点在减速机上的滚动轴承,另一个支点在机架上的滚动轴承组成的双支点支承悬臂式结构。

(3) 当减速机中的轴承不能承受液体搅拌所产生的轴向力时,应选用双支点机架,由机架上两个支点的滚动轴承承受全部轴向力。这时搅拌轴与减速机出轴的连接采用了弹性联轴器。有利于搅拌轴安装对中要求,确保减速机只承受扭矩作用。对于大型设备,对搅拌密封要求较高的场合以及搅拌轴载荷较大的情况,一般都推荐采用双支点机架。

表 3-5 常用减速机基本特性

特性参数	减速机类型			
	摆线针齿行星减速器	齿轮减速器	三角皮带减速器	圆柱蜗杆减速器
传动比 i	87～9	12～6	4.53～2.96	80～15
输出轴转速/(r/min)	17～160	65～250	200～500	12～100
输出功率/kW	0.04～55	0.55～315	0.55～200	0.55～55
传动效率	0.9～0.95	0.95～0.96	0.95～0.96	0.80～0.93
主要特点	传动效率高,传动比大,结构紧凑,拆装方便,寿命长,重量轻,体积小,承载能力高,工作平稳。对过载和冲击载荷有较强的承受能力,允许正反转,可用于防爆要求	在相同传动比范围内具有体积小,传动效率高,制造成本低,结构简单,装配检修方便,可以正反转,不允许承受外加轴向载荷,可用于防爆要求	结构简单,过载时能打滑,可起安全保护作用,但传动比不能保持精确,不能用于防爆要求	凹凸圆弧齿廓啮合,磨损小,发热低,效率高,承载能力高,体积小,重量轻,结构紧凑,广泛用于搪玻璃反应罐,可用于防爆要求

3.5.2　搅拌轴设计

机械搅拌反应器的振动、轴封性能等直接与搅拌轴的设计相关。对于大型或高径比大的机械搅拌反应器,尤其要重视搅拌轴的设计。

设计搅拌轴时,应考虑四个因素:①扭转变形;②临界转速;③扭矩和弯矩联合作用下的强度;④轴封处允许的径向位移。考虑上述因素计算所得的轴径是指危险截面处的直径。确定轴的实际直径时,通常还得考虑腐蚀裕量,最后把直径圆整为标准轴径。

1. 搅拌轴的力学模型

对搅拌轴设定:

(1) 刚性联轴器连接的可拆轴视为整体轴;

(2) 搅拌器及轴上的其他零件(附件)的重力、惯性力、流体作用力均作用在零件轴套的中部;

(3) 轴受扭矩作用外,还考虑搅拌器上流体的径向力以及搅拌轴和搅拌器(包括附件)在组合重心处质量偏心引起的离心力的作用。

因此将悬臂轴和单跨轴的受力简化为如图 3-35(悬臂式)和图 3-36(单跨式)所示的模型。图中 a 指悬臂轴两支点间距离;d 指搅拌器直径;F_e 指搅拌轴及各层圆盘组合重心处质量偏心引起的离心力;F_h 指搅拌器上流体径向力;L_e 指搅拌轴从各层圆盘组合重心离轴承(对悬臂轴为搅拌侧轴承,对单跨轴为传动侧轴承)的距离。

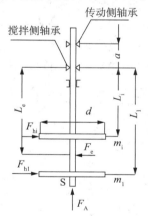

图 3-35　悬臂轴受力模型

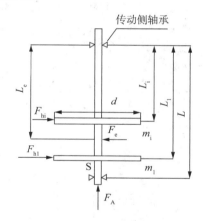

图 3-36　单跨轴受力模型

2. 按扭转变形计算搅拌轴的轴径

搅拌轴受扭矩和弯矩的联合作用,扭转变形过大会造成轴的振动,使轴封失效。因此应将轴单位长度最大扭转角 γ 限制在允许范围内。轴扭矩的刚度条件为

$$\gamma = \frac{583.6 M_{n,max}}{G d^4 (1-\alpha^4)} \leqslant [\gamma] \tag{3-9}$$

式中　d——搅拌轴直径,m;

　　　G——轴材料剪切弹性模量,Pa;

　　　$M_{n,max}$——轴传递的最大转矩,$M_{n,max} = 9\,553 \dfrac{P_n}{n}\eta$,N·m;

n——搅拌轴转速,r/min;

P_n——电机功率,kW;

α——空心轴内径和外径的比值;

η——传动转置效率;

$[\gamma]$——许用扭转角,对于悬臂梁,$[\gamma]=0.35°/\text{m}$,对于单跨梁$[\gamma]=0.7°/\text{m}$。

故搅拌轴的直径为

$$d=4.92\left(\frac{M_{n,\max}}{[\gamma]G(1-\alpha^4)}\right)^{\frac{1}{4}} \tag{3-10}$$

3. 按临界转速校核搅拌轴的直径

当搅拌轴的转速达到轴自振频率时会发生强烈振动,并出现很大弯曲,这个转速称为临界转速,记作 n_c。在靠近临界转速运转时,轴常因强烈振动而损坏,或破坏轴封而停产。因此工程上要求搅拌轴的工作转速避开临界转速。工作转速低于第一临界转速的轴称为刚性轴,要求 $n\leqslant0.7n_c$;工作转速大于第一临界转速的轴称为柔性轴,要求 $n\geqslant1.3n_c$。一般搅拌轴的工作转速较低,大都为低于第一临界转速工作的刚性轴。

对于小型的搅拌设备,由于轴径细,长度短,轴的质量小,往往把轴理想化为无质量的带有圆盘的转子系统来计算轴的临界转速。随着搅拌设备的大型化,搅拌抽直径变粗,如果忽略搅拌轴的质量将引起较大的误差。此时一般采用等效质量的方法,把轴本身的分布质量和轴上各个搅拌器的质量按等效原理,分别转化到一个特定点上(如对悬臂轴为轴末端上)。然后累加组成一个集中的等效质量。这样把原来复杂的多自由度转轴系统简化为无质量轴上只有一个集中等效质量的单自由度问题。临界转速与支承方式、支承点距离及轴径有关,不同型式支承轴的临界转速的计算方法不同。

按上述方法,具有 z 个搅拌器的等直径悬臂轴可简化为如图 3-35 所示的模型,其一阶临界转速为

$$n_c=\frac{30}{\pi}\sqrt{\frac{3EI(1-\alpha^4)}{L_1^2(L_1+a)m_s}} \tag{3-11}$$

式中　E——轴材料的弹性模量,Pa;

　　　　I——轴的惯性矩,m⁴;

　　　　α——空心轴内外径之比;

　　　　L_1——第一个搅拌器悬臂长度(图 3-35),m;

　　　　a——悬臂轴两支点间距,m;

　　　　m_s——轴和搅拌器有效质量在 S 点的等效质量和,kg。

m_s 计算公式为:$m_s=m+\sum_{i=1}^{z}m_i$

式中　m——悬臂轴 L_1 段自身质量及附带液体质量在轴末端 S 点的等效质量,kg;

　　　　m_i——第 i 个搅拌器自身质量及附带液体质量在轴末端 S 点的等效质量,kg;

　　　　z——搅拌器个数。

不同型式的搅拌器、搅拌介质,刚性轴和柔性轴的工作转速 n 与临界转速 n_c 的比值可参考表 3-6。

表 3-6 搅拌轴转速的选取

搅拌介质	刚性轴		柔性轴
	搅拌器(叶片式搅拌器除外)	叶片式搅拌器	高速搅拌器
气体		$n/n_c \leqslant 0.7$	不推荐
液体-液体 液体-固体	$n/n_c \leqslant 0.7$	$n/n_c \leqslant 0.7$ 和 $n/n_c \neq (0.45 \sim 0.55)$	$n/n_c = 1.3 \sim 1.6$
液体-气体	$n/n_c \leqslant 0.6$	$n/n_c \leqslant 0.4$	不推荐

4. 按强度计算搅拌轴的直径

搅拌轴的强度条件是

$$\tau_{max} = \frac{M_{te}}{W_P} \leqslant [\tau] \qquad (3-12)$$

式中 τ_{max}——截面上最大切应力,Pa;

M_{te}——弯扭组合时,当量扭矩,$M_{te} = \sqrt{M_n^2 + M^2}$,N·m;

M_n——扭矩,N·m;

M——弯矩,$M = M_R + M_A$;

M_R——水平推力引起的轴的弯矩,N·m;

M_A——轴向力引起的轴的弯矩,N·m;

W_P——抗扭截面模量,对于空心圆轴 $W_P = \frac{\pi d^3}{16}(1 - \alpha^4)$,m³;

$[\tau]$——轴材料的许用剪切应力,$[\tau] = \frac{R_m}{16}$,Pa;

R_m——轴材料的抗拉强度,Pa。

则搅拌轴的直径为

$$d = 1.72 \left(\frac{M_{te}}{[\tau](1 - \alpha^4)} \right)^{\frac{1}{3}} \qquad (3-13)$$

5. 按轴封处允许径向位移验算轴径

轴封处径向位移的大小直接影响密封的性能。径向位移大,易造成泄漏或密封的失效。轴封处的径向位移主要由三个因素引起:(1)轴承的径向游隙;(2)流体形成的水平推力;(3)搅拌器及附件组合质量不均匀产生的离心力。其计算模型如图 3-37 所示。因此要分别计算其径向位移,然后叠加,使总径向位移 δ_{L_0} 小于允许的径向位移 $[\delta]_{L_0}$,即

$$\delta_{L_0} \leqslant [\delta]_{L_0} \qquad (3-14)$$

式中 $[\delta]_{L_0}$——轴封处的允许径向位移,通常

$[\delta]_{L_0} = 0.1 \times K_3 \sqrt{d}$,mm;

K_3——径向位移系数,当设计压力 $p = 0.1 \sim 0.6$ MPa,

$n > 100$ r/min 时,一般物料 $K_3 = 0.3$。

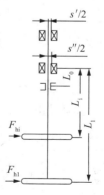

图 3-37 径向位移计算模型

6. 减小轴端挠度、提高搅拌轴临界转速的措施

(1) 缩短悬臂段搅拌轴的长度

受到端部集中力作用的悬臂梁,其端点挠度与悬臂长度的三次方成正比。缩短搅拌轴悬臂长度,可以降低梁端的挠度。这是减小挠度最简单的方法,但这会改变设备的高径比,影响搅拌效果。

(2) 增加轴径

轴径越大,轴端挠度越小。但轴径增加,与轴连接的零部件均需加大规格。如轴承、轴封、联轴器等,导致造价增加。

(3) 设置底轴承或中间轴承

设置底轴承或中间轴承改变了轴的支承方式,可减小搅拌轴的挠度。但底轴承和中间轴承浸没在物料中,润滑不好,如物料中有固体颗粒、更易磨损,需经常维修、影响生产。发展趋势是尽量避免采用底轴承和中间轴承。

(4) 设置稳定器

安装在搅拌轴上的稳定器的工作原理是:稳定器受到的介质阻尼作用力的方向与搅拌器对搅拌轴施加的水平作用力的方向相反,从而减少轴的摆动量。稳定器摆动时,其阻尼与承受阻尼作用的面积有关,迎液面积越大,阻尼作用越明显,稳定效果越好。采用稳定器可改善搅拌设备的运行性能,延长轴承的寿命。稳定器有圆筒形和叶片形两种结构型式。圆筒形稳定器为空心圆筒,安装在搅拌器下面,如图 3-38 所示。叶片形稳定器有多种安装方式,有的叶片切向布置在搅拌器下面,如图 3-39(a)所示,有的叶片安装在轴上,并与轴垂直,如图 3-39(b)、(c)、(d)所示。安装在轴上的叶片,由于距离上部轴承较近,阻尼产生的反力矩较小,稳定效果较差。稳定叶片的尺寸一般取为 $w/d=0.25$,$h/d=0.25$。圆筒形稳定器的应用效果较好,主要是因为稳定筒的迎液面积较大,所产生的阻尼力也较大,且位于轴下端。

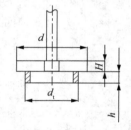

图 3-38　稳定筒

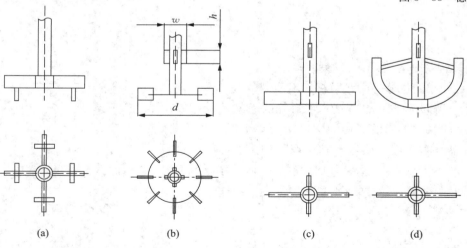

(a)　　　　　(b)　　　　　(c)　　　　　(d)

图 3-39　叶片形稳定器

[例题 3-3]　搅拌反应器的筒体内直径为 1 600 mm,采用六弯叶开式涡轮式搅拌器,搅拌器直径为 600 mm,搅拌器转速为 100 r/min,容器内介质密度为 1 200 kg/m³,黏度为

0.12 Pa·s,电机功率 1.8 kW,机械效率 98%,实心轴,轴材料的 $E = 200\ 000$ MPa,$u = 0.3$。

试求:(1)搅拌功率;

(2)改用六直叶开式涡轮搅拌器后的功率;

(3)如果搅拌轴的许用扭转角 $[\gamma] = 0.35°/m$,确定搅拌轴的直径。

解:已知 $\rho = 1\ 200$ kg/m³,$\mu = 0.12$ Pa·s,$d = 600$ mm,$n = 100$ r/min $= 1.667$ r/s。

(1)搅拌功率

计算雷诺数 Re

$$Re = \frac{\rho n d^2}{\mu} = \frac{1\ 200 \times 1.667 \times 0.6^2}{0.12} = 6\ 001.2$$

由图 3-22 功率曲线 5 查得,$N_p = 2.3$。

按式(3-2)计算搅拌功率

$$P = N_p \rho n^3 d^5 = 2.3 \times 1\ 200 \times 1.667^3 \times 0.6^5 = 0.994\ \text{kW}$$

(2)改用六直叶开式涡轮搅拌器后的功率

雷诺数不变,由图 3-22 曲线 2 查得,$N_p = 4$。搅拌功率为

$$P = N_p \rho n^3 d^5 = 4 \times 1\ 200 \times 1.667^3 \times 0.6^5 = 1.729\ \text{kW}$$

(3)搅拌轴的轴径

轴传递的最大扭矩

$$M_{n,\max} = 9\ 553 \frac{P_n}{n} \eta = 168.5\ \text{N·m}$$

根据式(3-10),仅考虑扭转变形时,搅拌轴直径为

$$d = 4.92 \left(\frac{M_{n,\max}}{[\gamma] G (1 - \alpha^4)} \right)^{1/4} = 4.92 \left(\frac{168.5}{0.35 \times \dfrac{2 \times 10^{11}}{2(1 + 0.3)} \times 1} \right)^{1/4} = 43.76\ \text{mm}$$

考虑腐蚀余量以及选择标准的直径值,最终确定搅拌轴直径为 45 mm。

3.6　搅拌反应器的轴封

用于机械搅拌反应器的轴封主要有两种:填料密封和机械密封。轴封的目的是避免介质通过转轴从搅拌容器内泄漏或外部杂质渗入搅拌容器内。

3.6.1　填料密封

填料密封结构简单,制造容易,运用于非腐蚀性和弱腐蚀性介质、密封要求不高、并允许定期维护的搅拌设备。

1. 填料密封的结构及工作原理

填料密封的结构如图 3-40 所示,它是由底环、本体、油杯、填料、螺栓、压盖及油杯等组成。在压盖压力作用下,装在搅拌轴与填料箱本体之间的填料,对搅拌轴表面产生径向压紧力。由于填料中含有润滑剂,因此,在对搅拌轴产生径向压紧力的同

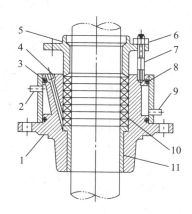

图 3-40　填料密封结构
1—填料箱;2—冷却水出口;3—水夹套;
4—油杯;5—填料压盖;6—螺母;7—螺栓;
8—密封圈;9—冷却水进口;
10—密封填料;11—衬套

时,形成一层极薄的液膜,一方面使搅拌轴得到润滑,另一方面阻止设备内流体的溢出或外部流体的渗入,达到密封的目的。显然填料中含有润滑剂,但在运转中润滑剂不断消耗,故在填料中间设置油杯。使用时可从油杯加油,保持轴和填料之间的润滑。填料密封不可能绝对不漏,因为增加压紧力,填料紧压在转动轴上,会加速轴与填料间的磨损,使密封更快失效,在操作过程中应适当调整压盖的压紧力,并需定期更换填料。

2. 填料密封箱的特点

为便于使用,一般将填料密封做成一个整体,这种填料箱具有以下的特点:

(1) 在填料箱的压盖上设置衬套,可提高装配精度,使轴有良好的对中。填料压紧时受力均匀,保证填料密封在良好条件下进行工作。

(2) 压制成型环状填料。因盘状填料装配时尺寸公差很难保证,填料压紧后不能完全保证每圈都与轴均匀良好接触,受力状态不好,常造成装料密封失效而泄漏。采用具有定公差的成型环状填料,密封效果可大为改善。填料一般在裁剪、压制成填料环后使用。成型环状填料的形状见图3-41。

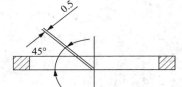

图3-41 压制成型环状填料

当旋转轴线速度大于1 m/s时,摩擦放热大,填料寿命会降低,轴也易烧坏。此时应提高轴表面硬度和加工精度,以及填料的自润滑性能,如在轴表面堆焊硬质合金或喷涂陶瓷或采用水夹套等。轴表面的粗糙度应控制在$0.2 \sim 0.8 \ \mu m$。

3. 填料密封的选用

(1) 根据设计压力、设计温度及介质腐蚀性选用   当介质为易燃、易爆、有毒的一般物料且压力不高时,按表3-7选用填料密封。

表3-7 标准填料箱的允许压力、温度

材料	公称压力/MPa	允许压力范围/MPa(负值指真空)	允许温度范围/℃	转轴线速度/(m/s)
碳钢填料箱	常压	<0.1	<200	<1
	0.6	$-0.03 \sim 0.6$	≤200	
	1.6	$-0.03 \sim 1.6$	$-20 \sim 300$	
不锈钢填料箱	常压	<0.1	<200	<1
	0.6	$-0.03 \sim 0.6$	≤200	
	1.6	$-0.03 \sim 1.6$	$-20 \sim 300$	

(2) 根据填料的性能选用   当密封要求不高时,选用一般石棉或油浸石棉填料,当密封要求较高时,选用膨体聚四氟乙烯、柔性石墨等填料。各种填料材料的性能不同,按表3-8选用。

表3-8 填料材料的性能

填料名称	介质极限温度/℃	介质极限压力/MPa	线速度/(m/s)	适用条件(接触介质)
油浸石棉填料	450	6		蒸气、空气、工业用水、重质石油产品、弱酸液等
聚四氟乙烯纤维编结填料	250	30	2	强酸、强碱、有机溶剂
聚四氟乙烯石棉盘根	260	25	1	酸碱、强腐蚀性溶液、化学试剂等

续表

填料名称	介质极限温度 /℃	介质极限压力 /MPa	线速度 /(m/s)	适用条件(接触介质)
石棉线或石棉线与尼龙线浸渍聚四氟乙烯填料	300	30	2	弱酸、强碱、各种有机溶剂、液氨、海水、纸浆废液等
柔性石墨填料	250～300	20	2	醋酸、硼酸、柠檬酸、盐酸、硫化氢、乳酸、硝酸、硫酸、硬脂酸、水钠、溴、矿物油料、汽油、二甲苯、四氯化碳等
膨体聚四氟乙烯石墨盘根	250	4	2	强酸、强碱、有机溶液

3.6.2　机械密封

机械密封是把转轴的密封面从轴向改为径向,通过动环和静环两个端面的相互贴合,并做相对运动达到密封的装置,又称端面密封。机械密封的泄漏率低,密封性能可靠,功耗小,使用寿命长,在搅拌反应器中得到广泛的应用。

1. 机械密封的结构及工作原理

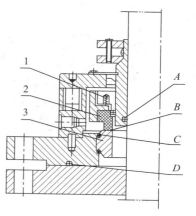

图 3-42　机械密封结构
1—弹簧;2—动环;3—静环

机械密封的结构如图 3-42 所示。它由固定在轴上的动环及弹簧压紧装置、固定在设备上的静环以及辅助密封圈组成。当转轴旋转时,动环和固定不动的静环紧密接触,并经轴上弹簧压紧力的作用,阻止容器内介质从接触面上泄漏。图中有四个密封点,A 点是动环与轴之间的密封,属静密封,密封件常用"(O)"形环。B 点是动环和静环做相对旋转运动时的端面密封,属动密封,是机械密封的关键。两个密封端面的平行度和粗糙度要求较高,依靠介质的压力和弹簧力使两端保持密紧接触,并形成一层极薄的液膜起密封作用。C 点是静环与静环座之间的密封,属静密封。D 点是静环座与设备之间的密封,属静密封。通常设备凸缘做成凹面,静环座做成凸面,中间用垫片密封。

动环和静环之间的摩擦面称为密封面。密封面上单位面积所受的力称为端面比压,它是动环在介质压力和弹簧力的共同作用下,紧压在静环上引起的,是操作时保持密封所必需的净压力。端面比压过大,将造成摩擦面发热使摩擦加剧、功率消耗增加,使用寿命缩短;端面比压过小,密封面内不紧而泄漏,密封失效。

2. 机械密封分类

(1) 单端面与双端面　根据密封面的对数分为单端面密封(一对密封面)和双端面密封(两对密封面)。图 3-42 所示的单端面密封结构简单、制造容易、维修方便、应用广泛。双端面密封有两个密封面,且可在两密封面之间的空腔中注入中性液体,使其压力略大于介质的操作压力,起到堵封及润滑的双重作用,故密封效果好。但结构复杂,制造、拆装比较困难,需一套封液输送装置,且不便于维修。

(2) 平衡型与非平衡型　根据密封面负荷平衡情况分为平衡型和非平衡型。平衡型与非平衡型是以液体压力负荷面积对端面密封面积的比值大小判别的。设液压负荷面积为 A_y,密封面接触面积为 A_j,其比值为

$$K=\frac{A_y}{A_j}$$

(3-15)

由图 3-43 可知，$A_y = \dfrac{\pi}{4}(D_2^2 - d^2)$；$A_j = \dfrac{\pi}{4}(D_2^2 - D_1^2)$

故
$$K = \frac{D_2^2 - d^2}{D_2^2 - D_1^2}$$

经过适当的尺寸选择，可使机械密封设计成 $K<1$，$K=1$ 或 $K>1$。当 $K<1$ 时称为平衡型机械密封，如图 3-43(a)所示。平衡型密封由于液压负荷面积减小，使接触面上的负荷也越小。$K \geqslant 1$ 时为非平衡型，如图 3-43(b)(c)所示。通常平衡型机械密封的 K 值在 $0.6 \sim$ 0.9，非平衡型机械密封的 K 值在 $1.1 \sim 1.2$。

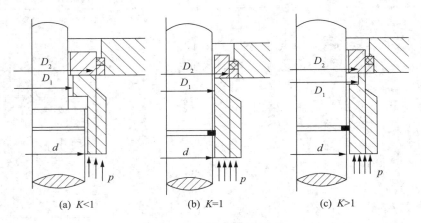

(a) $K<1$　　　　　(b) $K=1$　　　　　(c) $K>1$

图 3-43　机械密封的 K 值

(3) 机械密封的选用　当介质为易燃、易爆、有毒物料时，宜选用机械密封。机械密封已标准化，其使用的压力和温度范围见表 3-9。

设计压力小于 0.6 MPa 且密封要求一般的场合，可选用单端面非平衡型机械密封。设计压力大于 0.6 MPa 时，常选用平衡型机械密封。

当密封要求较高、搅拌轴承受较大径向力时，应选用带内置轴承的机械密封，但机械密封的内置轴承不能作为轴的支点。当介质温度高于 80℃，搅拌轴的线速度超过 1.5 m/s 时，机械密封应配置循环保护系统。

表 3-9　机械密封允许压力、温度范围

机械密封	压力等级/MPa	使用温度/℃	最大线速度/(m/s)	介质端材料
单端面	0.6	$-20 \sim 150$	3	碳钢不锈钢
双端面	1.6	$-20 \sim 300$	$2 \sim 3$	

(4) 动环、静环的材料组合　动环(旋转环)和静环是一对摩擦副。在运转时还与被密封的介质接触。在选择动环和静环材料时，要同时考虑它们的耐磨性及耐腐蚀性。另外摩擦副配对材料的硬度应不同，一般是动环高静环低，因为动环的形状比较复杂，在改变操作压力时容易产生变形，故动环选用弹性模量大、硬度高的材料，但不宜用脆性材料。动环、静环及密封圈材料的组合推荐见表 3-10。

表 3 - 10 机械密封常用动环和静环材料组合

介质性质	介质温度/℃	动环	静环	辅助密封圈	弹簧	结构件	大气侧		
							动环	静环	辅助密封圈
一般	<80	石墨浸渍树脂	碳化钨	丁腈橡胶	铬镍钢	铬钢	石墨浸渍树脂	碳化钨	丁腈橡胶
	>80			氟橡胶					
腐蚀性强	<80			橡胶包覆聚四氟乙烯	铬镍钼钢	铬镍钢			氟橡胶
	>80								

3.6.3 全封闭密封

介质为剧毒、易燃、易爆、昂贵的物料、高纯度物资以及在高真空下操作,密封要求很高,采用填料密封和机械密封均无法满足时,用全封闭的磁力搅拌最为合适。

全封闭密封的工作原理:安装在输入机械能转子上的外磁转子,和套装在搅拌轴上的内磁转子,用隔离套使内外转子隔离,靠内外磁场进行传动。隔离套起到全封闭密封作用。套在内外轴上的涡磁转子称为磁力联轴器。

磁力联轴器有两种结构:平面式联轴器和套筒式联轴器。平面式联轴器如图 3 - 44 所示,由装在搅拌轴上的内磁转子和装在电机轴上的外磁转子组成。最常用的套筒式联轴器如图 3 - 45 所示,它由内磁转子、外磁转子、隔离套、轴、轴承等组成。外磁转子与电机轴相连,安装在隔离套和内磁转子上,隔离套为一薄壁圆筒,将内磁转子和外磁转子隔开,对搅拌容器内介质起全封闭作用。内外磁转子传递的力矩与内外转子的间隙有关,而间隙的大小取决于隔离套厚度。如厚度薄了,由于隔离套强度、刚度的限制,使用压力低。一般隔离套是由非磁件金属构料组成,隔离套在高速下切割磁力线将造成较大的涡流和磁滞等损耗,因此必须考虑用电阻率高、抗拉强度大的材料制造。目前,较多采用合金钢或钛合金等。

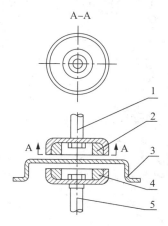

图 3 - 44 平面式联轴器
1—外轴;2—外磁转子;3—隔离套;
4—内磁转子;5—内轴

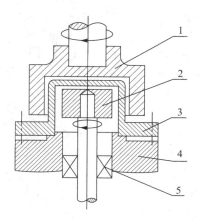

图 3 - 45 套筒式联轴器
1—外磁转子;2—内磁转子;3—隔离套;
4—反应器筒体;5—轴承

内外磁转子是磁力传动的关键,一般采用永久磁铁。永久磁铁有陶瓷型、金属型和稀土钴。陶瓷型铁氧磁钢长期使用不易退磁,但传递力矩小。金属型铝镍钴磁钢磁性能低,易退磁。稀土钴磁钢稳定性高,磁性能为铝镍钴磁钢的三倍以上。如将两个同性磁极压在一起也不易退磁,是较理想的磁体材料。

全封闭型密封的磁力传动的优点:①无接触和摩擦,功耗小,效率高;②超载时内外磁转子相对滑脱,可保护电机过载;③可承受较高压力,且维护工作量小。其缺点:①筒体内轴承与介质直接接触影响了轴承的寿命;②隔离套的厚度影响传递力矩,且转速高时造成较大的涡流和磁滞等损耗;③温度较高时会造成磁性材料严重退磁而失效,使用温度受到限制。

新近研制的一种称为气体润滑机械密封,已开始应用在搅拌轴上。气体润滑机械密封的基本原理是:在动环或静环的密封面上开有螺旋形的槽及孔。当旋转时利用缓冲气,密封面之间引入气体,使动环和静环之间产生气体动压及静压,密封面不接触,分离微米级距离,起到密封作用。这种密封技术由于密封面不接触,使用寿命较长,适合于反应设备内无菌、无油的工艺要求,特别适用于高温、有毒气体等特殊要求的场合。

气体润滑机械密封与常规机械密封相比,使用寿命长,可达4年以上,不需要润滑油系统及冷却系统,维护方便,避免了产品的污染。与全封闭密封相比,运行费用少,传递功率不受限制,投资成本低,维护方便。

思考题三

1. 搅拌的目的是什么?

2. 常见反应器可分为哪几类? 分别有什么特点?

3. 搅拌反应器主要由哪些零部件构成?

4. 搅拌容器的传热元件有哪几种? 各有什么特点?

5. 搅拌器的选型主要依据哪些因素?

6. 试比较桨式、推进式及涡轮式搅拌器的操作性能及使用场合。

7. 搅拌器在容器内的安装方式有哪几种? 对于搅拌机顶插式中心安装的情况,其流型有什么特点?

8. 影响搅拌器功率的因素是什么?

9. 搅拌反应器中,为什么要避免圆柱状回转区?

10. 搅拌轴的设计需要考虑哪些因素?

11. 搅拌轴的密封装置有哪几种? 各有什么特点?

第4章 储 存 设 备

4.1 球形储罐

球形储罐(简称球罐)作为大容量、承压储存容器,在过程工业中应用比较广泛:它可用作液化气体,例如液化石油气(LPG)、液化天然气(LNG)、液氧、液氮、液氢、液氨等产品或中间介质的储存;也可用作压缩气体,例如空气、氧气、氢气、城市煤气等的储存。

20 世纪 30 年代,世界上仅有少数几个国家能进行球罐的制造,如美国于 1910 年、德国于1930 年分别建造了有限的几台铆接结构的小型低压球罐。但由于铆接结构不仅工艺复杂且致密性差,故长期未能得到推广。1940 年,随着焊接技术逐渐趋向成熟,以及适合焊接的新钢种的不断开发,球罐的制造由铆接改为焊接,由此技术上得到了很大发展。如美国于 1941年、苏联于 1944 年、日本于 1955 年、西德于 1958 年分别制造了一批压力较高、容量较大的焊接球罐。20 世纪 60 年代至今,随着世界各国综合国力和科技水平的大幅度提高,形成了球罐制造水平的高速发展期。许多工业先进国家还进行了双重壳低温球罐、深冷球罐及运输液化天然气的深冷大型船用球罐的试制生产。我国也于 1958 年开始自行设计建造球罐。目前已独立制造不同规格和用途的球罐,其最大容积已超过 1 000 m³,最大压力达到 3 MPa,最低设计温度在−30℃以下。

由于球罐容积较大,不可能一次制造完成,需先在制造厂压制成瓜片形状,再运到现场进行组装、焊接、检验和试验,最终完成建造。目前,我国球罐冷压成型技术主要还是依靠经验,选择一定曲率的胎具试压确定胎具的曲率,压制时结合加钢垫局部调整使球壳板达到要求的曲率,因此不同厂家冷压球片的精度和效率差别很大。国外在球罐大型化制造技术研究方面开展较早,对大板片球罐的制造技术和精度控制较为成熟,国内大型化制造技术发展也很快,近年来对球罐制造技术研究工作也开展了很多,包括下料技术、大板片、薄板压制技术等,但特大型大板片(30 m² 以上)制造精度还没有很好地掌握。

随着计算机辅助设计(CAD)和辅助制造(CAM)的发展,数控切割设备的应用,对影响球片压制精度和效率的因素进行模拟,找出内在的关系及变形规律,对冲压及切割成形统一研究,提高球罐生产的效率和降低材料的损耗,将是今后需研究的内容之一。

4.1.1 概述

1. 球罐的特点

球罐作为大型储存容器,有如下优点:

(1)与等容积的圆柱形容器相比,球形容器的表面积最小,故钢板用量最少;

(2)球罐受力均匀,在相同直径和工作压力下,其薄膜应力仅为圆柱形储存容器环向应力的 $\frac{1}{2}$,故板厚为圆柱形容器的 $\frac{1}{2}$ 左右,使得球罐用料省,造价低;

(3)由于球罐的风力系数约为 0,而圆柱的风力系数约为 0.7,这样球的受风面积要小,所以就风载荷来说,球罐比圆柱形容器安全得多;

(4) 球罐基础简单、工程量小,且建造费用便宜;

(5) 球罐容积大,在总容积一定的情况下,球罐数量大大减少,这样,相应的工艺管线、阀门及附件的数量也相应减少,除节省投资外,还给操作管理带来极大的方便。

从上述球罐的优点来看,可得出球罐建造得越大,优越性体现得越明显。但是球罐也有它固有的缺点,从而限制了它进一步向大型化方向的发展。例如:

(1) 受原材料供应(包括相对厚度、规格尺寸及性能等)的限制程度严格;

(2) 与圆柱形储罐比较,制造、安装均比较困难;

(3) 球罐几乎全是现场组装及焊接,安装条件差而且技术要求高;

(4) 由于国内钢材品种少,规格尺寸偏小,球罐板幅小,使得焊缝多而长,增加了工作量;

(5) 现行规范多且不统一,检验工作量大,要求严格。

综上所述,我国近期内建造的球罐要向大型化发展,还有许多问题有待解决。

2. 球罐分类

球罐有不同的分类方式,从用途上,可将球罐按使用介质分为液体球罐、气体球罐和液化气体球罐三大类;还可将其按使用温度分为常温球罐、低温球罐和深冷球罐三大类。

(1) 常温球罐　如储存液化石油气、氨、氧、氮、氢等气体的球罐,一般压力较高(1～3 MPa),其值取决于液化气的饱和蒸气压或气体压缩机的出口压力。常温球罐的设计温度大于－20℃;

(2) 低温球罐　如储存液氨、乙烯、丙烯等介质的球罐,使用压力为 0.4～2 MPa,使用温度为－100～－20℃;

(3) 深冷球罐　如储存－100℃以下液化气的球罐,使用压力极低,使用温度为－100℃以下,为了防止与大气间的热交换,达到保温效果,多数采用双重球罐。

从球罐结构上,可按外形分为圆球形和椭球形两大类;也可按对壳板厚度组合情况分为单层、多层、双金属层和双重(两个单层)壳球罐;还可以从壳板组合情况分为橘瓣型[图 4－1(a)]、足球瓣型[图 4－1(b)]和橘瓣-足球瓣混合型[图 4－1(c)]三大类。本章主要介绍常用的单层球罐。这种球罐无论从设计、制造和组焊等方面均有较为成熟的经验,我国的国家标准 GB 12337—1998《钢制球形储罐》规定采用这种形式。

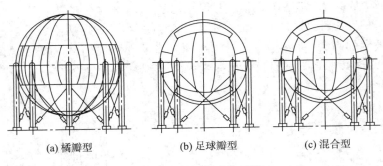

(a) 橘瓣型　　　　　(b) 足球瓣型　　　　　(c) 混合型

图 4－1　不同型式的球罐

3. 球罐的设计内容

球罐的结构并不复杂,但它的制造和安装较之其他形式储罐困难。主要原因是它的壳体为空间曲面,压制成型、安装组对及现场焊接难度较大。而且,由于球罐大多数是压力或低温容器,它盛装的物料又大部分是易燃、易爆物,且装载量又大,一旦发生事故,后果不堪设想。因此,球罐结构设计要围绕着如何保证安全可靠来实施。

　　球罐结构的合理设计必须考虑各种因素:装载物料的性质,设计温度和压力,材质,制造技术水平和设备,安装方法,焊接与检验要求,操作方便可靠,自然环境的影响(如风载荷与地震载荷的作用,大气的自然侵蚀)等。要做到满足各项工艺要求,有足够的强度和稳定性,且结构尽可能简单,使其压制成型、安装组对、焊接和检验、操作、监测和检修容易实施。

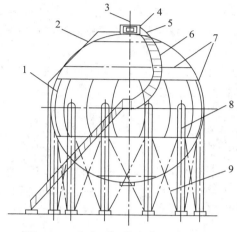

图 4-2　赤道正切柱式支承单层球罐
1—球壳;2—液位计导管;3—避雷针;4—安全泄放阀;
5—操作平台;6—盘梯;7—喷淋水管;8—支柱;9—拉杆

球罐的结构设计应该包括如下主要内容:
(1) 根据工艺参数的要求确定球罐结构的类型及几何尺寸;
(2) 确定球罐的分割方法(分带、分片);
(3) 确定球瓣的几何尺寸;
(4) 支承结构的确定;
(5) 人孔和工艺接管的选定、布置以及开孔补强的设计;
(6) 球形容器附件(包括液位测量、压力测量、安全阀、检测设备等设施)设置;
(7) 工艺操作用的平台、爬梯设计;
(8) 隔热保冷结构设计;
(9) 对基础的技术要求;
(10) 其他例如在地震多发地区建的球罐,需要设置防震设施。

　　图 4-2 为圆球形单层壳纯橘瓣式赤道正切的球罐。这种球罐由如下几个部分组成:罐体(包括上下极板、上下温带板和赤道板)、支柱、拉杆、操作平台、盘梯以及各种附件(包括人孔、接管、液面计、压力计、温度计、安全泄放装置等)。在某些特殊场合,球罐内还设有内部转梯、外部隔热或保温层、防火水幕喷淋管等附属设施。

　　下面将分别对罐体、支座、人孔和接管以及附件等进行讨论。

4.1.2　罐体

　　罐体是球形储罐的主体,它是储存物料、承受物料工作压力和液柱静压力的重要构件。罐体按其组合方式常分为以下几种。

1. 橘瓣式罐体

橘瓣式罐体是指球壳全部按橘瓣瓣片的形状进行分割成型后再组合的结构,如图4-2所示。纯橘瓣式罐体的特点是球壳拼装焊缝较规则,施焊组装容易,加快组装进度并可对其实施自动焊。由于分块分带对称,便于布置支柱,因此罐体焊接接头受力均匀,质量较可靠。这种罐体适用于各种容积大小的球罐,为世界各国普遍采用。我国自行设计、制造和组焊的球罐多为纯橘瓣式结构。

这种罐体的缺点是球瓣在各带位置尺寸大小不一,只能在本带内或上、下对称的带之间进行互换;下料及成型较复杂,板材的利用率低;球极板往往尺寸较小。当需要布置人孔和众多接管时可能出现接管拥挤,有时焊缝不易错开。

橘瓣式罐体适用于各种大小的球罐,为普遍采用。目前,我国自行建造的球罐,以及近年来引进的绝大部分的球罐,都是采用橘瓣式。

2. 足球瓣式罐体

足球瓣式罐体的球壳划分和足球一样,所有的球壳板片大小相同,它可以由尺寸相同或相似的四边形或六边形球瓣组焊而成。图4-3所示足球瓣式球罐及其附件。这种罐体的优点是每块球壳板尺寸相同,下料成型规格化,材料利用率高,互换性好,组装焊缝较短,焊接及检验工作量小。缺点是焊缝布置复杂,施工组装困难,对球壳板的制造精度要求高。由于受钢板规格及自身结构的影响,一般只适用于制造容积小于 120 m^3 的球罐。中国目前很少采用足球瓣式球罐。

3. 混合式罐体

混合式罐体的组成是:赤道带和温带采用橘瓣式,而极板采用足球瓣式结构。图4-4为混合式球罐。由于这种结构取橘瓣式和足球瓣式两种结构之优点,材料利用率较高,焊缝长度缩短,球壳板数量减少,且特别适合于大型球罐。极板尺寸比纯橘瓣式大,容易布置人孔及接管。与足球瓣式罐体相比,可避开支柱搭在球壳板焊接接头上,使球壳应力分布比较均匀。该结构在国外已广泛采用,随着中国石油、化工、城市煤气等工业的迅速发展,掌握了该种球罐的设计、制造、组装和焊接技术,混合式罐体将在大型球罐上得到更广泛的应用。橘瓣式和混合式罐体基本参数见 GB/T 17261—1998《钢制球形储罐型式与基本参数》。

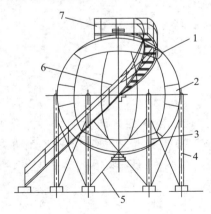

图4-3　足球瓣式球罐

1—顶部极板;2—赤道板;3—底部极板;4—支柱;

5—拉杆;6—扶梯;7—顶部操作平台

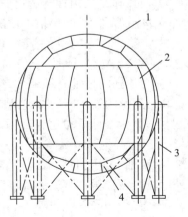

图4-4　混合式球罐

1—上极;2—赤道带;3—支柱;4—下极

综合以上所述,可将此三种球罐的优、缺点及应用总结见表 4-1。

表 4-1　三种球罐的优、缺点及主要应用

	壳片分割成型型式	优　点	缺　点	应　用
纯橘瓣式	球壳全部按橘瓣片形状进行分割成型后再组合	球壳拼装焊缝较规则,施焊组装容易,实施自动焊,便于布置支座,焊接接头受力均匀,质量较可靠	球瓣在不同带位置尺寸大小不一,互换有限;下料成型复杂,板材利用率低;球极板尺寸往往较小,人孔、接管等容易拥挤,有时焊缝不易错开	适用于各种容量的球罐
足球瓣式	由相同或相似的四边形或六边形组焊而成	每块球壳板尺寸相同,下料成型规格化,材料利用率高,互换性好,组装焊缝较短,焊接及检验工作量小	焊缝布置复杂,施工组装困难,对球壳板的制造精度要求高	容积小于 120m³ 球罐
混合式	赤道带和温带——橘瓣式;极板——足球瓣式	材料利用率高,焊缝长度缩短,壳板数量少,极板尺寸大,易布置人孔及接管,避免球罐支座与球壳板焊接接头搭在一起,球壳应力分布均匀	由于有两种球瓣,组装校正较为麻烦,制造精度要求高,且球壳主焊缝有 Y 形和 T 形接缝,此处焊接质量难保证	

4.1.3　球罐支座

球罐支座是球罐中用以支承本体质量和储存物料的结构部件。由于球罐壳体呈圆球状,给支座设计带来一定的困难,它既要支承较大的重量(例如 8 520 m³ 液氨球罐,本体质量 4 630 kN,最大操作质量 57 100 kN,水压试验时质量 87 130 kN,采用 16 根支柱支承,每根支柱要承受 5 445 kN 的重力)。又由于球罐设置在室外,需承受各种自然环境影响,如风载荷、地震载荷和环境温度变化的作用。为了对付各种影响因素,球罐支座的结构型式比较多,设计计算也比较复杂。

支座可分为柱式支座和裙式支座两大类。柱式支座中又以赤道正切柱式支座用得最多,此外,还有 V 形柱式支座和三柱合一形柱式支座。裙式支座包括圆筒裙式支座、锥形支座、钢筋混凝土连续基础支座、半埋式支座,以及锥底支座等。

1. 赤道正切柱式支座设计

设计要求如下:

(1)赤道正切柱式支座必须能够承受作用于球罐的各种载荷(静载荷包括壳体及附件重量、储存物料重量;动载荷包括风载荷和地震载荷),支承构件要有足够的强度和稳定性。

(2)支座与球壳连接部分,既要能充分地传递应力,又要求局部应力水平尽量低,因此焊缝必须有足够的焊接长度和强度,并要采取措施减少应力集中。

(3)支座要能经受由于焊后整体热处理或热胀冷缩而造成的径向浮动。

(4)支座上部柱头的材质要选择得当。由于相当数量的球罐用于储存低温物料,低温球罐要求球壳材质能耐低温,因而同样要求柱头也采用耐低温材料。因此,赤道正切柱式支座要有分段结构问题,如果不是特殊材质的球罐,则可采用不同材质制造支柱上的柱头及球壳。

(5)支柱必须考虑防火隔热问题,要设置防火隔热层,以保证在球罐区发生火灾场合下,使球罐不至于在短时间内塌毁而造成更大的灾难。

2. 赤道正切柱式支座结构

赤道正切柱式支座结构特点是:球壳有多根圆柱状的支柱在球壳赤道部位等距离布置,与球壳相切或近似相切(相割)而焊接起来。支柱支承球罐的重量,为了承受风载荷和地震载荷,保证球罐的稳定性,在支柱之间设置拉杆相连。这种支柱的优点是受力均匀,弹性好,安

装方便,施工简单,调整容易,现场操作和检修方便;它的缺点主要是重心高,稳定性较差。

(1) 支柱结构

支柱由圆管、底板、端板三部分组成,分单段式和双段式两种。图4-5为典型的支柱结构图。

① 单段式支柱

支柱由一根圆管或圆筒组成,其上端加工成与球壳相接的圆弧状(为达到密切接合也有采用翻边形式),下端与底板焊好,然后运到现场与球瓣进行组装和焊接。单段式支柱主要用于常温球罐。

② 双段式支柱

这种支柱适用于低温球罐(设计温度为－100～－20℃)的特殊材质的支座。按低温球罐设计要求,与球壳相连的支柱必须选用与壳体相同的低温材料。因此,支柱分成两段,上段采用与壳体同样的低温材料,其设计高度一般为支柱总高度的30%～40%左右,该段支柱一般在制造厂内与球瓣进行组对焊接,并对连接焊缝进行焊后消除应力热处理。上、下两段支柱采用相同尺寸的圆管或圆筒组成,在现场进行地面组对。下段支柱可采用一般材料。常温球罐有时为了改善柱头部分

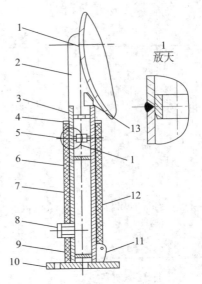

图 4-5　支柱结构图
1—球壳;2—上部支柱;3—内部筋板;
4—外部端板;5—内部导环;6—防火隔热层;
7—防火层夹子;8—可熔塞;9—接地凸缘;
10—底板;11—下部支耳;12—下部支柱;
13—上部支耳

支座与球壳连接的应力状况,也常采用双段式支柱结构,不过此时不要求上段支柱采用与壳体同样的低温材料。双段式支柱本身结构较为复杂,但它在与壳体相焊处焊缝的受力水平较低,这是一个显著的优点,故在国外得到广泛应用。

GB 12337—2014《钢制球形储罐》标准还规定:支柱应采用钢管制作;分段长度不宜小于支柱总长的1/3,段间环向接头应采用带垫板对接接头,应全熔透;支柱顶部应设有球形或椭圆形的防雨盖板;支柱应设置通气口;储存易燃物料及液化石油气的球罐,还应设置防火层;支柱底板中心应设置通孔;支柱底板的地脚螺栓孔应为径向长圆孔。

(2) 支柱与球壳的连接

如图4-6所示,主要分为有垫板和无垫板两种类型,有托板结构(又称加强板)可增加球壳板的刚性,但又增加了球壳上的搭接焊缝,在低合金高强度钢的施焊中由于易产生裂纹,探伤检查又困难,故应尽量避免采用垫板结构。

从图4-6和图4-7看出,支柱与球壳连接端部结构,也分为平板式及半球式两种,国内建造的球罐大多是平板式结构,引进球罐一般采用半球式结构。半球式结构受力较合理,抗拉断能力较强,平板式结构造成高应力的边角,结构不合理。支柱与球壳连接的下部结构,分为直接连接和有托板连接两种。有托板结构,可以改善支承和焊接条件,便于焊缝检验。

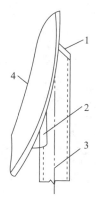

图 4 - 6 无补强板有托板结构

1—端板；2—托板；3—支柱；4—球瓣

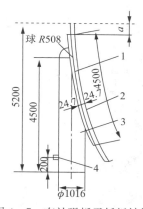

图 4 - 7 有补强板无托板结构

1—补强板；2—赤道球瓣；3—支柱；4—可熔塞

（3）支柱的防火安全结构

支柱的防火安全结构主要是在支柱上设置防火层及可熔塞结构。当在罐区发生火灾时，为了防止球罐的支柱在很短的时间内被火烧塌，引起球罐破坏使事故加剧，除了对球罐采用防火水幕喷淋以外，对于高度为 1 m 以上的支柱，用厚度 50 mm 以上的耐热混凝土或具有相当性能的不燃性绝热材料覆盖（或用与储槽本体淋水装置能力相当的淋水装置加以有效的保护）。对于液化石油气或可燃性液化气球罐更为必要。这种防火隔热层的设置见图 4 - 8。防火隔热层不应发生干裂，其耐火性必须在 1 h 以上。

每根支柱上开设排气孔，使支柱管子内部的气体在火灾时能够及时逸出，保护支柱。排气孔在支柱作严密性试验时可作为压缩空气接嘴，为了隔绝支柱管与外界接触。试压后在排气孔上采用可熔塞堵孔，可熔塞内填

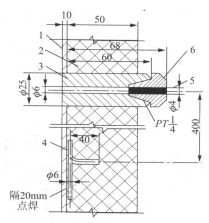

图 4 - 8 支柱防火隔热结构

1—支柱壁；2—防火隔热层；3—可熔塞接管；4—防火层夹子；5—可熔塞；6—螺母

充以 100℃ 以下温度时能自行熔化的金属材料，可熔塞直径应在 6 mm 以上。

支柱必须有较好的严密性，保证各处焊缝有足够的强度（尤其是在支柱与球壳接头处），组装施焊后的支柱必须进行 0.5 MPa 压力的空气气密性试验。

（4）拉杆结构

拉杆是作为承受风载荷和地震载荷的部件，增加球罐的稳定性而设置。拉杆结构可分为可调式和固定式两种。

① 可调式拉杆

可调式拉杆（图 4 - 9）分成长短两段，用可调螺母连接，以调节拉杆的松紧度。大多数采用高强度的圆钢或锻制圆钢制作。可调式拉杆结构形式有多种：单层交叉可调式拉杆（图 4 - 9）、双层交叉可调式拉杆（图 4 - 10）、双拉杆或三拉杆可调式拉杆、相隔一柱的单层交叉可调式拉杆（这种结构改善了拉杆的受力状况，见图 4 - 11）。目前国内自行建造的球罐和引进的球罐大部分都是采用可调式拉杆。

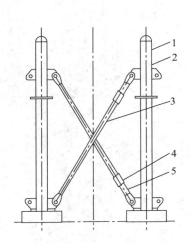

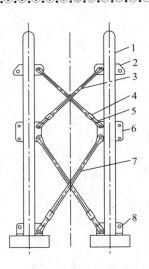

图4-9 单层交叉可调式拉杆
1—支柱;2—支耳;3—长拉杆;
4—调节螺母;5—短拉杆

图4-10 双层交叉可调式拉杆
1—支柱;2—上部支耳;3—上部长拉杆;4—调节螺母;
5—短拉杆;6—中部支耳;7—下部支耳

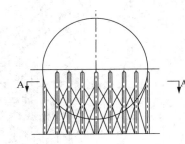

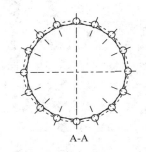

A-A

图4-11 相隔一柱的单层交叉可调式拉杆

② 固定式拉杆

固定式拉杆(图4-12)用钢管制作,拉杆的一头焊死在支柱的上、下加强筋上,另一端焊死在交叉节点的固定板上。管状拉杆必须开设排气孔。

固定式拉杆结构采用粗的钢管制造,不可调节,目前应用比较少。

2.其他形式的支座结构

(1) V形柱式支座

V形柱式支座(图4-13),结构特点是:每两根支柱成一组呈V字形设置,每组支柱等距离与赤道圈相连,柱间大拉杆连接。支承的载荷在赤道区域上均布。支柱与壳体相切,相对赤道平面的垂线向内倾斜2°～3°,因而在连接处产生一向心水平力。对于球壳来说,影响不大;对于基础来说,稳定性较好。这种结构型式承受膨胀变形的能力较好。

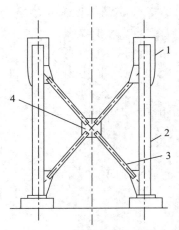

图4-12 固定式拉杆
1—补强板;2—支柱;
3—管状拉杆;4—中心板

（2）三柱合一形柱式支座

这种结构（图 4 - 14）适用于球壳直径不大于 11 m。缺点是柱与壳体接触不均匀，支柱在基础上的力较难控制。

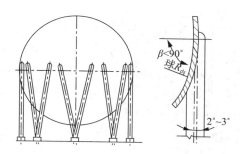

图 4 - 13　V 形柱式支座
1—补强板；2—支柱；3—管状拉杆；
4—中心板

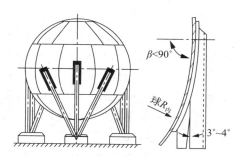

图 4 - 14　三柱合一形柱式支座
1—补强板；2—支柱；3—管状拉杆；
4—中心板

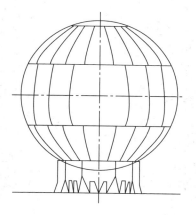

图 4 - 15　圆柱形裙式支座

（3）圆柱形裙式支座

圆柱形裙式支座（图 4 - 15）是一个用钢板卷制成圆筒形的裙架，把球壳托住。圆筒形裙架与球壳相交而造成的球壳下部球心夹角一般为 60°～120°，裙式支座由连续或断开的圆环形垫板支承在球罐的基础上，在裙式支座内部设置加强筋板加固。

裙式支座的特点是：

① 由于支座低，故球体重心低，支座较稳定；

② 支座消耗的金属材料较少；

③ 支柱较低，球罐底部配管较困难，工艺操作和施工与检修也不方便。

因此，裙式支座一般适用于小型球罐。

（4）混凝土连续基础支座

混凝土连续基础支座就是把球罐的支座和基础设计成一整体，用钢筋混凝土制成圆筒形的连续基础（图 4 - 16）。一般这种基础的直径近似地等于球罐的半径。为了设计出料管口，基础中应预留出口。

这种支座的特点是：

① 球罐重心低，支承很稳；

② 支座与球体接触面积大，支承能力强；

③ 制造过程中需严格控制公差（＜8 mm），基础表面的形状与要求形状误差不能超过±1 mm，同时，球壳底盖（极板）上的形状误差也要控制在±1 mm，这是较为严格的；

④ 为了防止温差变化在基础上产生热应力，要允许球罐与基础间能产生相对位移。

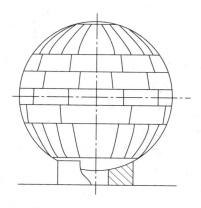

图 4 - 16　连续基础支座

（5）锥形支座

这种支座由混凝土底座、支承底板、肋板、护板，以及与壳体连接的圆锥壳组成支撑结构（图4-17）。这种结构特点是简单、经济和稳定。

（6）可胀缩的支座

当球罐在做焊接后热处理时，或在内压试验时，或在正常充压与储液中，以及用于储存深冷液体所遇到的较大温度交变时，都会引起球壳的膨胀或收缩。可胀缩的支承结构能适应球壳的胀缩，同时它对球壳由于各种原因发生的摇动也能适应，此种结构如图4-18所示。球壳与若干个圆柱形接头焊接在一起，接头的底板由两块开孔竖式凸缘通过销钉与中部倒置角形支架铰接。中部倒置角形支架在两支底板上各有两块开孔的竖式凸缘，也是通过销钉与底架铰接。底架用螺钉固定在底板上，底板可放在陆地或船上。这种结构在胀缩过程中，壳体在竖直方向上会略有升降，因此设计接管时要注意这一点。

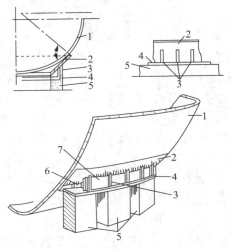

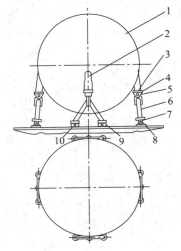

图4-17　锥形支座
1—球壳；2—圆锥壳；3—肋板；
4—支承底板；5—混凝土底板；
6—内护板；7—外护板

图4-18　球壳可伸缩的支座
1—球壳；2—圆柱形接头；3—接头底板；
4—竖式凸缘；5—销钉；6—倒置角支架；
7—支脚底板；8—竖式凸缘；9—销钉；10—底架

（7）锥底支座

这种结构（图4-19）的特点是把球壳的下部造成锥形（同时起支撑和储罐作用）。球体和锥体连接处的几何不连接，该处将出现附加弯曲应力，要求交接附近壁厚增加。优点是与赤道正切柱式支承球罐质量相比，质量可降低15%，缺点是稳定性较差。

（8）高架式支座

高架式支座（图4-20）是用于储水用的球罐，高架式也可以造成塔状与球体贯通成一整体容器。

（9）半埋式支座

这是将部分球罐埋入地下的结构。它把全部入口和出口置于球体的上极，让泄漏的液体聚集在球罐下面的地下空间。这种支承结构受力均匀，可节省支柱钢材，但增大了土建工程量，且在施工上牵涉到地下水位高低及辅助工程量。

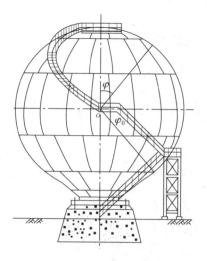

图 4 - 19　锥底支座

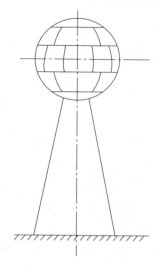

图 4 - 20　高架式支座

4.1.4　人孔、接管及附件

1. 人孔结构

球罐的人孔是操作人员进、出球罐进行检验及维修用的,在现场组焊需要进行焊后整体热处理的球罐,人孔又成为进风口、燃烧口及烟气排出口。因此人孔直径的选定必须考虑操作人员携带工具进出球罐方便(在北方还要考虑冬天作业时操作人员穿棉工作服能进出),以及热处理时工艺气流对截面的要求。一般选用 $DN500$ 较适宜,小于 $DN500$ 人员进出不便;大于 $DN500$,开孔削弱较大,往往导致补强元件结构过大。通常球罐上应设有两个人孔,分别在上、下极带上(若球罐必须焊后整体热处理,则人孔应设置在上、下极带的中心)。人孔与球壳相焊部分应选用与球壳相同或相当的材质。

人孔结构在球罐上最好采用回转盖及水平吊盖两种(图 4 - 21～图 4 - 23)。补强可采用整体锻件凸缘补强及补强板补强两种。图 4 - 21 为国内设计的一种 $PN4.0$,$DN500$ 回转盖整体锻件凸缘补强的人孔;图 4 - 23 是一种底部水平吊盖用补强板补强的人孔。在有压力情况下人孔法兰一般采用带颈对焊法兰。密封面大都采用凹凸面形式,也有采用平面形式的,但此时应选用带内外加固圈的缠绕式垫片。

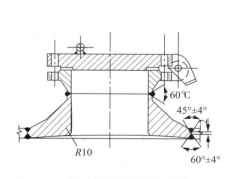

图 4 - 21　回转盖整体锻件凸缘补强人孔

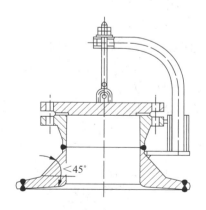

图 4 - 22　顶部水平吊盖补强人孔

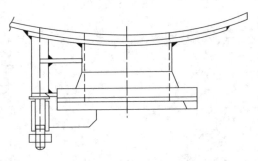

图 4-23 底部水平吊盖补强人孔

采用整体锻件凸缘补强的人孔结构较合理，因为它既保证因开孔削弱的强度得到充分补强，节省材料，而且可以避免补强处壁厚的突变，降低应力集中的程度。焊缝采用对接焊，便于进行射线检测或超声波检测，从而保证焊缝质量。采用补强板的人孔结构，由于与壳体焊缝采用角接焊，没有可靠的检验手段，焊缝质量不易保证。一般工作压力 1.6 MPa、材质为低合金高强钢或低温球罐时，宜采用回转盖整体锻件凸缘补强人孔。这除了结构合理外，由于球罐极带配管集中，空间比较紧张也是一个主要原因。但是，由于人孔盖较厚，顶部人孔的开启和底部人孔的关闭是很费力的，所以若极带空间较宽裕的话，可选用水平吊盖人孔。

2. 接管结构

由于工艺操作需要有各种接管，球罐接管部分是强度的薄弱环节，国内较多事故都是从接管焊接处发生的。为了提高该处安全性，国外制造的球罐采用厚壁管或整体锻件凸缘等补强措施，以及在接管上加焊筋条支承等办法来提高刚度和耐疲劳性能，值得借鉴。下面介绍几个与接管结构设计有关的问题。

(1) 接管材料 与球壳相焊的接管最好选用与球壳相同的材料。低温球罐应选用低温用的钢管，并保证在低温下具有足够的冲击韧性，接管的补强结构材料，也应遵循同样要求。

(2) 开孔位置 球罐开孔应尽量设计在上、下极带上，便于集中控制，并使接管焊接能在制造厂完成，便于进行焊后消除应力热处理，保证接管焊接部位的质量。开孔应与焊缝错开，其间距应大于 3 倍的板厚，并且必须大于 100 mm。在球罐焊缝上不应开孔，如不得不在焊缝上开孔时，则被开孔中心两侧，各不少于 1.5 倍开孔直径的焊缝长度必须经 100% 检测合格。

(3) 孔的补强尺寸 一般压力容器规范都规定了不需补强的最大接管开孔尺寸，但在球罐上不宜采用这个"不需补强的最大接管开孔尺寸"的概念。由于球罐容积大，一般其壳体壁厚都较接管厚很多，为了保证焊接质量，接管应采用厚壁管。即使对小直径接管，例如 DN20 也应采用厚壁管焊接结构。

(4) 球罐接管的补强结构有如下几种类型：

① 补强圈补强结构[图 4-24(a)]；

② 厚壁管补强结构[图 4-24(b)]；

③ 整体凸缘补强结构[图 4-24(c)]。例如 1 900 m³ 乙烯球罐对所有接管均进行补强，且 DN25 以上的接管均采用整体凸缘补强。

接管最好采用厚壁管补强，而尽量不用补强圈补强。

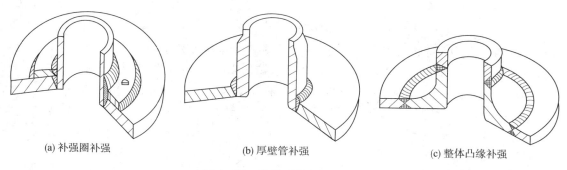

(a) 补强圈补强　　　　　　　(b) 厚壁管补强　　　　　　　(c) 整体凸缘补强

图 4 - 24　补强元件的基本类型

（5）提高接管的抗疲劳性能措施

球壳与接管的连接焊缝，除了应具有足够的强度外，还应具有抗疲劳的能力，以克服进出料时的冲击、管道的振动、操作压力的波动和工艺配管应力等因素引起的疲劳破坏。

一般认为以下的措施是有效的：

① 接管的配管法兰面应设计成水平或垂直状态，使得工艺配管不产生附加应力；

② 接管的补强元件与球壳的连接应使补强元件的轴线垂直于球体开孔表面（即补强元件轴线通过球心），这样做可避免焊缝的咬边、未焊透、椭圆孔和打磨困难等缺陷，确保焊缝的质量，至于法兰面的水平面与补强元件的垂直于球壳面之间的夹角差，可用一段中间接管解决[图 4 - 24(c)]；

③ 选用整体补强凸缘可以同时补强球壳及接管；

④ 球罐上所有接管均需设置加强筋[图 4 - 24(b)、(c)]，对于小接管群可采用联合加强，单独接管需用 3 块以上的加强筋，将球壳、补强凸缘、接管及法兰焊在一起，以增加接管部分的刚性；

⑤ 球罐所有接管在制造中均需进行各种无损检测，并进行焊后消除残余应力热处理。

3．球罐附件

1）梯子平台

球罐外部设有顶部平台、中间平台以及为了从地面进入这些平台的斜梯、直梯或盘梯。由于球罐的工艺接管及人孔绝大部分都设置在上极板处，顶部平台即作为工艺操作用的平台。平台内圈应能放置人孔、安全阀、压力表等接管和仪表，以便于操作，顶平台的直径不宜小于 3 000 mm，最好达到 5 000 mm，平台的宽度不应小于 800 mm。中间平台的设置是为了操作人员上下顶部平台时中间休息，或者是作为检查球罐赤道部位外部情况用的（图 4 - 25）。平台和梯子的结构与球罐的数量、现场布局以及工艺操作有关系。对于大型球罐，一般一台球罐采用一个单独的梯子，梯子的结构分为上部盘梯和下部斜梯两部分。

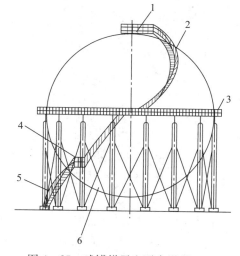

图 4 - 25　球罐梯子和平台设置
1—顶部操作平台；2—上部盘梯；3—中部平台；
4—中间平台；5—下部盘梯；6—球罐

2) 水喷淋装置

球罐上装设水喷淋装置是为了储存液化石油气、可燃性气体及毒性气体(氯、氨除外)的隔热需要,同时也可起消防的保护作用。但是隔热和消防保护有不同的要求,一般淋水装置的构造为环形冷却水管或导流式淋水装置。对于隔热用的淋水装置(如对液化石油气球罐进行隔热),要求淋水装置可以向整个球罐表面均匀淋水,淋水量按罐体表面积每平方米 2 L/min 计算;对于消防用的淋水装置,也要求能够向整个球罐表面均匀淋水,但其淋水量较前者大,要求按罐体表面积每平方米 9 L/min 计算,并且要求有保证喷射 20 min 以上的水源,能够在 5 m 以外的地方操作。

3) 隔热和保冷设施

(1) 隔热设施

储存液化石油气、可燃性气体及其液化气,以及有毒气体(氯、氨除外)的球罐壳体和支柱,应该设置隔热设施。

隔热设施可采用水喷淋装置或采用不燃性绝热材料覆盖。隔热用水喷淋装置的设计在上节中已论述,这里不再重复。

当采用不燃性绝热覆盖方式隔热时,对球罐本体用 5 mm 以上的玻璃纤维或者具有同等以上性能的不燃性绝热材料覆盖,再在绝热材料外侧用 0.6 mm 以上厚度的钢板或具有同等以上强度的材料覆盖。对高度为 1 m 以上的支柱,用厚度 50 mm 以上的耐热混凝土或具有同等以上性能的不燃性绝热材料覆盖。当支柱用绝热混凝土覆盖时,应使支柱的绝热层不发生干裂,其耐火性按 1 h 的耐火时间考虑。常用的不燃性绝热材料有现场制作的混凝土、泡沫混凝土、铁丝网灰浆(包括珍珠岩灰浆和硅石灰浆)、矿物质纤维、轻质压制板(泡沫混凝土板、珍珠岩压制板、硅酸钙板、石棉成型板)。

(2) 保冷设施

在球罐中储存必须保持低温的物料(如储存乙烯、液化天然气、液氨等)时,应设置保冷装置,保冷结构应充分防止外界热量传入储罐本体。由于一些物料的沸点很低,蒸发温度相当低,要保持这些物料在液态,不至于蒸发是相当困难的。

除此之外,保冷结构要在地震、风压力、雨、消防用水的压力等影响下,能保证绝热的效果,不至于破坏。

保冷材料的厚度原则上为保证在外层材料表面不凝结露水所需的厚度。

保冷材料有不燃性和难燃性两种。不燃性保冷材料有珍珠岩、石棉、成型玻璃棉、玻璃棉等;难燃性保冷材料有经难燃处理的塑料成型板、塑料布及发泡氨基甲酸乙酯。

覆盖在最外层的保冷材料应该是不燃性或自熄性的。对单层球罐的壳体保冷一般采用聚氨酯泡沫塑料,保冷性能比较好;对于双层球罐,一般在内外层之间用膨胀珍珠岩进行填充,或灌入聚氨基甲酸酯并固化,或用抽真空的方法进行保冷。

4) 液位计

储存液体和液化气体的球罐中应装液位计。目前,球罐中采用的液位计主要有浮子-齿带液位计(又称浮子-钢带液位计)、玻璃板式液位计、雷达液位计、超声波液位计等多种。

5) 压力表

为了测量容器内压力,球罐应设置压力表。考虑到压力表由于某种原因而发生故障,或由于仪表检查而取出等情况,应在球壳的上部和下部各安装一个压力表。压力表的最大刻度为正常运转压力的 1.5 倍以上(不要超过 3 倍)。为使压力表读数尽可能准确,压力表的表面直径应大于 150 mm。压力表前应安装截止阀,以便在仪表标定和校对时可以取下压力表。

6) 安全阀

为了防止球罐运转异常造成罐内压力超过设计压力,在气相部分设置一个以上安全阀,保证罐内压力在设计的安全范围内。除此还要在气相部位设置一个以上的辅助火灾安全阀,使得在火灾时,也能自动泄压,确保球罐不超压。

7) 温度计

球罐上要安装一个以上的温度计,这些温度计要求能测量比使用温度低 10℃ 的温度。温度计的外部要设置保护管,其强度应能够承受设计压力 1.5 倍以上的外压,并能够充分承受使用过程中所加的最大载荷。保护管的外径受强度限制,不能够太粗;保护管的插入长度要使温度计中的敏感元件有效。对于低温的球罐或者在寒冷地区的球罐,要防止雨水、湿气等流入测温保护管内而结冰,从而影响正常的测温度值。

4.1.5　球罐对基础的要求及抗震设计

1. 球罐对基础的要求

球罐的基础用于支承球罐本体、附件及操作介质和水压试验时水的质量,一般采用钢筋混凝土结构。球罐基础主要是承受静载荷的作用,由于土壤的土质构造不同会产生不均匀沉降问题,这是一般静设备基础都共有的基本问题。

球罐基础的特殊点如下。

(1) 目前绝大多数球罐都是采用赤道正切柱式支承,支承作用点集中在数量不多的支柱底板处,一般球罐容积比较大,而且容器做水压试验时质量较大,分配在每根支柱上的质量也是很大的。

(2) 球罐体积大,一般都要在现场组焊成球,现场的组装基准是从基础上找的,因此,球罐的基础精度要求比较高。

(3) 球罐采用柱式支承,当地基发生局部下陷的时候,将会引起支柱载荷不均匀。有资料介绍:在 1 mm 不均匀下沉的情况下,一根支柱就要产生比其他支柱高 10% 左右的应力。假如在设计支柱时,安全系数是 1.7,则在 7 mm 不均匀下沉的情况下,支柱的承载能力就会耗尽,因而会产生轴向弯曲。为了尽可能达到均匀下沉,应把基础设计成耐扭曲的环形基础。另外,对设置在地震区的球罐采用环形基础也是必要的。

对于要求焊后整体热处理的球罐的基础,应该采用预留孔结构,不应预埋地脚螺栓。因为球罐在加热和冷却过程中支柱要随着壳体的热胀冷缩而发生位移,而露出地基表面的地脚螺栓头部会妨碍支柱的位移,因此采用预留孔结构较好。而且,预留孔结构也有利于安装过程中支柱位置必要的调整,保证球罐的安装质量。

2. 球罐的抗震结构设计

1) 球罐抗震结构设计的一般要求

总的要求是保证球罐在设计允许强度的地震时不致发生严重损坏、塌毁,易燃、易爆物料逸出,以免引起火灾或爆炸等灾害。其具体要求如下。

(1) 金属结构构件的焊接或铆接应牢固可靠,并无严重腐蚀和变形。

(2) 设备和装置的连接(包括地脚螺栓、销钉)应无损伤、松动和严重锈蚀,螺母应采用双螺母或有锁紧装置。

（3）球壳与支柱、支柱与耳板、拉杆与翼板、支柱底板与支柱间的连接焊缝应饱满。

（4）拉杆的张紧程度应均匀,拉力不宜过大,拉杆交叉处不应焊死。

（5）对球罐的支柱和拉杆也应进行抗震验算。抗震能力不足者,可采用加粗拉杆或铰接处销钉,增加拉绳或拉杆的数量,加添能增加衰减作用的设施等办法来加固。

（6）球罐之间的联系平台,一端应采用活动支承。

（7）应对设防烈度为 7 度地震的 Ⅱ、Ⅲ、Ⅳ 类抗震场地和 8 度、9 度地震的球罐支承进行抗震验算。连接球罐的液相、气相管应设置弯管补偿器或其他柔性接头。

（8）除 Ⅰ 类场地外,球罐基础应做成环状整体。

2）球罐抗震设计的方法与措施

（1）球罐抗震设计的基本方法

地震的作用是一种外力强迫运动,由于地震使地壳产生位移,造成球罐的地基相对于球罐重心的突然迁移,引起球罐自身的摆动。球罐的惯性限制了它随地基同时运动,产生惯性力。使球罐发生弹性（或塑性）屈曲并在基底处产生最大剪切应力。当球罐本身的强度和稳定性,以及与基础连接的地脚螺栓不足以抵抗因地震而引起的外力时就会发生损坏,甚至造成球罐倾倒等严重事故。

地震载荷与球罐结构和盛装物料的质量有关。由于地震时地壳发生水平方向和垂直方向的震动,因此就产生平行于地面的惯性力和垂直于地面的惯性力,用数学力学理论把此惯性力转换成反映地震作用的等效载荷,即为地震载荷。对于球罐,一般是把水平地震载荷看作附加作用在赤道平面的一种外力载荷,以此作为计算各部位（支柱、拉杆）抗震能力的依据。对于垂直向的地震载荷,考虑到地震力作用的时间是短暂的（几十秒钟）,且设备材料有

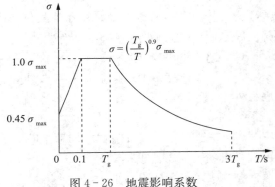

图 4-26 地震影响系数

足够的强度,往往足以抵抗由垂直载荷所附加的内力;加上考虑水平与垂直载荷不会同时达到最大值,所以通常不予考虑。

目前,国内外的抗震设计基本上是以反应谱理论为依据的,它的核心是 $\sigma - T$ 标准反应谱曲线（图 4-26）。

另有国外资料介绍了地震响应波谱线图（图 4-27）,其纵轴是响应放大率,横轴为自然周期（s）,以构筑物的衰减因数 K 为参数的放大率曲线。响应放大率为 1.0 时就意味着构筑物的振动频率与地震频率相同。构筑物的衰减因数增大时,即便是自然周期相同,放大率也将下降。

图 4-27 中:响应放大率＝响应加速度/输入加速度

K 为衰减常数,对焊接钢结构 $K=5\%$;对有弹

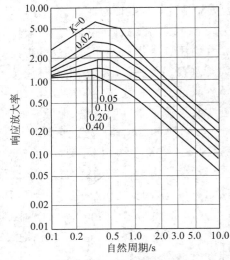

图 4-27 地震响应波谱线图

性的塔器 $K=1\%$；对钢筋混凝土 $K=5\%\sim10\%$。

据对上述响应波谱图分析，球罐抗震设计基本方法有如下三种。

① 使结构物的自然（固有）振动频率做成 10 Hz 以上（即自然周期在 0.1 s 以下）的方法，即刚性结构法。

② 使结构物的自然振动频率做成 1 Hz 以下（即自然周期在 1 s 以上）的方法，即弹性结构的抗震设计方法。采用这个方法时，为了降低其自然振动数，要在弹性结构上特别下功夫，此外还应考虑受到远方地震等长周期地震的影响和耐风力作用。

③ 增加衰减、降低响应放大率的方法。

前两种方法在技术上是可行的，但经济上的问题多。对于新设计的球罐和建成球罐的抗震加固改造，方法③是很实用的。

（2）几种有效抗震结构措施（对赤道正切柱式支承球罐）

新建造球罐的抗震结构：

① 按抗震设计计算方法选用足够强度的拉杆、拉杆翼板、销钉及支柱。

② 在球罐的下部装设油压减震器，使球罐的自振周期与地震频率不同步。考虑地震的方向性，油压减震器至少要装三个以上。图 4-28 是在球罐下部和基础面间的水平面内，用 120°张开形式安装三个水平振动用油压减震器的安装图。

③ 悬摆式防震装置　悬摆式防震装置是在球罐下部罐体和支柱处设置一振动子棒，棒的下末端装有一重锤，再用一根连接棒将振动子棒上端连接到在地基上单独设置的支持台架上，利用振动子棒杠杆作用，延长结构物的自然周期，控制地震力，达到减震效果，应用此法能以重锤质量和支持台架的刚性变化控制共振振幅的变化。只要重锤质量选择适当，就能设计出在实用上具有充分减震效果的防震装置。

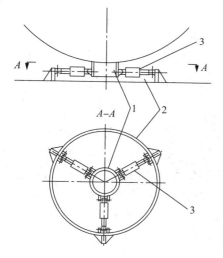

图 4-28　油压减震器的安装
1—罐侧圆筒；2—基础侧圆筒；3—油压减震器

已投入运转球罐的抗震加固改造：

在允许动火场合下的改造，可在球罐上安装油压减震器或悬摆式防震装置。而对于采用固定式拉杆结构的球罐，在进行按规范要求的防震验算后，可把原拉杆割下，换上能承受地震载荷要求的拉杆。

在不允许动火时，不能采用油压减震器或悬摆式防震装置，可以采用如下措施。

① 增设拉杆。图 4-29 是一种增设拉杆的补强方法，在支柱上部和下部相应的地方各钻一孔（由于钻孔时可能发生火花，要注意隔离可燃爆的物料），穿以轴杆，分别在支柱的外面和里面各增加一拉杆。

② 向支柱里充填水泥砂浆增加支柱的稳定强度。混凝土填满支柱内部的空间，同时在穿轴杆处起到承压补强作用。

③ 对于固定式拉杆的球罐，由于拉杆也是用管子制造的，它的抗震加固可以往拉杆和支柱内同时充填水泥砂浆，但是不管往支柱里或向拉杆管里充填水泥砂浆时，都要注意排除管内的空气和水泥砂浆凝固时析出的水分，保证混凝土能填满内部空间。

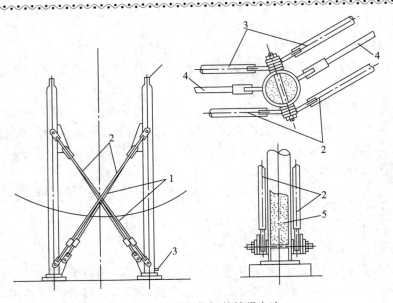

图 4-29 增设拉杆的补强方法

1—已有拉杆;2—新装拉杆;3—水泥砂浆浇注口;4—排气孔;5—填充水泥砂浆

上述这种不动火的补强方法具有下列优点:

① 不需动火,储罐不需停工,这是最大优点。

② 在地震时不必担心机件不灵,也不需要日常维修。

③ 补强之后形状不变,因而在操作及防止灾害方面没有任何变化。

④ 对固定式拉杆的加强有如下优点:可同时加强拉杆交叉部分、支柱与拉杆的连接节点和支柱与球壳连接节点的复杂结构部分所产生的局部变形;补强工程费用低,资料介绍对 5 000 m³ 球罐采用填充法补强投资只有油压减震器法或悬摆式避震装置的 1/7~1/6;工期很短,采用其他加强方法要花 2~3 个月的施工工期,这种方法用半个月即可竣工。

4.1.6 球罐设计实例

1. 设计参数

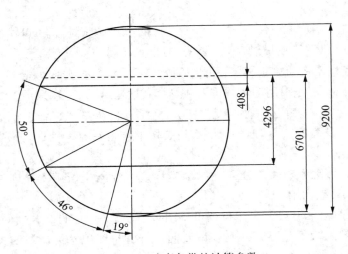

图 4-30 球壳各带的计算参数

参数名称	数值	参数名称	数值
设计压力 p/MPa	1.96	设计温度 t/℃	50
水压试验压力 p_T/MPa	2.45	球壳内直径 D_i/mm	9 200
工作介质	液化石油气	系数 K	0.85
地震烈度	8 度	10 m 高度基本风压值 q_0/(N/m²)	400
支柱数目 n	8	支柱选用 ϕ/mm	ϕ 325×6 圆钢管
拉杆选用 ϕ/mm	ϕ 45	圆钢球罐建造场地	Ⅱ类
焊缝系数	1	厚度负偏差	2.7
基本雪压值 q/(N/m²)	450	球面的积雪系数 C_S	0.4
保温层密度 ρ_5/(kg/m³)	50		

2. 球壳计算

（1）计算压力

球壳各带的物料液柱高度：

$$h_1=0, h_2=408 \text{ mm}, h_3=4\ 296 \text{mm}, h_4=6\ 701 \text{ mm}, h_5=6\ 952 \text{ mm}$$

物料密度：$\rho=480 \text{ kg/m}^3$

球壳各带的计算压力：

$$p_{ci}=p+h_i\rho g\times10^{-9}$$

$$p_{c1}=p=1.96=1.96 \text{ MPa}$$

$$p_{c2}=p+h_2\rho g\times10^{-9}=1.96+408\times480\times9.81\times10^{-9}=1.962 \text{ MPa}$$

$$p_{c3}=p+h_3\rho g\times10^{-9}=1.96+4\ 296\times480\times9.81\times10^{-9}=1.979 \text{MPa}$$

$$p_{c4}=p+h_4\rho g\times10^{-9}=1.96+6\ 701\times480\times9.81\times10^{-9}=1.991 \text{ MPa}$$

$$p_{c5}=p+h_5\rho g\times10^{-9}=1.96+6\ 952\times480\times9.81\times10^{-9}=1.993 \text{ MPa}$$

（2）球壳各带的计算厚度

设计温度下球壳材料 Q345R 的许用应力：$[\sigma]^t=185 \text{ MPa}$

$$\delta_{d1}=\frac{p_{c1}D_i}{4[\sigma]^t\phi-p_{c1}}+C=\frac{1.96\times9\ 200}{4\times185\times1-1.96}+2.7=27.13 \text{ mm}$$

$$\delta_{d2}=\frac{p_{c2}D_i}{4[\sigma]^t\phi-p_{c2}}+C=\frac{1.962\times9\ 200}{4\times185\times1-1.962}+2.7=27.16 \text{ mm}$$

$$\delta_{d3}=\frac{p_{c3}D_i}{4[\sigma]^t\phi-p_{c3}}+C=\frac{1.979\times9\ 200}{4\times185\times1-1.979}+2.7=27.39 \text{ mm}$$

$$\delta_{d4}=\frac{p_{c4}D_i}{4[\sigma]^t\phi-p_{c4}}+C=\frac{1.991\times9\ 200}{4\times185\times1-1.991}+2.7=27.53 \text{ mm}$$

$$\delta_{d5}=\frac{p_{c5}D_i}{4[\sigma]^t\phi-p_{c5}}+C=\frac{1.993\times9\ 200}{4\times185\times1-1.993}+2.7=27.54 \text{ mm}$$

取名义厚度 $\delta_n=34 \text{ mm}$。

（3）球罐质量计算

球壳质量：$m_1=\pi D_{cp}^2\delta_n\rho_1=\pi\times9234^2\times34\times7\ 850\times10^{-9}=71\ 495 \text{ kg}$

物料质量：$m_2=\frac{\pi}{6}D_i^3\rho_2\times k\times10^{-9}=\frac{\pi}{6}\times9\ 200^3\times480\times0.85\times10^{-9}=166\ 350 \text{ kg}$

液压试验时液体的质量：$m_3 = \dfrac{\pi}{6} D_i^3 \rho_3 \times 10^{-9} = \dfrac{\pi}{6} \times 9\,200^3 \times 1\,000 \times 10^{-9} = 407\,720$ kg

积雪质量：$m_4 = \dfrac{\pi}{4g} D_{i0}^3 q\, C_s \times 10^{-9} = \dfrac{\pi}{4 \times 9.81} \times 9\,468^3 \times 450 \times 0.4 \times 10^{-6} = 1\,292$ kg

保温层质量：$m_5 = \dfrac{\pi}{6}(D_{i0}^3 - D_0^3)\rho_5 \times 10^{-9} = \dfrac{\pi}{6} \times (9\,468^3 - 9\,268^3) \times 50 \times 10^{-9} = 1\,379$ kg

支柱与拉杆的质量：$m_6 = 5\,500$ kg

附件质量：$m_7 = 3\,500$ kg

操作状况下的球罐质量：$m_0 = m_1 + m_2 + m_4 + m_5 + m_6 + m_7 = 249\,516$ kg

液压试验状态下的球罐质量：$m_T = m_1 + m_3 + m_6 + m_7 = 488\,215$ kg

球罐最小质量：$m_{\min} = m_1 + m_6 + m_7 = 80\,495$ kg

（4）地震载荷计算

由工艺条件确定支柱底面至球壳中心的距离：$H_0 = 6\,400$ mm；

支柱外直径：$d_0 = 325$ mm；支柱内直径：$d_1 = 313$ mm；

支柱数目：$n = 8$；支柱底板底面至拉杆中心线与支柱中心线交点处的距离：$l = 4\,900$ mm；

根据 GB12337—2014《钢制球形储罐》拉杆影响系数：

$$\xi = 1 - \left(\frac{l}{H_0}\right)^2\left(3 - \frac{2l}{H_0}\right) = 1 - \left(\frac{4\,900}{6\,400}\right)^2\left(3 - \frac{2 \times 4\,900}{6\,400}\right) = 0.139$$

支柱横截面的惯性矩：

$$I = \frac{\pi}{64}(d_0^4 - d_1^4) = \frac{\pi}{64} \times (325^4 - 313^4) = 7.651 \times 10^7 \text{ mm}^4$$

球罐可视为一个单质点体系，其基本自振周期按下式计算：

$$T = \pi\sqrt{\frac{m_0 H_0^3 \xi \times 10^{-3}}{3n E_s I}} = \pi\sqrt{\frac{249\,516 \times 6\,400^3 \times 0.139 \times 10^{-3}}{3 \times 8 \times 192 \times 10^3 \times 7.651 \times 10^7}} = 0.504\,5 \text{ s}$$

设防烈度 8 级，基本地震加速度 $0.2\,g$；地震影响系数的最大值按 GB 12337—2014 选取 $\alpha_{\max} = 0.16$。

对于自振周期的地震影响系数曲线部分按 GB 12337—2014 计算：

$$\alpha = \left(\frac{T_g}{T}\right)^\gamma \eta_2 \alpha_{\max} = \left(\frac{0.4}{0.5045}\right)^{0.929} \times 1.11 \times 0.16 = 0.143$$

其中：$\gamma = 0.9 + \dfrac{0.05 - \xi}{0.3 + 6\xi} = 0.9 + \dfrac{0.05 - 0.035}{0.3 + 6 \times 0.035} = 0.929$

$$\eta_2 = 1 - \frac{0.05 - \xi}{0.08 + 1.6\xi} = 1 + \frac{0.05 - 0.035}{0.08 + 1.6 \times 0.035} = 1.11$$

根据 GB 12337—2014 球罐的水平地震力：

$$F_e = \alpha m_0 g = 0.143 \times 249\,516 \times 9.81 = 3.5 \times 10^5 \text{ N}$$

（5）风载荷计算

风载体形系数：$k_1 = 0.4$

系数 $\xi_1 = 1.403$（按 GB 12337—2014 中的表 20 选取）

风振系数：$k_2 = 1 + 0.35\, \xi_1 = 1 + 0.35 \times 1.403 = 1.491$

风压高度变化系数：$f_1 = 1$

球罐附件增大系数：$f_2 = 1.1$

球罐的水平风力按下式计算：

$$F_w = \frac{\pi}{4} D_0^2 k_1 k_2 q_0 f_1 f_2 \times 10^{-6} = \frac{\pi}{4} \times 9\,468^2 \times 0.4 \times 1.491 \times 400 \times 1 \times 1.1 \times 10^{-6}$$
$$= 1.757 \times 10^4 \text{ N}$$

（6）弯矩计算

取$(F_e + 0.25 F_w)$与F_w的较大者$F_{max} = 3.602 \times 10^5$ N

由水平地震力和水平风力引起的弯矩：
$$M_{max} = F_{max} L = 3.602 \times 10^5 \times 1\,500 = 5.403 \times 10^8 \text{ N} \cdot \text{mm}$$

（7）支柱计算

操作状态下的重力载荷：$G_o = \dfrac{m_0 g}{n} = \dfrac{246\,516 \times 9.81}{8} = 3.06 \times 10^6$ N

液压试验状态下的重力载荷：$G_T = \dfrac{m_T g}{n} = \dfrac{488\,215 \times 9.81}{8} = 5.987 \times 10^5$ N

支柱中心圆半径：$R = R_i = 4\,600$ mm

最大弯矩对支柱产生的最大垂直载荷的最大值（GB12337—2014 中的表 22）：
$$(F_i)_{max} = 0.25 \frac{M_{max}}{R} = 0.25 \times \frac{5.403 \times 10^8}{4600} = 2.936 \times 10^4 \text{ N}$$

拉杆作用在支柱产生的垂直载荷的最大值：
$$(P_{i-j})_{max} = 0.326\,6 \frac{l F_{max}}{R} = 0.326\,6 \times \frac{4\,900 \times 3.602 \times 10^5}{4\,600} = 1.253 \times 10^5 \text{ N}$$

以上两力之和的最大值：
$$(F_i + P_{i-j})_{max} = 0.176\,8 \frac{M_{max}}{R} + 0.301\,8 \frac{l F_{max}}{R} = 1.366 \times 10^5 \text{ N}$$

操作状态下支柱的最大垂直载荷：
$$W_o = G_o + (F_i + P_{i-j})_{max} = 3.06 \times 10^5 + 1.366 \times 10^5 = 4.425 \times 10^5 \text{ N}$$

液压试验状态下支柱的最大垂直载荷：
$$W_T = G_T + 0.3(F_i + P_{i-j})_{max} \frac{F_w}{F_{max}} = 5.987 \times 10^5 + 0.3 \times 1.366 \times 10^5 \times \frac{1.757 \times 10^4}{3.602 \times 10^5}$$
$$= 6.007 \times 10^5 \text{ N}$$

操作状态下赤道线的液柱高度：$h_{oe} = 2\,352$ mm

液压试验状态下赤道线的液柱高度：$h_{Te} = 4\,600$ mm

操作状态下物料在赤道线的液柱高度：
$$p_{oe} = h_{oe} \rho_2 g \times 10^{-9} = 2\,352 \times 480 \times 9.81 \times 10^{-9} = 0.011 \text{ MPa}$$

液压试验状态下物料在赤道线的液柱高度：
$$p_{Te} = h_{Te} \rho_2 g \times 10^{-9} = 4\,600 \times 1\,000 \times 9.81 \times 10^{-9} = 0.045 \text{ MPa}$$

球壳的有效厚度：$\delta_e = \delta_n - c = 34 - 2.7 = 31.3$ mm

操作状态下物料在球壳赤道线的薄膜应力：
$$\sigma_{oe} = \frac{(p + p_{oe})(D_i + \delta_e)}{4 \delta_e} = \frac{(1.96 + 0.011) \times (9\,200 + 31.3)}{4 \times 31.3} = 146.3 \text{ MPa}$$

液压试验状态下物料在球壳赤道线的薄膜应力：
$$\sigma_{Te} = \frac{(p_T + p_{Te})(D_i + \delta_e)}{4 \delta_e} = \frac{(2.45 + 0.045) \times (9\,200 + 31.3)}{4 \times 31.3} = 184 \text{ MPa}$$

操作状态下支柱的偏心弯矩：

$$M_{o1} = \frac{\sigma_{oe} R_i W_o}{E}(1-\mu) = \frac{145.3 \times 4\,600 \times 4.425 \times 10^5}{206 \times 10^3} \times (1-0.3) = 1.005 \times 10^6 \text{ N} \cdot \text{mm}$$

液压试验状态下支柱的偏心弯矩：

$$M_{T1} = \frac{\sigma_{Te} R_i W_T}{E}(1-\mu) = \frac{184 \times 4\,600 \times 6.007 \times 10^5}{206 \times 10^3} \times (1-0.3) = 1.727 \times 10^6 \text{ N} \cdot \text{mm}$$

操作状态下支柱的附加弯矩：

$$M_{o2} = \frac{6 E_s I \sigma_{oe} R_i}{H_o^2 E}(1-\mu) = 4.887 \times 10^6 \text{ N} \cdot \text{mm}$$

液压试验状态下支柱的附加弯矩：

$$M_{T2} = \frac{6 E_s I \sigma_{Te} R_i}{H_o^2 E}(1-\mu) = 6.189 \times 10^6 \text{ N} \cdot \text{mm}$$

操作状态下支柱的总弯矩：

$$M_o = M_{o1} + M_{o2} = 5.894 \times 10^6 \text{ N} \cdot \text{mm}$$

液压试验状态下支柱的总弯矩：

$$M_T = M_{T1} + M_{T2} = 7.916 \times 10^6 \text{ N} \cdot \text{mm}$$

计算长度系数：$k_3 = 1$

支柱的惯性半径：$r_i = \sqrt{\dfrac{I}{A}} = \sqrt{\dfrac{7.651 \times 10^7}{6.01 \times 10^3}} = 112.8 \text{ mm}$

支柱长细比：$\lambda = \dfrac{k_3 H_0}{r_i} = \dfrac{1 \times 6\,400}{112.8} = 56.74$

支柱材料常温下的屈服点：$R_{eL} = 205 \text{ MPa}$

支柱材料的弹性模量：$E_s = 1.92 \times 10^5 \text{ MPa}$

等效弯矩系数：$\beta_m = 1$

截面塑性发展系数：$\gamma = 1.15$

单个支柱的截面系数：$Z = \dfrac{\pi(d_0^4 - d_1^4)}{32 d_0} = \dfrac{\pi \times (325^4 - 313^4)}{32 \times 325} = 4.708 \times 10^5 \text{ mm}$

欧拉临界力：$W_{ex} = \dfrac{\pi^2 E_s A}{\lambda^2} = (3.14 \times 1.92 \times 10^5 \times 6.01 \times 10^3)/56.74^2 = 3.54 \times 10^6 \text{ N}$

操作状态下支柱的稳定性校核：

$$\frac{W_o}{\phi_p A} + \frac{\beta_m M_o}{\gamma Z \left(1 - 0.8\dfrac{W_0}{W_{Er}}\right)}$$

$$= \frac{4.425 \times 10^5}{0.9 \times 6.01 \times 10^3} + \frac{1 \times 5.894 \times 10^6}{1.15 \times 4.708 \times 10^5 \times \left(1 - 0.8 \times \dfrac{4.425 \times 10^5}{3.54 \times 10^6}\right)}$$

$$= 93.81 < [\sigma]_c = \frac{R_{eL}}{1.5} = 136.7 \text{ MPa}$$

液压试验状态下支柱的稳定性校核：

$$\frac{W_T}{\phi_p A} + \frac{\beta_m M_T}{\gamma Z \left(1 - 0.8\dfrac{W_T}{W_{Ex}}\right)}$$

$$= \frac{6.007 \times 10^5}{0.9 \times 6.01 \times 10^3} + \frac{1 \times 7.916 \times 10^6}{1.15 \times 4.708 \times 10^5 \times \left(1 - 0.8 \times \frac{6.007 \times 10^5}{3.54 \times 10^6}\right)}$$

$$= 127.8 < [\sigma]_c = \frac{R_{eL}}{1.5} = 136.7 \text{ MPa}$$

说明通过稳定性校核。

(8) 地脚螺栓计算

拉杆作用在支柱上的水平力：

$$F_c = (P_{i-j})_{\max} \tan\beta = 1.041 \times 10^5 \times \tan 35.7° = 9.004 \times 10^4 \text{ N}$$

支座底板与基础的摩擦系数：$f_3 = 0.4$

支柱底板与基础的摩擦力：$F_s = f_s \dfrac{m_{\min} g}{n} = 0.4 \times \dfrac{80\,495 \times 9.81}{8} = 3.948 \times 10^4 \text{ N} < F_c$

因此，球罐必须设置地脚螺栓，且每个支柱上地脚螺栓个数 $n_d = 2$，地脚螺栓材料 Q235—A，$R_d = 235$ MPa

(9) 支座底板计算

基础采用钢筋混凝土，其许用压应力：$[\sigma]_{bc} = 3.0$ MPa，地脚螺栓直径 $d = 24$ mm。

支柱底板直径 D_b 取下两式中的较大值：

$$D_{b1} = 1.13\sqrt{\frac{W_{\max}}{[\sigma]_{bc}}} = 1.13\sqrt{\frac{6.005 \times 10^5}{3}} = 505.6 \text{ mm}$$

$$D_{b2} = (8 \sim 10)d + d_0 = (8 \sim 10) \times 24 + 325 = 517 \sim 565 \text{ mm}$$

选取底板直径 550 mm。

底板压应力：$\sigma_{bc} = \dfrac{4 W_{\max}}{\pi D_b^2} = \dfrac{4 \times 6.005 \times 10^5}{\pi \times 550^2} = 2.527$ MPa

底板外边缘至支柱外表面的距离：$l_b = \dfrac{550 - 325}{2} = 112.5$ mm

底板材料 Q235，$R_{eL} = 235$ MPa，底板的腐蚀裕量一般取：$C_b = 3$ mm。

底板厚度：$\delta_b = \sqrt{\dfrac{3 \sigma_{bc} l_b^2}{[\sigma]_b}} + C_b = \sqrt{\dfrac{3 \times 2.527 \times 112.5^2}{156.67}} + 3 = 28.29$ mm

选取底板厚度：$\delta_b = 30$ mm。

(10) 拉杆计算

① 拉杆螺纹直径计算

拉杆的最大拉力：$F_T = \dfrac{(P_{i-j})_{\max}}{\cos\beta} = \dfrac{1.039 \times 10^5}{\cos 35.7°} = 1.279 \times 10^5$ N

拉杆材料 Q235A，$R_{eL} = 235$ MPa

拉杆材料的许用应力为：$[\sigma]_T = \dfrac{R_{eL}}{1.5} = 156.67$ MPa

拉杆螺纹小径：$d_{b1} = 1.13\sqrt{\dfrac{F_T}{[\sigma]_T}} + C_T = 1.13 \times \sqrt{\dfrac{1.279 \times 10^5}{156.67}} + 2 = 36$ mm

选取拉杆的螺纹公称直径为 M42。

② 销子直径计算

销子材料 35 号钢，$R_{eL} = 295$ MPa。

销子材料的许用剪切应力为：$[\tau]_p = 0.4R_{eL} = 118$ MPa

销子直径：$d_p = 0.8\sqrt{\dfrac{F_T}{[\tau]_p}} = 0.8 \times \sqrt{\dfrac{1.279 \times 10^5}{118}} = 26.34$ mm

选取销子直径 $d_p = 30$ mm

③ 耳板厚度计算

耳板材料 Q235，$R_{eL} = 235$ MPa

耳板材料的许用应力为：$[\sigma]_c = \dfrac{R_{eL}}{1.1} = 213.64$ MPa

耳板厚度：$\delta_c = \dfrac{F_T}{d_p[\sigma]_c} = \dfrac{1.2749 \times 10^5}{30 \times 213.64} = 20.8$ mm

选取耳板厚度为 24 mm

④ 翼板厚度计算

翼板材料 Q235，$R'_{eL} = 235$ MPa

翼板厚度：$\delta_a = \dfrac{\delta_c R_{eL}}{2R'_{eL}} = \dfrac{20.78 \times 235}{2 \times 235} = 10.4$

选取翼板厚度 $\delta_a = 12$ mm

⑤ 焊缝强度验算

拉杆与翼板焊缝 A(图 4-31)许用剪切应力：$[\tau]_w = 0.4R_{eL}\phi_a = 0.4 \times 205 \times 0.6 = 49$ MPa

拉杆与翼板焊缝 A(图 4-31)的剪切应力校核：

$$\frac{F_T}{1.41L_2S_2} = \frac{1.279 \times 10^5}{1.41 \times 300 \times 9} = 33.6 \text{ MPa} < [\tau]_w$$

拉杆与翼板焊缝 B 许用剪切应力：$[\tau]_w = 0.4R_{eL}\phi_a = 0.4 \times 225 \times 0.6 = 54$ MPa

拉杆与翼板焊缝 B 的剪切应力校核：

$$\frac{F_T}{2.82L_2S_2} = \frac{1.279 \times 10^5}{2.82 \times 150 \times 10} = 30.24 \text{ MPa} < [\tau]_w$$

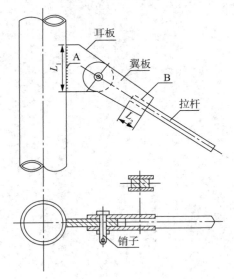

图 4-31　板与支柱焊缝

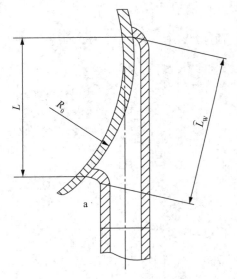

图 4-32　支柱与球壳连接最低点

（11）支柱与球壳连接最低点 a（图 4-32）的应力校核

支柱与球壳连接焊缝单边的弧长：$L_w = 1\ 741$ mm

球壳 a 点处的有效厚度，$\delta_{ea} = 34 - 2.7 = 31.3$ mm

操作状态下 a 点的剪切应力：

$$\tau_0 = \frac{G_0 + (F_i)_{max}}{2\ L_w \delta_{ea}} = \frac{3.06 \times 10^5 + 2.435 \times 10^4}{2 \times 1741 \times 31.3} = 3.03 \text{ MPa}$$

液压试验状态下 a 点的剪切应力：

$$\tau_T = \frac{G_T + 0.3(F_i)_{max} \dfrac{F_w}{F_{max}}}{2\ L_w \delta_{ea}} = \frac{5.987 \times 10^5 + 0.3 \times 2.435 \times 10^4 \times \dfrac{1.565 \times 10^4}{2.987 \times 10^5}}{2 \times 1741 \times 31.3} = 5.5 \text{ MPa}$$

操作状态下 a 点的液柱高度：$h_{ea} = 4\ 052$ mm

液压试验状态下 a 点的液柱高度：$h_{Ta} = 6\ 300$ mm

操作状态下物料在 a 点的液柱静压力：

$$\sigma_{oa} = h_{oa} \rho_2 g \times 10^{-9} = 4\ 052 \times 480 \times 9.81 \times 10^{-9} = 0.019 \text{ MPa}$$

液压试验状态下物料在 a 点的液柱静压力：

$$\sigma_{Ta} = h_{Ta} \rho_2 g \times 10^{-9} = 6\ 300 \times 480 \times 9.81 \times 10^{-9} = 0.062 \text{ MPa}$$

操作状态下 a 点的纬向应力：

$$\sigma_{01} = \frac{(p + p_{oa})(D_i + \delta_{ai})}{4\ \sigma_{ea}} = 145.9 \text{ MPa}$$

液压试验状态下 a 点的纬向应力：

$$\sigma_{T1} = \frac{(p_T + p_{Ta})(D_i + \delta_{ea})}{4\ \sigma_{ea}} = 185.2 \text{ MPa}$$

操作状态下 a 点的组合应力：

$$\sigma_{oa} = \sigma_{01} + \tau_0 = 148.93 \text{ MPa}$$

液压试验状态下 a 点的组合应力：

$$\sigma_{Ta} = \sigma_{T1} + \tau_T = 190.72 \text{ MPa}$$

应力校核：

$$\sigma_{oa} = 148.93 < [\sigma]^t = 163 \text{ MPa}$$

$$\sigma_{Ta} = 190.72 < 0.9\ R_{eL} \phi = 274.5 \text{ MPa}$$

（12）支柱与球壳连接焊缝的强度校核

$$W = G_T + 0.3(F_i)_{max} \frac{F_w}{F_{max}} = 5.991 \times 10^5 \text{ N}$$

支柱与球壳连接焊缝所承受的剪切应力

$$\tau_w = \frac{W}{1.41\ L_w S} = \frac{5.991 \times 10^5}{1.41 \times 1.741 \times 9} = 27.12 \text{ MPa}$$

应力校核：$\tau_w = 27.12$ MPa $< [\tau]_w = 49$ MPa

4.2　卧式储罐

卧式储罐具有容量较小、承压能力变化范围宽等特点。最大容量 400 m³、实际使用一般不超过 120 m³，最常用的是 50 m³。适宜在各种工艺条件下使用，在炼油化工厂多用于储存液化石油气、丙烯、液氨、拔头油等,各种工艺性储罐也多用小型卧式储罐;在中小型油库用卧式储罐储存汽油、柴油及数量较小的润滑油;另外,汽车罐车和铁路罐车也大多用卧式储罐。

国内外对于卧式储罐的研究与应用至今已有七十多年,其研究过程可以简单分为以下三个阶段:

第一阶段:自 1951 年到 1970 年,以 Zick 为代表的双鞍座卧式储罐设计方法,该设计方法是以简化梁理论为基础的半经验近似设计方法,由于其计算简单清楚、工程实用性好,现已成为各国主流设计方法的理论基础。

第二阶段:自 1971 年到 1990 年,以 Flugge、Duthie 和 Tooth 等为代表的半解析数值模拟方法。以筒体壳体的弯曲理论为基础,对卧式储罐的筒体进行了详细的分析,得到了鞍座处筒体局部应力较为精确的解,但这种理论分析方法计算较为复杂,又未通过大量的试验给予充分的验证,所以其并未成为各国规范的理论依据。

第三阶段:自 1990 年至今的有限元数值计算方法,该方法是伴随着通用有限元软件的发展而逐渐发展的,有限元法能对卧式储罐的真实结构和实际边界条件进行模拟分析,并能得到较为准确的数值结果,现已广泛应用于卧式储罐的设计制造中。

4.2.1 卧式储罐的基本结构

卧式储罐由罐体、支座及附件等组成。罐体包括筒体和封头,筒体由钢板拼接卷板、组对焊接而成,各筒节间环缝可对接也可搭接;封头常用椭圆形、碟形及平封头,可根据 GB/T 25198《压力容器封头》进行选择和设计。支座采用 JB/T 4712《鞍式支座》中的鞍式支座或圈座,如图 4-33 所示。实际工程中很少使用圈座,只有大直径的薄壁容器或真空容器因自身重量而可能造成严重挠曲变形时才采用圈座,以增加筒体支座处的局部刚度。

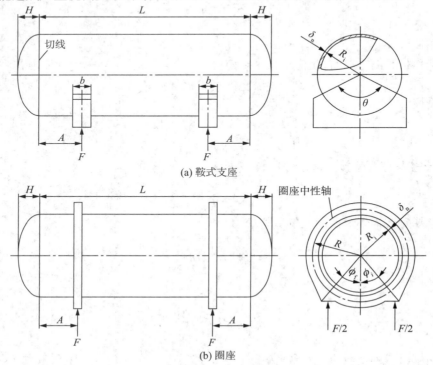

(a) 鞍式支座

(b) 圈座

图 4-33 卧式容器的典型支座

　　置于鞍式支座上的卧式储罐,其情况类似于弯曲梁。由材料力学分析可知,梁弯曲产生的应力与支点的数量和位置有关。当尺寸和载荷一定时,多支点在梁内产生的应力较小,因此支座数量似乎应该越多越好。但在实际工程中,由于地基的不均匀沉降和制造上的外形偏差,很难保证各支座严格保持在同一水平面上,因而多支座罐在支座处的约束反力并不能均匀分配,体现不出多支座的优点,所以一般卧式储罐最好采用双鞍座结构。

　　采用双鞍座时,支座位置的选取一方面要考虑封头对圆筒体的加强效应,另一方面还要合理安排载荷分布,避免因荷重引起的弯曲应力过大。为此,要遵循以下原则。

　　(1) 双鞍座卧式储罐的受力状态可简化为受均布载荷的外伸简支梁。由材料力学可知,当外伸长度 $A=0.207L$ 时,跨度中央的弯矩与支座截面处的弯矩绝对值相等,所以一般近似取 $A \leqslant 0.2L$。其中 L 为两封头切线间距离,A 为鞍座中心线至封头切线间距离。

　　(2) 当鞍座邻近封头时,封头对支座处的筒体有局部加强作用。为充分利用这一加强效应,在满足 $A \leqslant 0.2L$ 下应尽量使 $A \leqslant 0.5R_0$(R_0 为筒体外径)。

　　卧式储罐随操作温度的变化会发生热胀冷缩现象,同时罐体及物料重量的变化也可影响筒体的弯曲变形并在支座处产生附加载荷,从而使卧罐产生轴向的伸缩。为避免由此产生的附加应力,设计双鞍座储罐时,通常只允许将其中一个支座固定,而另一个支座设计为可沿轴向移动或滑动,具体做法是将滑动支座的基础螺栓孔沿罐体轴向开成长圆形的,如图 4-34 所示。为使滑动支座在热变形时能灵活移动,有时也采用滚动支承。必须注意的是,固定支座通常设置在卧式储罐配管较多的一端,滑动支座则应设置在没有配管或配管较少的另一端。

　　鞍座包角 θ 也是鞍式支座设计时需要考虑的一个重要参数,其大小不仅影响鞍座处圆筒截面上的应力分布,而且也影响卧式储罐的稳定性及储罐—支座系统的重心高低。鞍座包角小,则鞍座重量轻,但是储罐—支座系统的重心较高,且鞍座处筒体上的应力较大。常用的鞍座包角有 120°、135°和150°三种,但中国标准 JB/T 4712.1 中推荐的鞍座包角为 120°和150°两种形式。

　　鞍座结构如图 4-34 所示,由腹板、筋板和底板焊接而成,在与设备筒体相连处,有带加强垫板和不带加强垫板两种结构,加强垫板的材料应与容器壳体材料相一致。图 4-34 为带加强垫板结构。

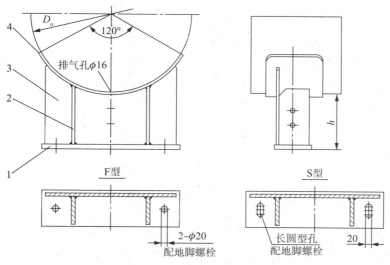

图 4-34　重型带垫板包角 120°的鞍座结构简图

1—底座;2—筋板;3—腹板;4—垫板

鞍式支座的结构和尺寸,除特殊情况需要另外设计外,一般可根据储罐的公称直径选用标准形式(鞍座标准为 JB/T 4712.1)。根据 NB/T 47042—2014《卧式容器》规定:当卧式储罐的鞍式支座按 JB/T 4712.1 选取时,在满足 JB/T 4712.1 所规定的条件时,可免去对鞍式支座的强度校核;否则应对储罐进行强度和稳定性的校核。标准鞍座分 A 型(轻型)和 B 型(重型)两种,其中 B 型又分为 BI-BV 五种型号。A 型与 B 型的区别在于筋板、底板和垫板的尺寸不同或数量不同。根据鞍座底板上的螺栓孔形状不同,又分为 F 型(固定支座)和 S 型(滑动支座),如图 4-34 所示。除螺栓孔外,F 型与 S 型各部分的尺寸相同。在一台储罐上,F 型和 S 型总是配对使用,其中滑动支座的地脚螺栓采用两个螺母,第一个螺母拧紧后倒退一圈,然后用第二个螺母锁紧,以保证储罐在温度变化时,鞍座能在基础面上自由滑动。当储罐操作温度与安装环境有较大差异时,应根据储罐圆筒金属温度、两鞍座间距核算滑动鞍座上长圆螺栓孔的长度。

选用标准鞍座时,首先应根据鞍座实际承载的大小,确定选用 A 型(轻型)或 B 型(重型)鞍座,找出对应的公称直径,再结合罐体载荷大小选择 120°或 150°包角的鞍座。

4.2.2 卧式储罐分类

根据放置场地条件的不同,卧式储罐可分为地面卧式储罐与地下卧式储罐。

(1)地面卧式储罐 属于典型的卧式压力容器,基本结构如图 4-35 所示,主要由筒体、封头和支座等三部分组成。封头通常采用 JB/T 4737《椭圆形封头》中的标准椭圆形封头。支座通常采用 JB/T 4712《鞍式支座》中的双鞍座,也可根据需要采用圈座和支撑式支座。因受运输条件等限制,这类储罐的容积一般在 100 m³ 以下,最大不超过 150 m³;若是现场组焊,其容积可更大一些。

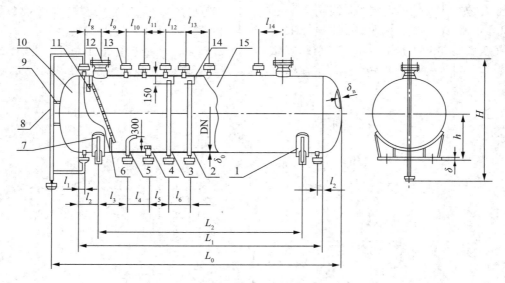

图 4-35 100 m³ 液化石油气储罐结构示意图

1—活动支座;2—气相平衡引入管;3—气相引入管;4—出液口防涡器;5—进液口引入管;6—支撑板;7—固定支座;8—液位计连通管;9—支撑;10—椭圆形封头;11—内梯;12—人孔;13—法兰接管;14—管托架;15—筒体

(2)地下卧式储罐 主要用于储存汽油、液化石油气等液化气体危险物品。将储罐埋于地下,既可以减少占地面积,缩短安全防火间距,也可以避开环境温度对储罐的影响,从而维持地下卧式储罐内介质压力的基本稳定。

结构如图 4 - 36 所示,除了圆筒、封头和支座 3 个主要组成部分外,另有工艺接管、仪表管和安全泄放装置接口等。与地面卧式储罐所不同的是管口的开设位置。为了适应埋地状况下的安装、检修和维护,一般将地下卧式储罐的各种接管集中安放,即设置在 1 个或几个人孔盖板上。图 4 - 36 中,件 2 在不同方位有 4 根接管,其中液相进口管、液相出口管和回流管插入液体中,末端距筒体下方内表面约 100 mm,气相平衡管不插入液体,其末端在人孔接管内。

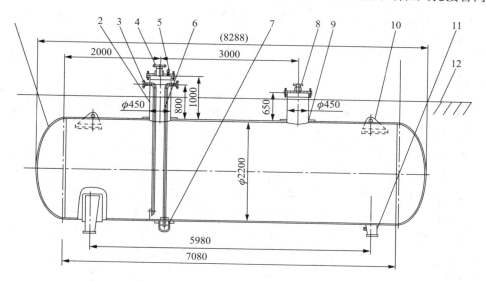

图 4 - 36 30 m³ 地下丙烷储罐结构示意图

1—罐体;2—人孔;3—液相进口、液相出口、回流口和气相平衡口(共 4 根管子);4—液面计接口;
5—压力表与温度计接口;6—排污及倒空管;7—聚污器;8—安全阀;9—人孔Ⅱ;10—吊耳;
11—支座;12—地平面

卧式储罐的埋地有两种方法:一种是将卧式储罐安装在地下预先构筑好的空间里,实际上就是把地面罐搬到地下室里;另一种是先对卧式储罐的外表面进行防腐蚀处理,如涂刷沥青防锈漆,设置牺牲阳极保护设施等,然后放置在地下基础上,直接埋地安装。

4.2.3 卧式储罐设计

1. 设计内容

设计原则:卧式储罐一般先根据内压或外压容器设计方法初步计算厚度,再考虑支座安装位置、支座反力和支座的包角的影响,计及各种附加载荷,并校核筒体在附加载荷作用下的周向、轴向强度和稳定性,以确定其实际圆筒厚度。由于支座的受力又与所支撑储罐的质量和支座本身的结构及尺寸有密切关系,所以卧式储罐支座与罐体设计应同时进行。

卧式容器的载荷有长期载荷、短期载荷、冲击载荷。

长期载荷包括设计压力(内压或外压、真空)、容器质量(包括容器自身质量、充满水或所容介质的质量、所有附件及保温层等质量)。在不同的使用状态下,其受外力的方式不同,所以设计时要用各种组合外力。

短期载荷包括风载荷、地震载荷或雪载荷(取最大值)。

对于双鞍座卧式设备,根据操作压力和温度,在初步设计设备的壁厚以后(不包括腐蚀裕度等附加量),考虑到双鞍座卧式设备的受载荷特点必须验算以下应力,即鞍座处截面和跨中截面的经向(轴向)应力、鞍座处截面的周向应力及切应力。卧式容器的强度及稳定性校核计算按 NB/T 47042—2014《卧式容器》进行。

2. 强度及稳定性计算

卧式储罐受压元件应按 GB150.3 的有关规定进行强度计算,并按本节进行强度及稳定性校核。具体计算内容包括筒体厚度 δ_n 和封头厚度 δ_h、筒体轴向应力 σ_{1-4}、筒体切向应力 τ 和封头切向应力 τ_h、筒体周向应力 σ_{6-8} 及鞍座应力,若应力校核不合格,需调整鞍座位或设置加强圈。

(1) 支座反力

支座反力按式(4-1)计算:

$$F = \frac{mg}{2} \tag{4-1}$$

式中,m 为容器质量(包括容器自身质量、充水或充满介质的质量、所有梯子平台等附件质量即隔热层等质量),kg。

(2) 圆筒轴向应力及校核

① 圆筒轴向弯矩计算

圆筒轴向最大弯矩位于圆筒中间截面或鞍座平面内(图4-37)。

圆筒中间横截面内的轴向弯矩,按式(4-2)计算:

$$M_1 = \frac{FL}{4} \left[\frac{1 + \dfrac{2(R_a^2 - h_i^2)}{L^2}}{1 + \dfrac{4h_i}{3L}} - \frac{4A}{L} \right] \tag{4-2}$$

圆筒鞍座平面内的轴向弯矩,按式(4-3)计算:

$$M_2 = -FA \left[1 - \frac{1 - \dfrac{A}{L} + \dfrac{R_a^2 - h_i^2}{2AL}}{1 + \dfrac{4h_i}{3L}} \right] \tag{4-3}$$

式中,R_a 为圆筒的平均半径,mm。

② 圆筒轴向应力计算

圆筒中间横截面最高点处轴向应力:

$$\sigma_1 = \frac{p_c R_a}{2\delta_e} - \frac{M_1}{\pi R_a^2 \delta_e} \tag{4-4}$$

圆筒中间横截面最高低点处轴向应力:

$$\sigma_2 = \frac{p_c R_a}{2\delta_e} + \frac{M_1}{\pi R_a^2 \delta_e} \tag{4-5}$$

鞍座平面圆筒横截面最高点处轴向应力:

$$\sigma_3 = \frac{p_c R_a}{2\delta_e} - \frac{M_2}{\pi K_1 R_a^2 \delta_e} \tag{4-6}$$

鞍座平面圆筒横截面最低点处轴向应力:

$$\sigma_4 = \frac{p_c R_a}{2\delta_e} + \frac{M_2}{\pi K_2 R_a^2 \delta_e} \tag{4-7}$$

式中,系数 K_1、K_2 值由表4-2查得。

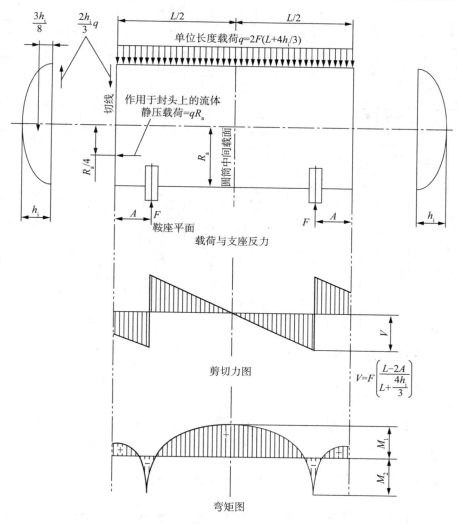

图4-37　卧式容器载荷、支座反力、剪切力及弯矩图

表4-2　系数 K_1、K_2

条件	鞍座包角 $\theta/(°)$	K_1	K_2
$A \leqslant R_a/2$ 或在鞍座平面上有加强圈的圆筒	120	1.0	1.0
	135	1.0	1.0
	150	1.0	1.0
$A > R_a/2$，且在鞍座平面上无加强圈的圆筒	120	0.107	0.192
	135	0.132	0.234
	150	0.161	0.279

③ 圆筒轴向应力的校核

按式(4-4)~式(4-7)分别计算操作工况轴向应力 $\sigma_1 \sim \sigma_4$ 和水压试验工况轴向应力 $\sigma_{1T} \sim \sigma_{4T}$，圆筒轴向应力应满足表4-3的要求。

表4-3　圆筒轴向应力的校核条件

工况	内压设计	外压设计	最大应力校核条件
操作工况	加压	未加压	拉应力:$\max\{\sigma_1,\sigma_2,\sigma_3,\sigma_4\}\leqslant\phi[\sigma]^t$
(盛装物料)	未加压	加压	压应力:$\mid\min\{\sigma_1,\sigma_2,\sigma_3,\sigma_4\}\mid\leqslant\phi[\sigma]_{ac}^t$
水压试验工况	加压		拉应力:$\max\{\sigma_{T1},\sigma_{T2},\sigma_{T3},\sigma_{T4}\}\leqslant0.9\phi R_{eL}(R_{p0.2})$
(充满水)	未加压		压应力:$\mid\min\{\sigma_{T1},\sigma_{T2},\sigma_{T3},\sigma_{T4}\}\mid\leqslant[\sigma]_{ac}$

注:$[\sigma]_{ac}^t$——设计温度下容器壳体材料的轴向许用压缩应力,$[\sigma]_{ac}^t=\min\{[\sigma]^t,B\}$,MPa;

　　$[\sigma]_{ac}$——常温下容器壳体材料的轴向许用压缩应力,$[\sigma]_{ac}=\min\{0.9R_{eL},R_{p0.2},B_0\}$,MPa;

　　B——设计温度下,按 GB150.3 确定的外压应力系数,MPa;

　　B_0——常温下,按 GB150.3 确定的外压应力系数,MPa。

(3) 圆筒及封头切向应力及校核

由于容器载荷所引起的最大竖直剪应力出现在鞍座截面处,因而需校核在鞍座截面处圆筒的切向剪应力 τ,剪应力 τ 的大小与封头是否对圆筒起加强作用,以及在鞍座处是否设有加强圈等因素有关。

① 圆筒切向应力计算

圆筒未被封头加强(即 $A>0.5R_a$)时:

$$\tau=\frac{K_3 F}{R_a\delta_e}\left[\frac{L-2A}{L+\frac{4}{3}h_i}\right] \tag{4-8}$$

圆筒被封头加强(即 $A\leqslant0.5R_a$)时:

$$\tau=\frac{K_3 F}{R_a\delta_e} \tag{4-9}$$

② 封头切向应力计算

圆筒被封头加强(即 $A\leqslant0.5R_a$)时,尚需计算封头切向应力:

$$\tau_h=\frac{K_4 F}{R_a\delta_{he}} \tag{4-10}$$

式中,δ_{he} 为封头有效厚度,mm;系数 K_3、K_4 值由表 4-4 查得。

表4-4　系数 K_3、K_4

条件		鞍座包角 $\theta(°)$	K_3	K_4
圆筒在鞍座平面上有加强圈		120	0.319	—
		135	0.319	—
		150	0.319	—
圆筒在鞍座平面上无加强圈	$A>0.5R_a$,或靠近鞍座处有加强圈	120	1.171	—
		135	0.958	—
		150	0.799	—
	$A\leqslant0.5R_a$,圆筒被封头加强	120	0.880	0.401
		135	0.654	0.344
		150	0.485	0.295

③ 圆筒及封头切向应力及校核

圆筒切向应力应满足:$\tau\leqslant0.8[\sigma]^t$

封头切向应力应满足:$\tau_h\leqslant1.25[\sigma]^t-\sigma_h$

式中，σ_h 为由于内压在封头中引起的应力，椭圆封头 $\sigma_h = \dfrac{Kp_cD_i}{2\delta_{he}}$，MPa。

(4) 圆筒周向应力计算及校核

① 圆筒周向弯矩计算

鞍座平面的周向弯矩见图 4-38。当无加强圈或加强圈在鞍座平面内时，其最大弯矩点在鞍座边角处[图 4-38(a)]。当加强圈靠近鞍座平面时，其最大弯矩点在靠近横截面水平中心线处[图 4-38(b)]。

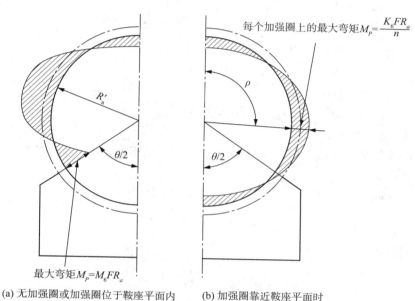

每个加强圈上的最大弯矩 $M_P = \dfrac{K_6FR_a}{n}$

最大弯矩 $M_P = M_6FR_a$

(a) 无加强圈或加强圈位于鞍座平面内   (b) 加强圈靠近鞍座平面时

图 4-38　周向弯矩图

② 圆筒周向应力计算

圆筒周向应力的位置于图 4-39 所示。无加强圈的圆筒按无垫板或垫板不起加强作用及垫板起加强作用 2 种情况计算；有加强圈的圆筒按加强圈位于鞍座平面内及加强圈靠近鞍座平面内 2 种情况计算。

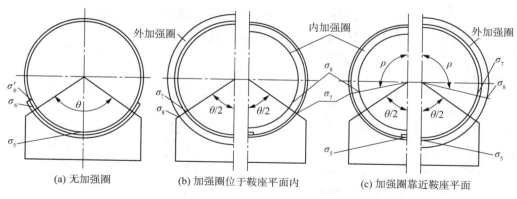

(a) 无加强圈   (b) 加强圈位于鞍座平面内   (c) 加强圈靠近鞍座平面

图 4-39　圆筒周向应力的位置

（a）无垫板或垫板不起加强作用：

横截面的最低处：

$$\sigma_5 = -\frac{kK_5F}{\delta_e b_2} \tag{4-11}$$

鞍座边角处：

$$\sigma_6 = -\frac{F}{4\delta_e b_2} - \frac{3K_6F}{2\delta_e^2}\ (L/R_a \geqslant 8 \text{ 时}) \tag{4-12}$$

$$\sigma_6 = -\frac{F}{4\delta_e b_2} - \frac{12K_6FR_a}{L\delta_e^2}\ (L/R_a < 8 \text{ 时}) \tag{4-13}$$

式中　b_2——圆筒的有效宽度，取 $b_2 = b + 1.56\sqrt{R_a\delta_n}$，mm；

　　　δ_n——圆筒名义厚度，mm；

　　　b——鞍座的轴向宽度，mm；

　　　k——系数，当容器焊在鞍座上取 0.1，否则取 1.0。

（b）垫板起加强作用：

当鞍座垫板名义厚度 $\delta_m \geqslant 0.6\delta_n$，垫板宽度 $b_4 \geqslant b_2$，垫板包角不小于鞍座包角($\theta + 12°$)时，垫板对圆筒起到加强作用。

横截面的最低处：

$$\sigma_5 = -\frac{kK_5F}{(\delta_e + \delta_{re})b_2} \tag{4-14}$$

鞍座边角处：

$$\sigma_6 = -\frac{F}{4(\delta_e + \delta_{re})b_2} - \frac{3K_6F}{2(\delta_e^2 + \delta_{re}^2)}\ (L/R_a \geqslant 8 \text{ 时}) \tag{4-15}$$

$$\sigma_6 = -\frac{F}{4(\delta_e + \delta_{re})b_2} - \frac{12K_6FR_a}{L(\delta_e^2 + \delta_{re}^2)}\ (L/R_a < 8 \text{ 时}) \tag{4-16}$$

鞍座垫板边缘处：

$$\sigma_6' = -\frac{F}{4\delta_e b_2} - \frac{3K_6F}{2\delta_e^2}\ (L/R_a \geqslant 8 \text{ 时}) \tag{4-17}$$

$$\sigma_6' = -\frac{F}{4\delta_e b_2} - \frac{12K_6FR_a}{L\delta_e^2}\ (L/R_a < 8 \text{ 时}) \tag{4-18}$$

式中　δ_{re}——鞍座垫板有效厚度，mm。式中系数 K_5、K_6 值由表 4-5 查得。

表 4-5　系数 K_5、K_6

鞍座包角 $\theta/(°)$	K_5	K_6	
		$A/R_a \leqslant 0.5$	$A/R_a \geqslant 1$
120	0.760	0.013	0.053
132	0.720	0.011	0.043
135	0.711	0.010	0.041
147	0.680	0.008	0.034
150	0.673	0.008	0.032
162	0.650	0.006	0.025

注：当 $0.5 < A/R_a < 1$ 时，K_6 按表内数值线性内插求取。

（c）加强圈位于鞍座平面内：

鞍座边角处圆筒周向应力：

$$\sigma_7 = -\frac{K_8 F}{A_0} + \frac{C_4 K_7 FR_a e}{I_0} \tag{4-19}$$

鞍座边角处加强圈边缘表明周向应力：

$$\sigma_8 = -\frac{K_8 F}{A_0} + \frac{C_5 K_7 FR_a d}{I_0} \tag{4-20}$$

式中　e——对内加强圈，为加强圈与圆筒组合截面形心距圆筒外表面距离［见图 4—40（a）、
　　　　（b）］；对外加强圈，为加强圈与圆筒组合截面形心距圆筒内表面距离［见图 4—40
　　　　（c）］，mm；

　　　　d——对内加强圈，为加强圈与圆筒组合截面形心距加强圈内表面距离［见图 4—40
　　　　（a）、（b）］；对外加强圈，为加强圈与圆筒组合截面形心距加强圈外表面距离［见
　　　　图 4—40（c）］，mm。

式中系数 C_4、C_5、K_7、K_8 值由表 4-6 查得。

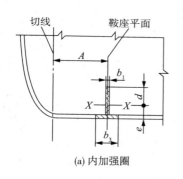

(a) 内加强圈

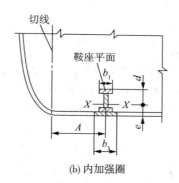

(b) 内加强圈

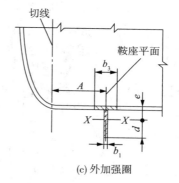

(c) 外加强圈

图 4-40　鞍座平面内加强圈

表 4-6　系数 C_4、C_5、K_7、K_8

加强圈位置 θ/(鞍座)		位于鞍座平面上						靠近鞍座		
		120	132	135	147	150	162	120	135	150
C_4	内加强圈	−1	−1	−1	−1	−1	−1	+1	+1	+1
	外加强圈	+1	+1	+1	+1	+1	+1	−1	−1	−1
C_5	内加强圈	+1	+1	+1	+1	+1	+1	−1	−1	−1
	外加强圈	−1	−1	−1	−1	−1	−1	+1	+1	+1
K_7		0.053	0.043	0.041	0.034	0.032	0.025	0.058	0.047	0.036
K_8		0.341	0.327	0.323	0.307	0.302	0.283	0.271	0.248	0.219

（d）加强圈靠近鞍座平面内［见图 4-41］：

i 横截面最低点的圆筒轴向应力 σ_5

——对无垫板或垫板不起加强，按式（4-11）计算；

——对垫板起加强，按式（4-14）计算。

ii 横截面上靠近水平中心线处的圆筒周向应力 σ_7 按式(4-19)计算。

iii 横截面上靠近水平中心线处的加强圈边缘表面的周向应力 σ_8 按式(4-20)计算。

iv 鞍座边角圆筒周向应力 σ_6 按式(4-12)、式(4-13)、式(4-15)、式(4-16)分别计算。

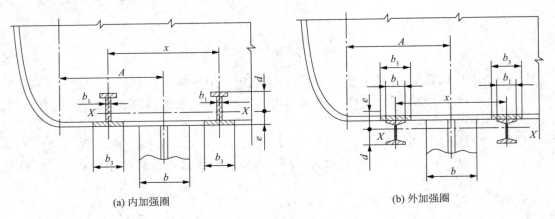

(a) 内加强圈　　　　　　　(b) 外加强圈

图 4-41　靠近鞍座平面的加强圈

③ 圆筒周向应力的校核

周向应力应满足下列条件：

$|\sigma_5| \leqslant [\sigma]^t$；$|\sigma_6| \leqslant 1.25 [\sigma]^t$；$|\sigma_6'| \leqslant 1.25 [\sigma]^t$；$|\sigma_7| \leqslant 1.25 [\sigma]^t$；$|\sigma_8| \leqslant 1.25 [\sigma]^t_r$；

式中　$[\sigma]^t$——设计温度下容器壳体材料的许用应力，MPa；

　　　$[\sigma]^t_r$——设计温度下加强圈材料的许用应力，MPa。

3. 鞍座设计

鞍座宽度 b 一般取大于或等于 $8\sqrt{R_i}$，当采用 JB/T 4712.1 中标准"鞍式支座"时，b 应取筋板大端宽度与腹板厚 b_0 之和，筋板对称布置时，b 应包括腹板厚 b_0。

当所采用的鞍座超出标准规定的适用范围(鞍座包角 120°、150°，地震烈度 8 度，钢—钢摩擦系数 0.3)而重新设计鞍座时，或卧式储罐上有附加载荷，或其上有配管及地震载荷，或对需抽芯的换热器时，需对鞍座腹板—筋板组合截面进行强度校核。具体计算参见 NB/T 47042《卧式容器》。

4.2.4　卧式储罐设计实例

表 4-7 设计参数

参数名称	数值	参数名称	数值
设计压力 p/MPa	0.3	设计温度 t/℃	120
筒体切线间长度 L/mm	2 100	筒体内直径 D_i/mm	800
圆筒材料	S30403	封头材料	S30403
焊接接头系数 ϕ	0.85	封头类型	标准椭圆形封头
腐蚀裕量 C_2/mm	3	材料厚度负偏差 C_1/mm	0.3
介质密度/(kg/m³)	950	附件质量 m_3/kg	0
物料充装系数 ϕ_0	0.8	地震设防烈度	小于 7 度
鞍座材料	Q235A	地脚螺栓材料	Q235A

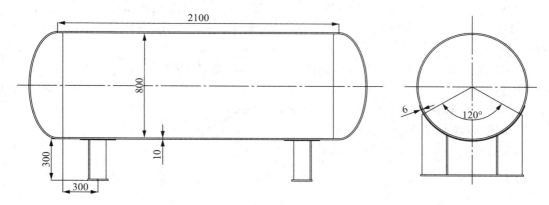

图 4 - 42　卧式容器

（1）筒体

筒体按照 GB/T 150—2011 要求，因介质的腐蚀性材料选用 S30403，筒体采用 S30403 钢板卷制而成。

S30403 钢板设计温度下（120℃）许用应力，$[\sigma]^t=119.2$ MPa；水压试验温度下许用应力 $[\sigma]=120$ MPa，设计压力 $P_c=0.3$ MPa，试验温度下屈服强度 $\sigma_s=175$ MPa。

筒体计算厚度：$\delta=\dfrac{P_c D_i}{2[\sigma]^t \phi - P_c}=\dfrac{0.3\times800}{2\times119.2\times0.85-0.3}=1.186$ mm

设计厚度：$\delta_d=\delta+C_1+C_2=1.186+3.3=4.486$ mm

考虑到开孔等最卧式储罐的内径要求，取名义厚度$\delta_n=10$ mm。

（2）封头

标准椭圆封头厚度计算方法同上，最终也取名义厚度$\delta_n=10$ mm。依据 GB/T 25198—2010《压力容器封头》，选取公称 $DN800$ mm × 10 mm 的 EHA 标准椭圆形封头，材料：S30403。

（3）鞍座

依据 NB/T 47042—2014《卧式容器》应采用鞍式支座支撑，故本设备选用标准鞍式支座（JB/T 4712.1—2007），根据容器的公称直径和最大质量选用 BI 型。其结构尺寸为：公称直径 $DN=800$ mm，允许载荷 $Q=220$ kg，鞍座高度 $h=300$ mm，底板 $l_1=720$ mm，$b_1=150$ mm，$\delta_1=10$ mm，腹板 $\delta_2=10$ mm，筋板 $b_3=120$ mm，$\delta_3=10$ mm，垫板弧长 940mm，$b_4=260$ mm，$\delta_4=6$ mm，$e=65$ mm，螺栓间距 $l_2=530$ mm，带垫板鞍座质量 38 kg。

双鞍座卧式储罐受力状态可简化为承受均布双鞍座的简支梁，全长 L 为两封头切线之间的距离 2 100 mm，根据材料力学的相关推导，为了合理分布载荷，鞍座与封头切线之间的距离 $A\leqslant0.2 L=2\,100\times0.2=420$ mm，同时为尽可能利用封头对筒体加强作用，支座应尽量靠近封头，故取 $A=300$ mm。

（4）强度计算

对卧式储罐筒体、上下封头进行强度校核计算结果如下：

筒体内压计算：液压试验时 $p_T=0.375\,0$ MPa，液压试验压力下圆筒的应力 $\sigma_T=26.56$ MPa $\leqslant0.9\sigma_s$，设计温度下计算应力 $\sigma^t=18.06$ MPa$\leqslant[\sigma]^t\phi$，筒体校核合格。

上/下封头内压计算:液压试验时 $p_T = 0.3750$ MPa,液压试验压力封头的应力 $\sigma_T = 26.45$ MPa $\leqslant 0.9\sigma_s$,计算厚度 $\delta_d = 1.18$ mm,名义厚度 $\delta_n = 10$ mm,满足最小厚度要求,封头校核合格。

卧式储罐整体结构稳定性校核步骤参照之前介绍,校核结果如下:

① 总质量

筒体质量(两切线间)$m_1 = \pi(D_i + \delta_n)L\,\delta_n\rho_s = 419.492$ kg;

封头质量(曲面部分)$m_2 = 55.83$ kg;

封头容积 $V_h = 6.70206 \times 10^7$ mm³;

容器容积 $V = \dfrac{\pi}{4}D_i^2 L + 2V_h = 1.18962 \times 10^9$ mm³;

容器内充液质量(操作时)$m_4 = V\rho_0\varphi_0 = 904.109$ kg;

容器内充液质量(液压试验)$m_4 = V\rho_T = 1189.62$ kg;

总质量(操作时)$m = m_1 + m_2 + m_4 = 1435.26$ kg;

总质量(液压试验)$m = m_1 + m_2 + m_4 = 1720.77$ kg;

支座反力(操作时)$F' = \dfrac{1}{2}mg = 7041.39$ N;

支座反力(液压试验)$F'' = \dfrac{1}{2}mg = 8442.09$ N

$$F = \max(F', F'') = 8442.09 \text{ N}$$

② 筒体弯矩计算

圆筒中点处弯矩(操作压力):$M_1 = \dfrac{F'L}{4}\left[\dfrac{1 + 2(R_a^2 - h_i^2)/L^2}{1 + \dfrac{4h_i}{3L}} - \dfrac{4A}{L}\right] = 1.00021 \times 10^6$ N·mm;

圆筒中点处弯矩(液压试验):$M_{T1} = \dfrac{F''L}{4}\left[\dfrac{1 + 2(R_a^2 - h_i^2)/L^2}{1 + \dfrac{4h_i}{3L}} - \dfrac{4A}{L}\right] = 1.19918 \times 10^6$ N·mm;

鞍座处弯矩(操作压力):$M_2 = F'L\left[1 - \dfrac{1 - \dfrac{A}{L} + \dfrac{R_a^2 - h_i^2}{2AL}}{1 + \dfrac{4h_i}{3L}}\right] = -457653$ N·mm;

鞍座处弯矩(液压试验):$M_{T2} = F''L\left[1 - \dfrac{1 - \dfrac{A}{L} + \dfrac{R_a^2 - h_i^2}{2AL}}{1 + \dfrac{4h_i}{3L}}\right] = -548691$ N·mm;

③ 筒体轴向应力计算

圆筒中点处轴向应力(最高点):$\sigma_1 = \dfrac{p_c R_a}{2\delta_e} - \dfrac{M_1}{\pi R_a^2 \delta_e} = 8.777$ MPa;

圆筒中点处轴向应力(最低点):$\sigma_2 = \dfrac{p_c R_a}{2\delta_e} + \dfrac{M_1}{\pi R_a^2 \delta_e} = 9.35702$ MPa;

鞍座处轴向应力(最高点):$\sigma_3 = \dfrac{p_c R_a}{2\delta_e} - \dfrac{M_2}{\pi K_1 R_a^2 \delta_e} = 10.3105$ MPa;

鞍座处轴向应力(最低点):$\sigma_4 = \dfrac{p_c R_a}{2\delta_e} + \dfrac{M_2}{\pi K_2 R_a^2 \delta_e} = 8.378$ MPa;

水压试验时圆筒中点处轴向应力(最高点)：$\sigma_{T1} = \dfrac{p_c R_a}{2\delta_e} - \dfrac{M_{T1}}{\pi R_a^2 \delta_e} = 8.720$ MPa；

水压试验时圆筒中点处轴向应力(最低点)：$\sigma_{T2} = \dfrac{p_c R_a}{2\delta_e} + \dfrac{M_{T1}}{\pi R_a^2 \delta_e} = 11.757\,5$ MPa；

水压试验时鞍座处轴向应力(最高点)：$\sigma_{T3} = \dfrac{p_c R_a}{2\delta_e} - \dfrac{M_{T2}}{\pi K_1 R_a^2 \delta_e} = 12.900\,7$ MPa；

水压试验时鞍座处轴向应力(最低点)：$\sigma_{T4} = \dfrac{p_c R_a}{2\delta_e} + \dfrac{M_{T2}}{\pi K_2 R_a^2 \delta_e} = 8.24$ MPa；

根据圆筒材料以及 $A = \dfrac{0.094\,\delta_e}{R_0} = 0.001\,574\,5$，

按 GB 150.3(图 4-10)规定求取 $B = 66$ MPa，$B_0 = 88$ MPa；

设计温度下轴向许用压缩应力 $[\sigma]_{ac}^t = \min([\sigma]^t, B) = 66$ MPa；

常温下轴向许用压缩应力 $[\sigma]_{ac} = \min(0.9 R_{el}, R_{p0.2}, B^0) = 88$ MPa；

应力校核：

$\max\{\sigma_1, \sigma_2, \sigma_3, \sigma_4\} = 10.310\,5 < \phi[\sigma]^t = 101.32$ MPa(合格)

$|\min\{\sigma_1, \sigma_2, \sigma_3, \sigma_4\}| = 8.378 < [\sigma]_{ac}^t = 66$ MPa(合格)

$\max\{\sigma_{T1}, \sigma_{T2}, \sigma_{T3}, \sigma_{T4}\} = 12.900\,7 < 0.9\phi R_{el} = 133.875$ MPa(合格)

$|\min\{\sigma_{T1}, \sigma_{T2}, \sigma_{T3}, \sigma_{T4}\}| = 8.24 < [\sigma]_{ac} = 88$ MPa(合格)

④ 筒体切向应力计算

圆筒切向剪应力：$\tau = \dfrac{K_3 F}{R_a \delta_e} = 3.642$ MPa；

应力校核：$\tau \leqslant 0.8[\sigma]^t = 95.36$ MPa；

⑤ 筒体周向应力计算

圆筒的有效宽度：$b_2 = b + 1.56\sqrt{R_a \delta_n} = 249.278$ mm；

横截面最底处：$\sigma_5 = -\dfrac{k K_5 F}{(\delta_e + \delta_{re}) b_2} = -2.027$ MPa；

鞍座垫板边缘处：$\sigma_6 = -\dfrac{F}{4(\delta_e + \delta_{re}) b_2} - \dfrac{12 K_6 F R_a}{L(\delta_e^2 + \delta_{re}^2)} = -10.811$ MPa；

应力校核：

$|\sigma_5| < [\sigma]^t = 119.2$ MPa(合格)；

$|\sigma_6| < 1.25[\sigma]^t = 149$ MPa(合格)

容器内径 2 000 mm，圆筒长度(焊缝到焊缝)6 000 mm；设计压力 0.35 MPa，设计温度 100℃；焊接接头系数 0.85，腐蚀裕量 1.5 mm；物料密度 1 500 kg/m³，许用应力 113 MPa；鞍座 JB/T 4712—92 A 型，120°包角，材料 Q235—A·F；设备材料 Q245R，设备不保温；鞍座中心距封头切线 500 mm。

思考题四

1. 球形储罐有哪几种型式？各有什么优缺点？
2. 简述球形储罐的主要附件？
3. 设计球形储罐时应考虑哪些载荷？

4. 球形储罐采用赤道正切柱式支座时,应遵循哪些准则?

5. 球形储罐的制造工艺有何特点?

6. 简述球形储罐的焊接要求。

7. 液化气体储存设备设计时如何考虑环境对它的影响?

8. 设计双鞍座卧式容器时,支座位置应按哪些原则确定?试说明理由。

9. 双鞍座卧式容器设计中应计算哪些应力?试分析这些应力是如何产生的?

10. 双鞍座卧式容器受力分析与外伸梁承受均布载荷有何相同和不同之处?试用剪力图和弯矩图进行对比。

11. 鞍座包角对卧式容器简体应力和鞍座自身强度有何影响?

12. 什么情况下应对双鞍座卧式容器进行加强圈加强?

第5章　承压容器计算机辅助设计

5.1　概　　述

计算机辅助设计(Computer Aided Design,CAD)是一门集成计算机、图形学、工程分析、模拟仿真、数据库、网络等各项科学技术于一体的综合性学科。随着计算机技术的发展,CAD技术已经在许多领域得到了普遍推广应用,成为企业提高创新能力、提高产品开发能力、增强企业市场竞争力的一项关键技术。

在我国承压容器领域,逐渐开始使用计算机程序进行设计计算工作始于 20 世纪 60 年代。到了 20 世纪 70 年代后期和 80 年代,全国已有相当一批工程设计、制造单位先后编制开发了设计计算软件和化工设备绘图软件,并投入使用。至 20 世纪 90 年代,我国承压容器领域全面进入计算机辅助设计阶段。发展到现在,承压容器领域内,计算机辅助设计技术的应用已经日趋成熟,并向着更高的阶段,即科学仿真和模拟设计阶段逐渐过渡。也就是说,传统的计算机辅助设计已逐步向计算机辅助工程(Computer Aided Engineering,CAE)的方向发展。

计算机辅助工程通常指工程数值分析、结构优化设计、强度与寿命评估及动力学仿真等。计算机辅助设计向计算机辅助工程方向发展和延续,在设计上则反映了承压容器领域由常规设计向分析设计过渡。

目前,我国承压容器领域常用的设计软件主要有两大类:承压容器设计计算软件和化工设备施工图绘制软件。承压容器设计计算软件又分为:承压容器常规设计计算软件和承压容器有限元分析软件。

本章将针对 CAD 技术,介绍我国承压容器行业正式推荐使用的常规设计计算软件《过程设备强度计算软件包 SW6—2011》(以下简称为 SW6—2011)的功能特点和使用方法。

5.2　SW6—2011 软件

第一版 SW6 过程设备强度计算软件包由全国化工设备设计技术中心站于 1998 年 9 月推出,简称 SW6—1998。编制单位包括:全国化工设备设计技术中心站、华东理工大学化工机械研究所、中国石化集团上海工程有限公司(原上海医药设计院)、中国寰球工程公司、中国天辰化学工程公司、五环科技股份有限公司(原化四院)、华陆工程科技有限责任公司(原化六院)、天津市化工设计院和合肥通用机械研究所等国内长期从事化工与石油化工工程设计和计算机程序开发工作的单位。

随着 GB 150、GB/T 151、NB/T 47041、NB/T 47042、GB 12337 等标准的更新并正式实施,SW6—1998 也随之升级换版,先后推出了 SW6—2011v1.0、v2.0、v3.0。同时,SW6—2011 中还增加了许多工程中常用的结构。

SW6—2011 主要是根据以下标准所提供的数学模型和计算方法进行编制:

• GB 150—2011《压力容器》;

- GB/T 151—2014《热交换器》;
- GB 12337—2014《钢制球形储罐》;
- NB/T 47041—2014《塔式容器》;
- NB/T 47042—2014《卧式容器》;
- HG/T 20582—2011《钢制化工容器强度计算规定》;
- CSCBPV-TD001—2013《内压与支管外载作用下圆柱壳开孔应力分析方法》。

SW6—2011 共有 11 个设备级计算程序、一个零部件计算程序和一个用户材料数据库管理程序。下面以卧式容器设备计算为例,介绍 SW6—2011 的使用方法。

5.2.1　卧式容器设备计算程序使用简介

卧式容器计算程序包括对筒体、封头(鉴于工程实践,在本程序中,锥形封头和球冠形封头将不能选择及进行计算)、设备法兰、开孔补强及鞍座的强度和刚度计算。

图 5-1 为一台环氧乙烷储罐。主要设计条件:①设计压力:0.6 MPa,最高工作压力:0.5 MPa;设计温度:60℃,工作温度:50℃;②壳体内径 $D_i = 2\,000$ mm,厚度 $\delta_n = 10$ mm;采用标准椭圆形封头(GB/T 25198—2010),厚度 $\delta_n = 10$ mm;人孔 i,$\phi\,480 \times 8$,法兰密封面到壳体外表面高度为 150 mm;选用标准鞍式支座(JB/T 4712.1—2007),高度 250 mm,鞍座位置如图 5-1;③介质:环氧乙烷,性质:易燃,高度危害;④主要受压元件材料:S30408(GB 24511—2009)。试对壳体、i 接管以及鞍座进行强度校核,并打印《设计计算书》。

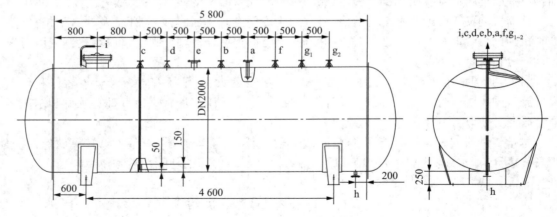

图 5-1　环氧乙烷储罐结构图

解:

1. 主要设计参数说明

(1) 压力(除注明者外,压力均指表压力。)

工作压力:指在正常工作情况下,容器顶部可能达到的最高压力。

设计压力:指设定的容器顶部的最高压力,与相应的设计温度一起作为设计载荷条件,其值不低于工作压力。

计算压力:指在相应设计温度下,用以确定元件厚度的压力,其中包括液柱静压力。

当元件所承受的液柱静压力小于 5% 设计压力时,可忽略不计。

试验压力:指在压力试验时,容器顶部的压力。

(2) 温度

设计温度:指容器在正常工作情况下,设定的元件的金属温度(沿元件金属截面的温度平均值)。设计温度与设计压力一起作为设计载荷条件。

试验温度:指压力试验时,壳体的金属温度。

(3)厚度

计算厚度:指按 GB 150《压力容器》各章公式计算得到的厚度。需要时,尚应计入其他载荷所需厚度。

设计厚度:指计算厚度与腐蚀裕量之和。

名义厚度:指设计厚度加上钢材厚度负偏差后向上圆整至钢材标准规格的厚度。既标注在图样上的厚度。

有效厚度:指名义厚度减去腐蚀裕量和钢材厚度负偏差。

(4)焊接接头系数

焊接接头系数 ϕ 应根据受压元件的焊接接头型式及无损检测的长度比例确定。

双面焊对接接头和相当于双面焊的全焊透对接接头:

100%　无损检测　$\phi=1.00$

局部无损检测　$\phi=0.85$

单面焊对接接头(沿焊缝根部全长有紧贴基本金属的垫板):

100%　无损检测　$\phi=0.9$

局部无损检测　$\phi=0.8$

2. SW6 使用步骤

SW6—2011 安装完毕后会形成对应于 13 个程序的一组图标(图 5-2),点击"卧式容器"图标,出现图 5-3 所示对话框。根据设计需要,输入主体设计参数及各零部件的计算参数。

图 5-2　SW6—2011 程序选项界面

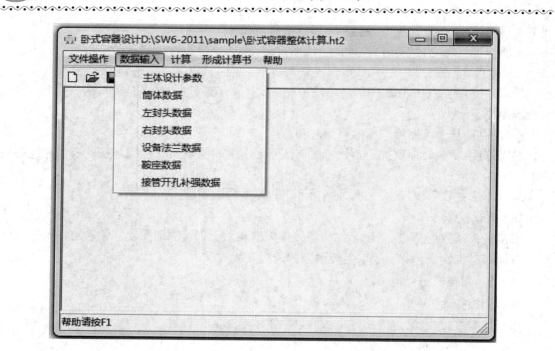

图 5-3 卧式容器设计主界面

本例分别对筒体、封头、i 接管开孔和鞍座进行计算校核。

步骤 1：点击"数据输入"下拉菜单中的"主体设计参数"，如图 5-4 输入数据。

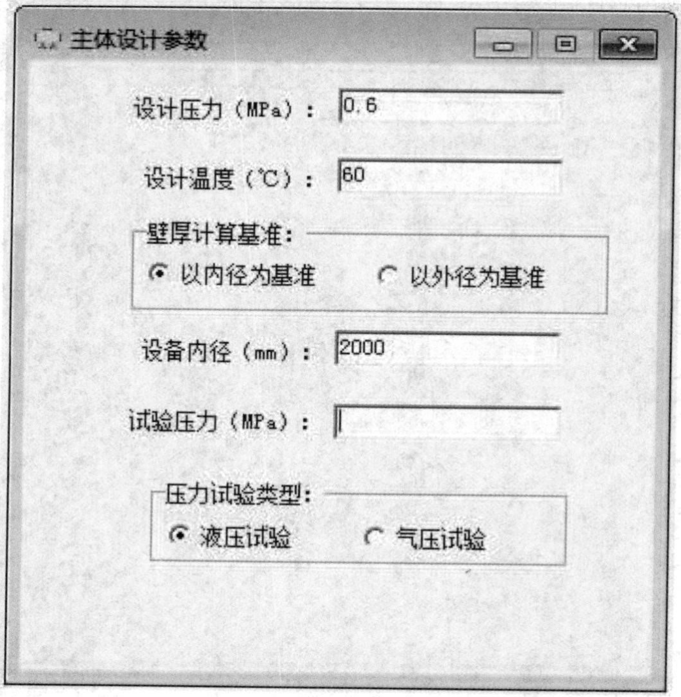

图 5-4 主体设计参数输入界面

步骤 2：点击"筒体数据"，如图 5-5 输入筒体数据；点击"计算"下拉菜单中的"筒体"（图 5-6），对筒体壁厚进行校核，计算结果在屏幕上显示（如图 5-7）。

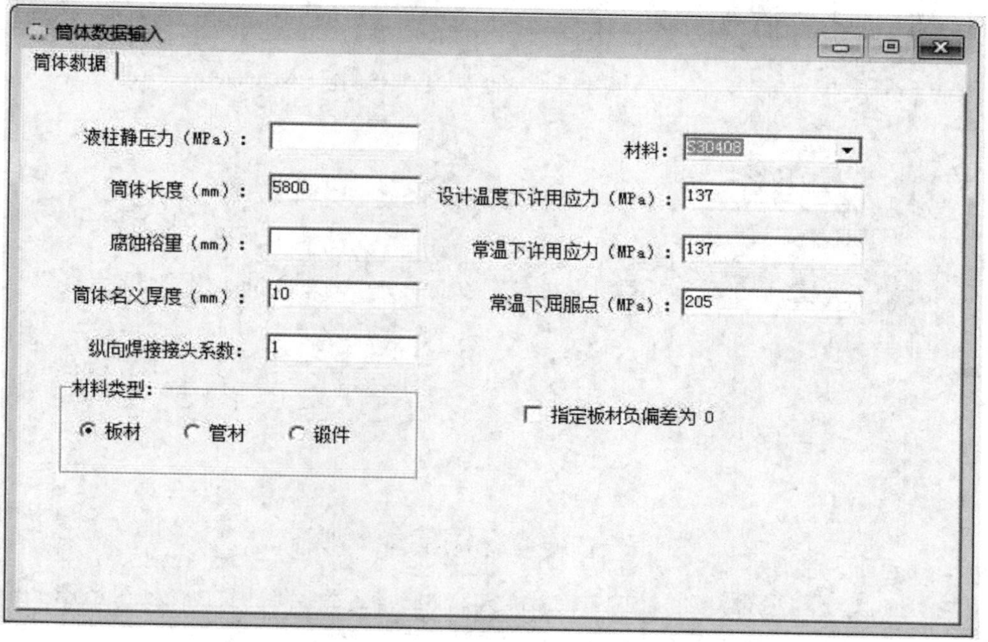

图 5-5　筒体数据输入界面

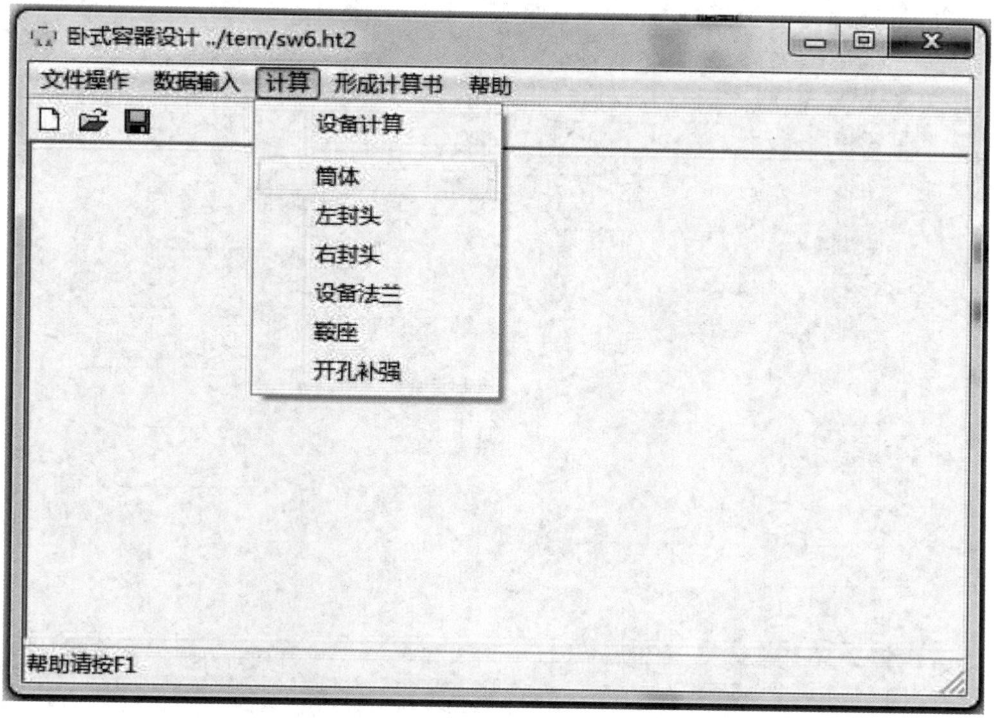

图 5-6　选择"筒体"计算

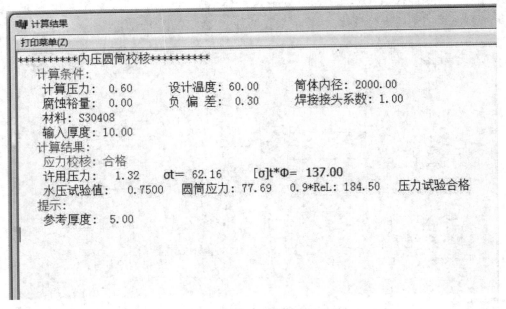

图5-7 屏幕显示筒体计算结果

步骤3：点击"左封头数据"，如图5-8输入封头数据；点击"计算"下拉菜单中的"封头"（图5-9），对封头壁厚进行校核，计算结果在屏幕上显示（图5-10）。

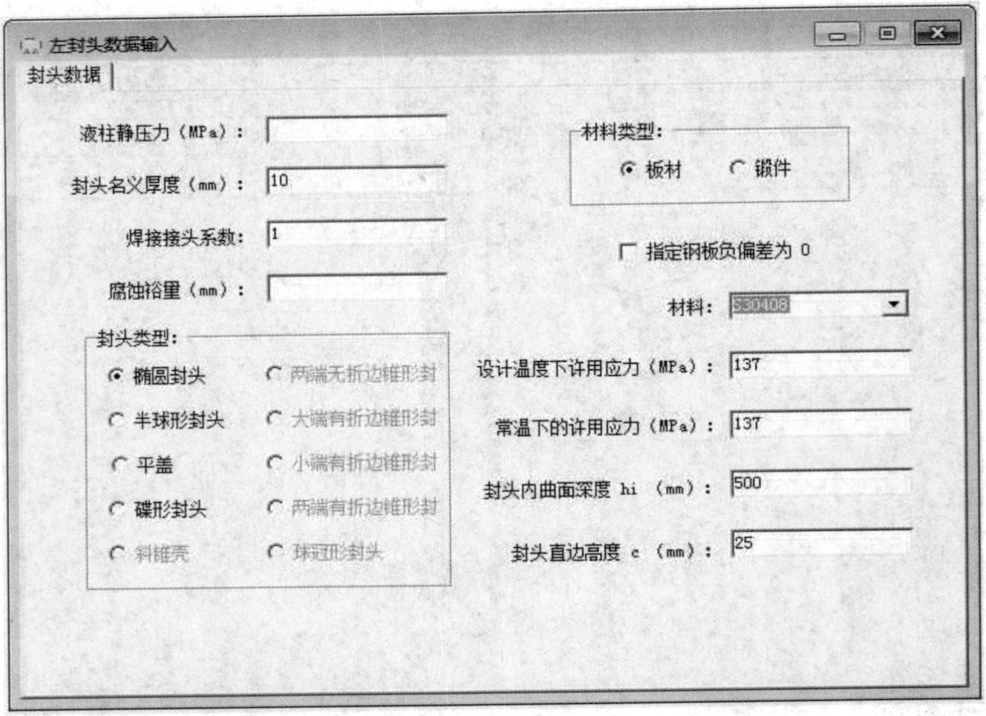

图5-8 封头数据输入界面

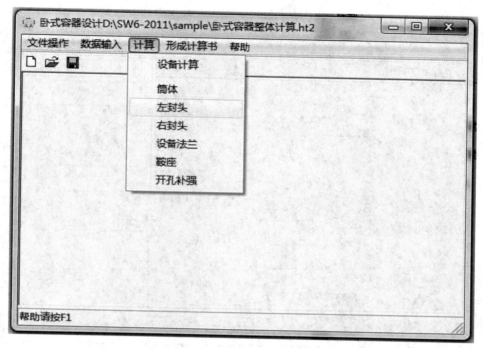

图 5-9　选择"左封头"计算

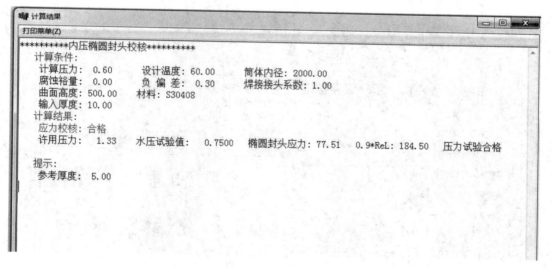

图 5-10　屏幕显示封头计算结果

步骤 4:点击"接管开孔补强数据",如图 5-11 和图 5-12 输入 i 接管数据;点击"计算"下拉菜单中的"开孔补强"(图 5-13),对 i 接管开孔进行校核,计算结果在屏幕上显示(图 5-14)。

注:计算开孔补强前,需先对开孔处的壳体进行计算。本例题中,i 接管是开在筒体上的,在数据输入界面,开孔位置选"筒体",如图 5-11。

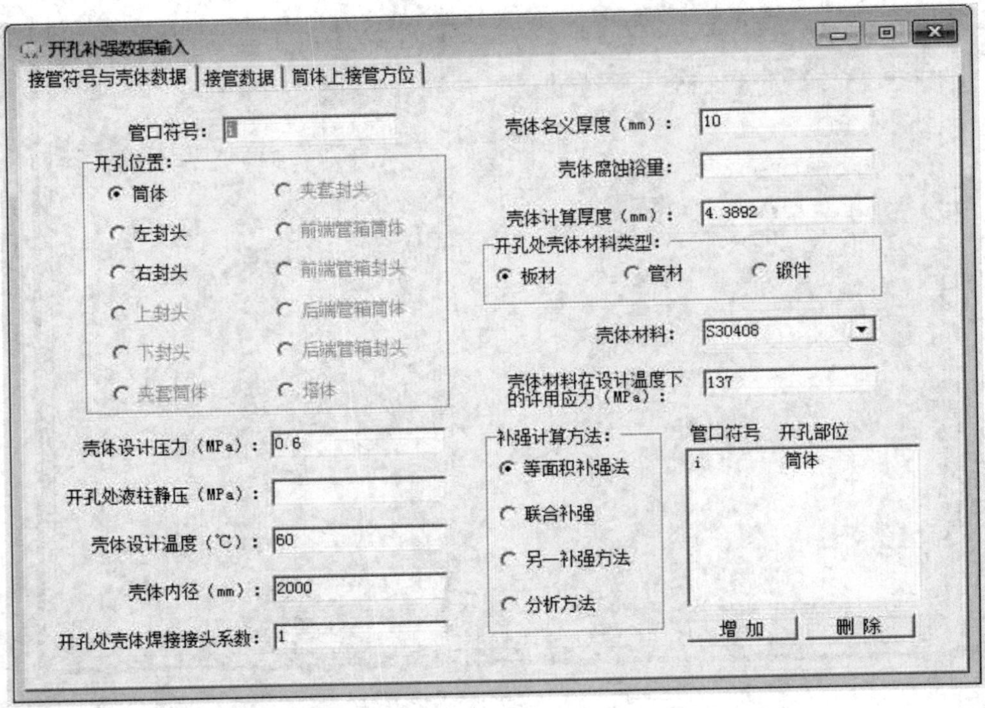

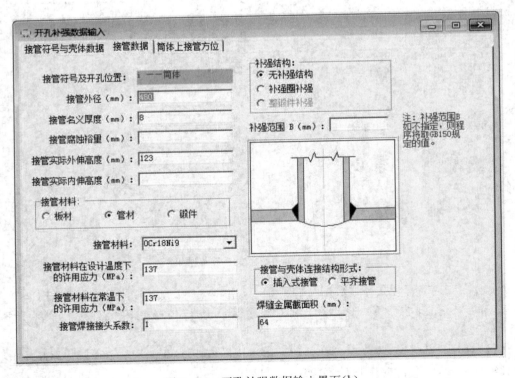

图 5 - 11　开孔补强数据输入界面(a)

图 5 - 12　开孔补强数据输入界面(b)

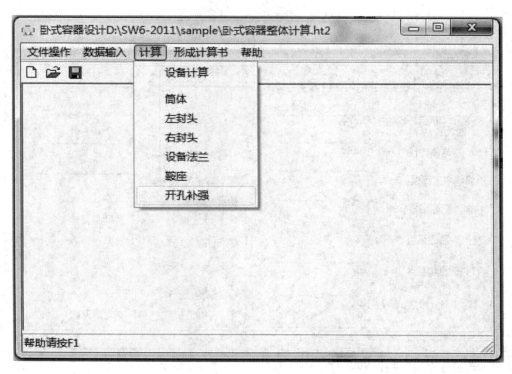

图 5-13　选择"开孔补强"计算

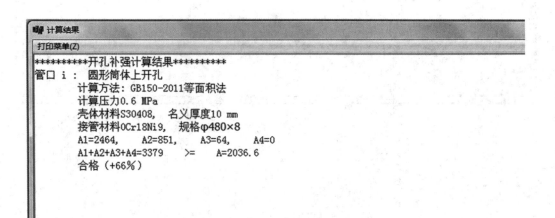

图 5-14　屏幕显示开孔补强计算结果

步骤5：点击"鞍座数据"，如图5-15～图5-18，输入鞍座数据；点击"计算"下拉菜单中的"鞍座"(图5-19)，对鞍座进行校核，计算结果在屏幕上显示(图5-20)。

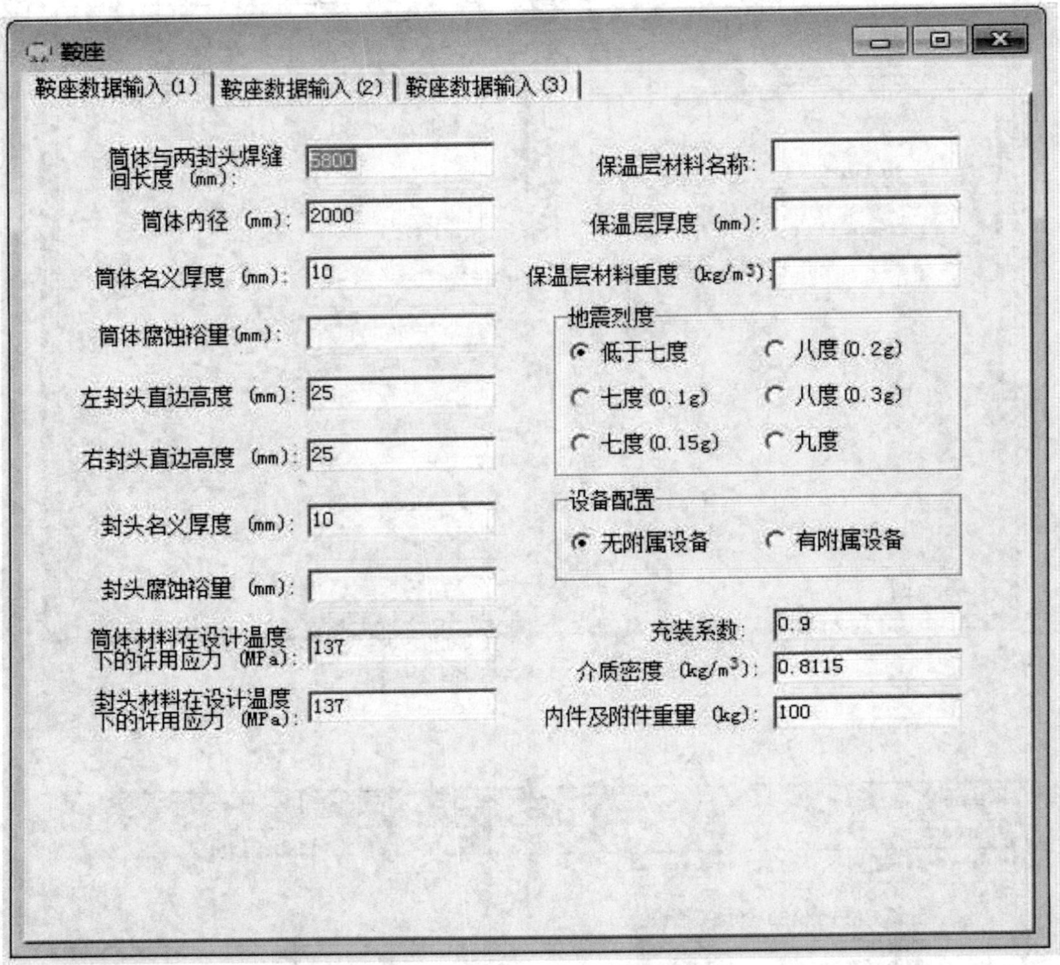

图5-15 鞍座数据输入界面(a)

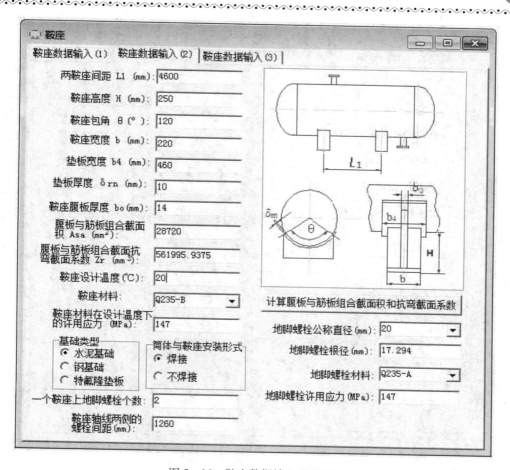

图 5-16 鞍座数据输入界面(b)

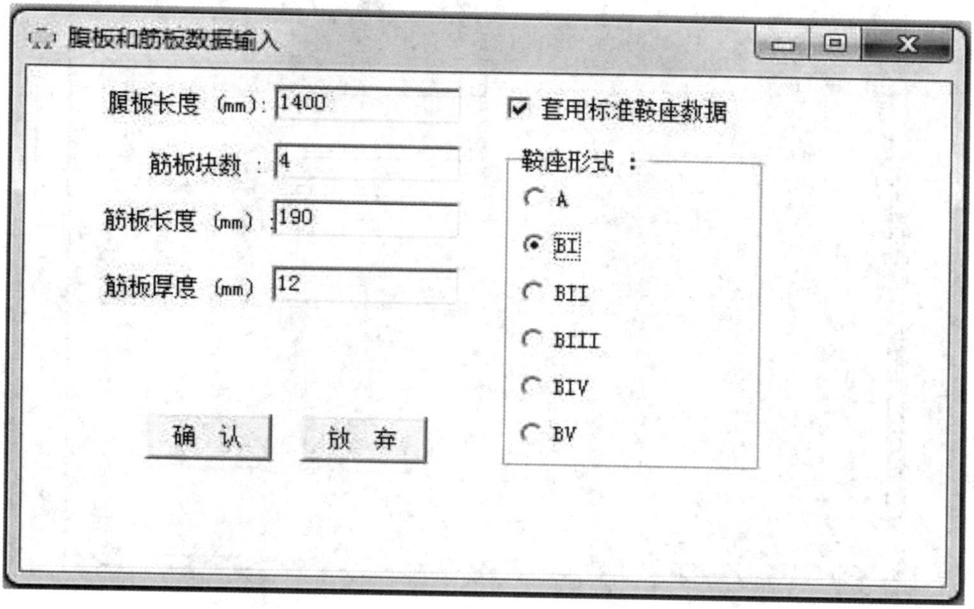

图 5-17 鞍座数据输入界面(c)

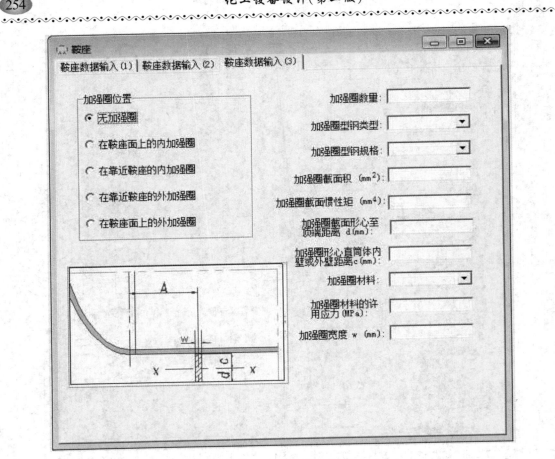

图 5-18 鞍座数据输入界面(d)

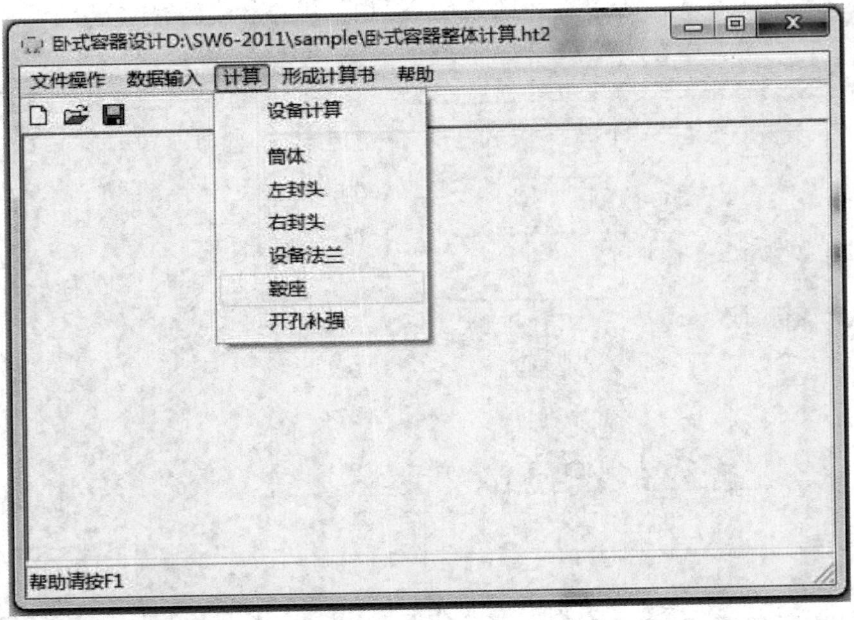

图 5-19 选择"鞍座"计算

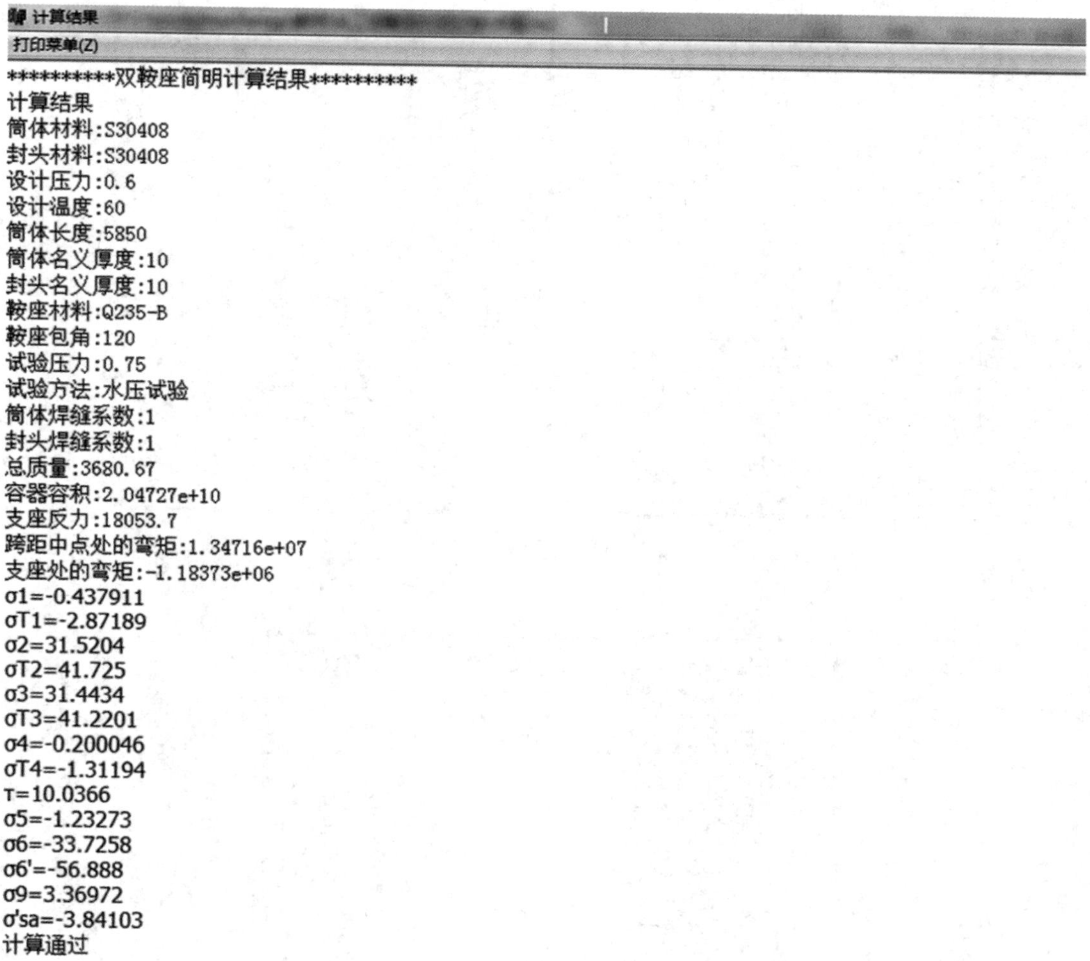

计算结果
打印菜单(Z)

*********双鞍座简明计算结果**********
计算结果
筒体材料:S30408
封头材料:S30408
设计压力:0.6
设计温度:60
筒体长度:5850
筒体名义厚度:10
封头名义厚度:10
鞍座材料:Q235-B
鞍座包角:120
试验压力:0.75
试验方法:水压试验
筒体焊缝系数:1
封头焊缝系数:1
总质量:3680.67
容器容积:2.04727e+10
支座反力:18053.7
跨距中点处的弯矩:1.34716e+07
支座处的弯矩:-1.18373e+06
$\sigma_1 = -0.437911$
$\sigma_{T1} = -2.87189$
$\sigma_2 = 31.5204$
$\sigma_{T2} = 41.725$
$\sigma_3 = 31.4434$
$\sigma_{T3} = 41.2201$
$\sigma_4 = -0.200046$
$\sigma_{T4} = -1.31194$
$\tau = 10.0366$
$\sigma_5 = -1.23273$
$\sigma_6 = -33.7258$
$\sigma_6' = -56.888$
$\sigma_9 = 3.36972$
$\sigma'_{sa} = -3.84103$
计算通过

图 5-20　屏幕显示鞍座计算结果

步骤 6:各零部件计算完成后,可进行设备计算。如图 5-21,选择设备计算,在跳出界面中选择计算内容,如图 5-22,点击"确定",屏幕将显示设备计算结果。

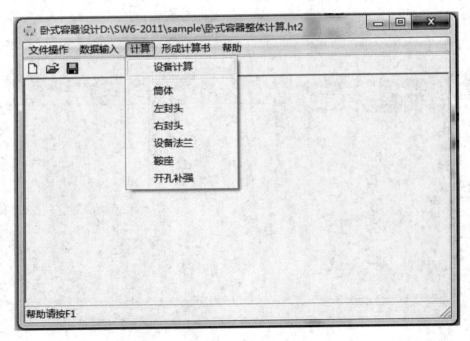

图 5-21　选择设备计算

图 5-22　选择设备计算内容

步骤 7：点击"形成计算书"，选择"设备计算书"，根据需要选择计算书格式，点击"确认"，形成 WORD 文档，如图 5-23 和图 5-24。计算书如下所示。

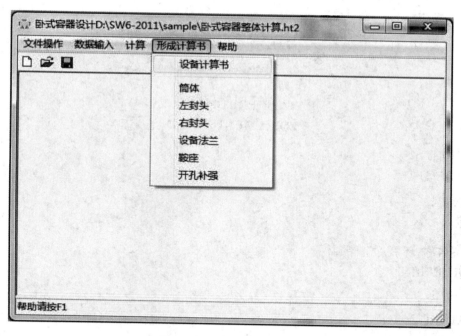

图 5-23　形成设备计算书

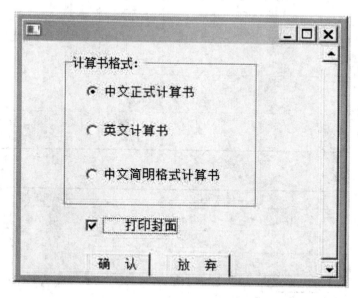

图 5-24　选择设备计算书格式

5.2.2　过程设备强度计算书

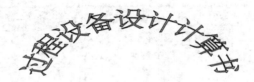

**DATA SHEET OF PROCESS
EQUIPMENT DESIGN**

工程名：
PROJECT

设备位号：
ITEM

设备名称：环氧乙烷储罐
EQUIPMENT

图　　号：
DWG NO。

设计单位：华东理工大学
DESIGNER

设　　计 Designed by		日期 Date	
校　　核 Checked by		日期 Date	
审　　核 Verified by		日期 Date	
批　　准 Approved by		日期 Date	

1. 卧式容器计算表

卧式容器		计算单位	华东理工大学
计　算　条　件			简　图
设计压力　p	0.6	MPa	
设计温度　t	60	℃	
筒体材料名称	S30408		
封头材料名称	S30408		
封头型式	椭圆形		
筒体内直径 D_i	2 000	mm	
筒体长度　L	5 800	mm	

续表

筒体名义厚度　δ_n	10	mm
支座垫板名义厚度 δ_m	10	mm
筒体厚度附加量　C	0.3	mm
腐蚀裕量　C_2	0	mm
筒体焊接接头系数　Φ	1	
封头名义厚度　δ_m	10	mm
封头厚度附加量　C_h	0.3	mm
鞍座材料名称	Q235 - B	
鞍座宽度　b	220	mm
鞍座包角　θ	120	(°)
支座形心至封头切线距离　A	625	mm
鞍座高度　H	250	mm
地震烈度	低于七	度

2. 内压圆筒校核计算表

内压圆筒校核		计算单位	华东理工大学
计算所依据的标准			GB 150.3—2011
计算条件			筒体简图
计算压力　p_c	0.60	MPa	
设计温度　t	60.00	℃	
内径　D_i	2 000.00	mm	
材料	S30408(板材)		
试验温度许用应力　$[\sigma]$	137.00	MPa	
设计温度许用应力　$[\sigma]^t$	137.00	MPa	
试验温度下屈服点　R_{eL}	205.00	MPa	
负偏差　C_1	0.30	mm	
腐蚀裕量　C_2	0.00	mm	
焊接接头系数　ϕ	1.00		
厚度及重量计算			
计算厚度	$\delta = \dfrac{p_c D_i}{2[\sigma]^t \phi - P_c} = 4.39$	mm	
有效厚度	$\delta_e = \delta_n - C_1 - C_2 = 9.70$	mm	
名义厚度	$\delta_n = 10.00$	mm	
质量	2 874.97	kg	
压力试验时应力校核			
压力试验类型	液压试验		
试验压力值	$p_T = 1.25 p \dfrac{[\sigma]}{[\sigma]^t} = 0.750\,0$　（或由用户输入）	MPa	
压力试验允许通过的应力水平 $[\sigma]_T$	$[\sigma]_T \leqslant 0.90 R_{eL} = 184.50$	MPa	
试验压力下圆筒的应力	$\sigma_T = \dfrac{p_T \cdot (D_i + \delta_e)}{2\delta_e \cdot \phi} = 77.69$	MPa	
校核条件	$\sigma_T \leqslant [\sigma]_T$		
校核结果	合格		

压力及应力计算		
最大允许工作压力	$[p_w] = \dfrac{2\delta_e [\sigma]^t \phi}{(D_i + \delta_e)} = 1.322\ 49$	MPa
设计温度下计算应力	$\sigma^t = \dfrac{p_c(D_i + \delta_e)}{2\delta_e} = 62.16$	MPa
$[\sigma]^t \phi$	137.00	MPa
校核条件	$[\sigma]^t \phi \geqslant \sigma^t$	
结论	合格	

3. 左封头计算表

左封头计算		计算单位	华东理工大学	
计算所依据的标准			GB 150.3—2011	
计算条件			椭圆封头简图	
计算压力　p_c	0.60	MPa		
设计温度　t	60.00	℃		
内径　D_i	2 000.00	mm		
曲面深度　h_i	500.00	mm		
材料	S30408　（板材）			
设计温度许用应力　$[\sigma]^t$	137.00	MPa		
试验温度许用应力　$[\sigma]$	137.00	MPa		
负偏差　C_1	0.30	mm		
腐蚀裕量　C_2	0.00	mm		
焊接接头系数　ϕ	1.00			
压力试验时应力校核				
压力试验类型	液压试验			
试验压力值	$p_T = 1.25p\dfrac{[\sigma]}{[\sigma]^t} = 0.750\ 0$　（或由用户输入）		MPa	
压力试验允许通过的应力　$[\sigma]_t$	$[\sigma]_T \leqslant 0.90R_{eL} = 184.50$		MPa	
试验压力下封头的应力	$\sigma_T = \dfrac{p_T \cdot (KD_i + 0.5\delta_{eh})}{2\delta_{eh} \cdot \phi} = 77.51$		MPa	
校核条件	$\sigma_T \leqslant [\sigma]_T$			
校核结果	合格			
厚度及质量计算				
形状系数	$K = \dfrac{1}{6}\left[2 + \left(\dfrac{D_i}{2h_i}\right)^2\right] = 1.000\ 0$			
计算厚度	$\delta_h = \dfrac{Kp_cD_i}{2[\sigma]^t\phi - 0.5p_c} = 4.38$		mm	
有效厚度	$\delta_{eh} = \delta_{nh} - C_1 - C_2 = 9.70$		mm	

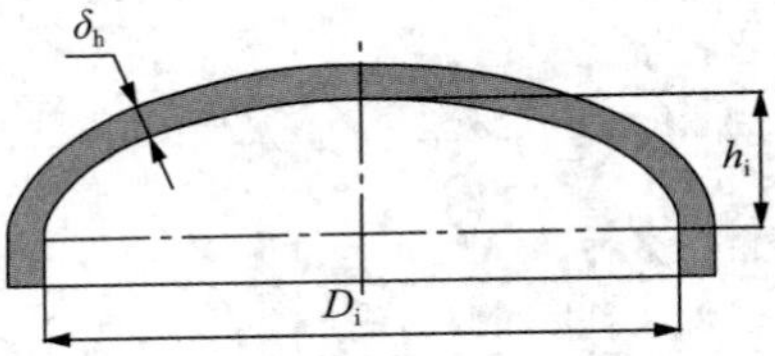

图中标注：δ_h，h_i，D_i

续表

最小厚度	$\delta_{min} = 3.00$		mm
名义厚度	$\delta_{nh} = 10.00$		mm
结论	满足最小厚度要求		
质量	345.33		kg
压　力　计　算			
最大允许工作压力	$[p_w] = \dfrac{2[\sigma]^t \phi \, \delta_{eh}}{KD_i + 0.5\delta_{eh}} = 1.325\,69$		MPa
结论	合格		

4. 卧式容器(双鞍座)计算表

卧式容器(双鞍座)			计算单位	华东理工大学	
依据标准				NB/T 47042—2014	
计　算　条　件			简　图		
设计压力　p	0.6	MPa			
计算压力　p_c	0.6	MPa			
设计温度　T	60	℃			
试验压力　p_T	0.75	MPa			
圆筒材料	S30408				
封头材料	S30408				
圆筒材料常温许用应力　$[\sigma]$	137	MPa			
封头材料常温许用应力　$[\sigma]_h$	137	MPa	圆筒内直径　D_i	2 000	mm
圆筒材料设计温度下许用应力　$[\sigma]^t$	137	MPa	圆筒平均半径　R_a	1 005	mm
封头材料设计温度下许用应力　$[\sigma]_h^t$	137	MPa	圆筒名义厚度　δ_n	10	mm
圆筒材料常温屈服点　R_{eL}	205	MPa	圆筒有效厚度　δ_e	9.7	mm
圆筒材料常温弹性模量　E	195 000	MPa	封头名义厚度　δ_{hn}	10	mm
圆筒材料设计温度下弹性模量　E_t	192 000	MPa	封头有效厚度　δ_{he}	9.7	mm
操作时物料密度　ρ_0	0.811 5	kg/m³	两封头切线间距离　L	5 850	mm
液压试验介质密度　ρ_t	1 000	kg/m³	圆筒长度　L_c	5 800	mm
物料充装系数　ϕ_o	0.9		封头曲面深度　h_i	500	mm
焊接接头系数　ϕ	1		壳体材料密度　ρ_s	7 850	kg/m³
附件质量　m_3	100	kg			
鞍座结构参数					
鞍座材料	Q235 - B		地脚螺栓材料		Q235 - A
鞍座材料许用应力　$[\sigma]_{sa}$	147	MPa	地脚螺栓材料许用应力　$[\sigma]_{bt}$	147	MPa
鞍座包角　θ	120	(°)	鞍座中心线至封头切线距离　A	625	mm
鞍座垫板名义厚度　δ_m	10	mm	鞍座轴向宽度　b	220	mm
鞍座垫板有效厚度　δ_{re}	9.7	mm	鞍座腹板名义厚度　b_0	14	mm

续表

鞍座高度 H	250	mm	鞍座垫板宽度 b_4	460	mm
圆筒中心至基础表面距离 H_v	1 260	mm	地震烈度	<7	
腹板与筋板(小端)组合截面积 A_{sa}	28 720	mm²	鞍座底板与基础间的静摩擦系数 f	0.4	
腹板与筋板(小端)组合截面抗弯截面系数 Z_r	561 996	mm³	鞍座底板对基础垫板的动摩擦系数 f_s		
筒体轴线两侧螺栓间距 l	1 260	mm	地脚螺栓公称直径	20	mm
承受倾覆力矩螺栓个数 n	2	个	地脚螺栓根径	17.294	mm
承受剪应力螺栓个数 n'	2	个			

支 座 反 力 计 算		
圆筒质量(两切线间)	$m_1 = \pi(D_i + \delta_n)L\delta_n\rho_s = 2\,899.82$	kg
封头质量(曲面部分)	$m_2 = 665.893$	kg
附件质量	$m_3 = 100$	kg
封头容积(曲面部分)	$V_H = 1.047\,2\mathrm{e}^{+09}$ 容器容积 $V = 2.047\,27\mathrm{e}^{+10}$	mm³
容器内充液质量	操作工况 $m_4 = V\rho_o\phi_o = 14.952\,2$	kg
	液压试验 $m^4 = V\rho_T = 20\,472.7$	kg
耐热层质量	$m_5 = 0$	kg
总质量	操作工况 $m = m_1 + m_2 + m_3 + m_4 + m_5 = 3\,680.67$	kg
	液压试验 $m' = m_1 + m_2 + m_3 + m_4 = 24\,138.4$	kg
单位长度载荷	操作工况 $q = \dfrac{mg}{L + \frac{4}{3}h_i} = 5.540\,77$	N/mm
	液压试验 $q' = \dfrac{m'g}{L + \frac{4}{3}h_i} = 36.337\,3$	N/mm
支座反力	操作工况 $F' = \frac{1}{2}mg = 18\,053.7$	N
	液压试验 $F'' = \frac{1}{2}m'g = 118\,399$	N
	$F = \max(F', F'') = 118\,399$	N
系 数 确 定		
系数确定条件	$A > Ra/2$	$\theta = 120$
系数	$K_1 = 0.106\,611$ $K_2 = 0.192\,348$ $K_3 = 1.170\,69$	
	$K_4 =$ $K_5 = 0.760\,258$ $K_6 = 0.022\,876\,1$	
	$K_6' = 0.018\,804$ $K_7 =$ $K_8 =$	
	$K_9 = 0.203\,522$ $C_4 =$ $C_5 =$	

续表

筒 体 轴 向 应 力 计 算 及 校 核					
轴向弯矩	圆筒中间横截面	操作工况	$M_1 = \dfrac{F'L}{4}\left[\dfrac{1+2\left(R_a^2-h_i^2\right)/L^2}{1+\dfrac{4h_i}{3L}}-\dfrac{4A}{L}\right]=1.347\,16\mathrm{e}^{+07}$		N·mm
		水压试验工况	$M_{T1} = \dfrac{F''L}{4}\left[\dfrac{1+2\left(R_a^2-h_i^2\right)/L^2}{1+\dfrac{4h_i}{3L}}-\dfrac{4A}{L}\right]=8.834\,9\mathrm{e}^{+07}$		N·mm
	鞍座平面	操作工况	$M_2 = -F'A\left[1-\dfrac{1-\dfrac{A}{L}+\dfrac{R_a^2-h_i^2}{2AL}}{1+\dfrac{4h_i}{3L}}\right]=-1.18373\mathrm{e}^{+06}$		N·mm
		水压试验工况	$M_{T2} = -F''A\left[1-\dfrac{1-\dfrac{A}{L}+\dfrac{R_a^2-h_i^2}{2AL}}{1+\dfrac{4h_i}{3L}}\right]=-7.763\,08\mathrm{e}^{+06}$		N·mm
轴向应力	操作工况	内压加压	圆筒中间横截面最低点处	$\sigma_2 = \dfrac{p_C R_a}{2\delta_e}+\dfrac{M_1}{\pi R_a^2 \delta_e}=31.520\,4$	MPa
			鞍座平面最高点处	$\sigma_3 = \dfrac{p_C R_a}{2\delta_e}-\dfrac{M_2}{K_1\pi R_a^2 \delta_e}=31.443\,4$	MPa
		内压未加压	圆筒中间横截面最高点处	$\sigma_1 = -\dfrac{M_1}{\pi R_a^2 \delta_e}=-0.437\,911$	MPa
			鞍座平面最低点处	$\sigma_4 = \dfrac{M_2}{K_2\pi R_a^2 \delta_e}=-0.200\,046$	MPa
	水压试验工况	未加压	圆筒中间横截面最高点处	$\sigma_{T1} = -\dfrac{M_{T1}}{\pi R_a^2 \delta_e}=-2.871\,89$	MPa
			鞍座平面最低点处	$\sigma_{T4} = \dfrac{M_{T2}}{K_2\pi R_a^2 \delta_e}=-1.311\,94$	MPa
		加压	圆筒中间横截面最低点处	$\sigma_{T2} = \dfrac{p_T R_a}{2\delta_e}+\dfrac{M_{T1}}{\pi R_a^2 \delta_e}=41.725$	MPa
			鞍座平面最高点处	$\sigma_{T3} = \dfrac{p_T R_a}{2\delta_e}-\dfrac{M_{T2}}{K_1\pi R_a^2 \delta_e}=41.220\,1$	MPa
应力校核	许用压缩应力	外压应力系数 B	$A=0.094\delta_e/R_o=0.000\,902\,772$ 按 GB 150.3 规定求取 $B=74.734\,4$ MPa,$B_0=79.131\,2$ MPa。		
		操作工况	$[\sigma]_{ac}^t = \min\{[\sigma]^t, B\}=74.734\,4$		MPa
		水压试验工况	$[\sigma]_{ac} = \min\{0.9R_{eL}(R_{p0.2}), B_0\}=79.131\,2$		MPa
	操作工况	内压加压	$\max\{\sigma_1, \sigma_2, \sigma_3, \sigma_4\}=31.520\,4<\phi[\sigma]^t=137$		合格
		内压未加压	$|\min\{\sigma_1, \sigma_2, \sigma_3, \sigma_4\}|=0.437\,911<[\sigma]_{ac}^t=74.734\,4$		合格
	水压试验工况	加压	$\max\{\sigma_{T1}, \sigma_{T2}, \sigma_{T3}, \sigma_{T4}\}=41.725<0.9\phi R_{eL}(R_{p0.2})=184.5$		合格
		未加压	$|\min\{\sigma_{T1}, \sigma_{T2}, \sigma_{T3}, \sigma_{T4}\}|=2.871\,89<[\sigma]_{ac}=79.131\,2$		合格

续表

圆筒切向剪应力及封头应力计算及校核			
圆筒切向剪应力	圆筒未被封头加强 $\left(A>\dfrac{R_a}{2}时\right)$	$\tau=\dfrac{K_3 F}{R_a \delta_e}\left(\dfrac{L-2A}{L+4h_i/3}\right)=10.036\ 6$	MPa
	圆筒被封头加强 $\left(A\leqslant\dfrac{R_a}{2}时\right)$	$\tau=\dfrac{K_3 F}{R_a \delta_e}=$	MPa
封头应力	圆筒被封头加强 $\left(A\leqslant\dfrac{R_a}{2}时\right)$	$\tau_h=\dfrac{K_4 F}{R_a \delta_{he}}=$	MPa

应力校核					
	圆筒切向剪应力	$\tau=10.036\ 6<0.8\ [\sigma]^t=109.6$			合格
	封头应力	椭圆形	$\sigma_h=\dfrac{Kp_c D_i}{2\delta_{he}}=$	MPa	其中 $K=\dfrac{1}{6}\left[2+\left(\dfrac{D_i}{2h_i}\right)^2\right]$
		碟形	$\sigma_h=\dfrac{Mp_c R_h}{2\delta_{he}}=$	MPa	其中 $M=\dfrac{1}{4}\left[3+\sqrt{\dfrac{R_h}{r}}\right]$
		半球形	$\sigma_h=\dfrac{p_c D_i}{4\delta_{he}}=$	MPa	
		平盖	$\sigma_h=\dfrac{Kp_c D_c^2}{\delta_{he}^2}=$	MPa	标准未给出,仅供参考
		$\tau_h=1.25\ [\sigma]^t-\sigma_h=$			

圆筒周向应力计算及校核				
圆筒的有效宽度		$b_2=b+1.56\sqrt{R_a \delta_n}=376.39$		mm
鞍座垫板包角		$132\geqslant\theta+12°$		取 $k=0.1$

无加强圈圆筒	无垫板或垫板不起加强作用时	横截面最低点处	$\sigma_5=-\dfrac{kK_5 F}{\delta_e b_2}=$	MPa
		鞍座边角处	当 $L/R_a\geqslant8$ 时 $\sigma_6=-\dfrac{F}{4\delta_e b_2}-\dfrac{3K_6 F}{2\delta_e^2}=$	MPa
			当 $L/R_a<8$ 时 $\sigma_6=-\dfrac{F}{4\delta_e b_2}-\dfrac{12K_6 FR_a}{L\delta_e^2}=$	MPa
	垫板起加强作用时	横截面最低点处	$\sigma_5=-\dfrac{kK_5 F}{(\delta_e+\delta_{re})b_2}=-1.232\ 73$	MPa
		鞍座边角处	当 $L/R_a\geqslant8$ 时 $\sigma_6=-\dfrac{F}{4(\delta_e+\delta_{re})b_2}-\dfrac{3K_6 F}{2(\delta_e^2+\delta_{re}^2)}=$	MPa
			当 $L/R_a<8$ 时 $\sigma_6=-\dfrac{F}{4(\delta_e+\delta_{re})b_2}-\dfrac{12K_6 FR_m}{L(\delta_e^2+\delta_{re}^2)}=-33.725\ 8$	MPa
		鞍座垫板边缘处	当 $L/R_a\geqslant8$ 时 $\sigma_6'=-\dfrac{F}{4\delta_e b_2}-\dfrac{3K_6' F}{2\delta_e^2}=$	MPa
			当 $L/R_a<8$ 时 $\sigma_6'=-\dfrac{F}{4\delta_e b_2}-\dfrac{12K_6 FR_m}{L\delta_e^2}=-56.888$	MPa

续表

有加强圈圆筒	加强圈参数	加强圈材料：				
		$e=$		$d=$		mm
		加强圈数量，$n=$				个
		组合总截面积，$A_0=$				mm^2
		组合截面总惯性矩，$I_0=$				mm^4
		设计温度下许用应力$[\sigma]_R^t=$				MPa
	加强圈位于鞍座平面内	鞍座边角处	圆筒周向应力	$\sigma_7=\dfrac{C_4K_7FR_me}{I_0}-\dfrac{K_8F}{A_0}=$		MPa
			加强圈边缘周向应力	$\sigma_8=\dfrac{C_5K_7R_mdF}{I_0}-\dfrac{K_8F}{A_0}=$		MPa
	加强圈靠近鞍座平面时	无垫板或垫板不起加强作用时	横截面最低点处	$\sigma_5=-\dfrac{kK_5F}{\delta_eb_2}=$		MPa
			鞍座边角处	当 $L/R_a\geqslant8$ 时	$\sigma_6=-\dfrac{F}{4\delta_eb_2}-\dfrac{3K_6F}{2\delta_e^2}=$	MPa
				当 $L/R_a<8$ 时	$\sigma_6=-\dfrac{F}{4\delta_eb_2}-\dfrac{12K_6FR_m}{L\delta_e^2}=$	MPa
		垫板起加强作用时	横截面最低点处	$\sigma_5=-\dfrac{kK_5F}{(\delta_e+\delta_{re})b_2}=$		MPa
			鞍座边角处	当 $L/R_a\geqslant8$ 时	$\sigma_6=-\dfrac{F}{4(\delta_e+\delta_{re})b_2}-\dfrac{3K_6F}{2(\delta_e^2+\delta_{re}^2)}=$	MPa
				当 $L/R_a<8$ 时	$\sigma_6=-\dfrac{F}{4(\delta_e+\delta_{re})b_2}-\dfrac{12K_6FR_m}{L(\delta_e^2+\delta_{re}^2)}=$	MPa
		靠近水平中心线	圆筒周向应力	$\sigma_7=\dfrac{C_4K_7FR_me}{I_0}-\dfrac{K_8F}{A_0}=$		MPa
			加强圈边缘周向应力	$\sigma_8=\dfrac{C_5K_7R_mdF}{I_0}-\dfrac{K_8F}{A_0}=$		MPa
	应力校核	$|\sigma_5|=1.232\,73<[\sigma]^t=137$			合格	
		$|\sigma_6|=33.725\,8<1.25[\sigma]^t=171.25$			合格	
		$|\sigma_6'|=56.888<1.25[\sigma]^t=171.25$			合格	
		$|\sigma_7|=1.25[\sigma]^t=$				
		$|\sigma_8|=1.25[\sigma]_R^t=$				

鞍　座　设　计　计　算			
结构参数	鞍座计算高度	$H_s=\min\left(H,\dfrac{1}{3}R_a\right)=250$	mm
	鞍座垫板有效宽度	$b_r=b_2=376.39$	mm

腹　板　水　平　拉　应　力　计　算　及　校　核		
腹板水平力	$F_S=K_9F=24\,096.8$	N

水平拉应力	无垫板或垫板不起加强作用	$\sigma_9 = \dfrac{F_S}{H_S b_0} =$	MPa
	垫板起加强作用	$\sigma_9 = \dfrac{F_S}{H_S b_0 + b_r \delta_{re}} = 3.369\,72$	MPa
应力校核		$\sigma_9 = 3.369\,72 < \dfrac{2}{3}[\sigma]_{sa} = 98$　　　　　　　　　　合格	

<table>
<tr><td colspan="4" align="center">鞍 座 压 缩 应 力 计 算 及 校 核</td></tr>
<tr><td rowspan="4">地震引起的腹板与筋板组合截面应力</td><td>水平地震影响系数</td><td>查 NB/T 47042—2014 表 9 得，$\alpha_1 =$</td><td></td></tr>
<tr><td>水平地震力</td><td>$F_{Ev} = \alpha_1 mg =$</td><td>N</td></tr>
<tr><td colspan="2">当 $F_{Ev} \leqslant mgf$ 时，$\sigma_{sa} = -\dfrac{F'}{A_{sa}} - \dfrac{F_{Ev}H}{2Z_r} - \dfrac{F_{Ev}H_v}{A_{sa}(L-2A)} =$</td><td>MPa</td></tr>
<tr><td colspan="2">当 $F_{Ev} > mgf$ 时，$\sigma_{sa} = -\dfrac{F'}{A_{sa}} - \dfrac{(F_{Ev}-F'f_s)H}{Z_r} - \dfrac{F_{Ev}H_v}{A_{sa}(L-2A)} =$</td><td>MPa</td></tr>
<tr><td>温差引起的腹板与筋板组合截面应力</td><td colspan="2">$\sigma'_{sa} = -\dfrac{F'}{A_{sa}} - \dfrac{F'fH}{Z_r} = -3.841\,03$</td><td>MPa</td></tr>
<tr><td rowspan="2">应力校核</td><td colspan="2">$|\sigma_{sa}| = 1.2[\sigma]_{sa} =$</td><td></td></tr>
<tr><td colspan="2">$|\sigma'_{sa}| = 3.841\,03 < [\sigma]_{sa} = 147$　　　　　　　　合格</td><td></td></tr>
</table>

<table>
<tr><td colspan="4" align="center">地震引起的地脚螺栓应力计算及校核</td></tr>
<tr><td>地脚螺栓截面积</td><td colspan="2">$A_{bt} =$</td><td>mm²</td></tr>
<tr><td>倾覆力矩</td><td colspan="2">$M_{Ev}^{0-0} = F_{Ev}H_v - m_0 g \dfrac{l}{2} =$</td><td>N · mm</td></tr>
<tr><td>地脚螺栓拉应力</td><td colspan="2">$\sigma_{bt} = \dfrac{M_{Ev}^{0-0}}{nl A_{bt}} =$</td><td>MPa</td></tr>
<tr><td>地脚螺栓剪应力</td><td colspan="2">当 $F_{Ev} > mgf$ 时 $\tau_{bt} = \dfrac{F_{Ev} - 2F'f_s}{n'A_{bt}} =$</td><td>MPa</td></tr>
<tr><td rowspan="2">应力校核</td><td>拉应力</td><td>$\sigma_{bt} = 1.2[\sigma]_{bt} =$</td><td>MPa</td></tr>
<tr><td>剪应力</td><td>$\tau_{bt} = 0.8 \cdot K_o \cdot [\sigma]_{bt} =$</td><td></td></tr>
</table>

5. 开孔补强计算表

开孔补强计算		计算单位	华东理工大学		
接管：i, ϕ 480×8			计算方法：GB 150.3—2011 等面积补强法，单孔		
设　计　条　件			简　　图		
计算压力　p_c	0.6	MPa			
设计温度	60	℃			
壳体型式	圆形筒体				
壳体材料名称及类型	S30408 板材				
壳体开孔处焊接接头系数　φ	1				
壳体内直径　D_i	2 000	mm			
壳体开孔处名义厚度　δ_n	10	mm			
壳体厚度负偏差　C_1	0.3	mm			
壳体腐蚀裕量　C_2	0	mm			
壳体材料许用应力　$[\sigma]^t$	137	MPa			
接管轴线与筒体表面法线的夹角　（°）		0			
凸形封头上接管轴线与封头轴线的夹角（°）					
接管实际外伸长度	123	mm	接管连接型式	插入式接管	
接管实际内伸长度	0	mm	接管材料	0Cr18Ni9	
接管焊接接头系数	1		名称及类型	管材	
接管腐蚀裕量	0	mm	补强圈材料名称		
凸形封头开孔中心至 封头轴线的距离		mm	补强圈外径		mm
			补强圈厚度		mm
接管厚度负偏差　C_{1t}	0.8	mm	补强圈厚度负偏差　C_{1r}		mm
接管材料许用应力　$[\sigma]^t$	137	MPa	补强圈许用应力　$[\sigma]^t$		MPa
开　孔　补　强　计　算					
非圆形开孔长直径	465.6	mm	开孔长径与短径之比	1	
壳体计算厚度　δ	4.389 2	mm	接管计算厚度　δ_t	1.018 3	mm
补强圈强度削弱系数　f_{rr}	0		接管材料强度削弱系数　f_r	1	
开孔补强计算直径　d	465.6	mm	补强区有效宽度　B	931.2	mm
接管有效外伸长度　h_1	61.031		接管有效内伸长度　h_2	0	mm
开孔削弱所需的补强面积　A	2 044	mm²	壳体多余金属面积　A_1	2 473	mm²
接管多余金属面积　A_2	755	mm²	补强区内的焊缝面积　A_3	64	mm²
$A_1 + A_2 + A_3 = 3\ 291$　　mm²，大于 A，不需另加补强。					
补强圈面积　A_4		mm²	$A-(A_1+A_2+A_3)$		mm²
结论：合格					

参考文献

[1] 董大勤. 化工设备机械基础. 北京:化学工业出版社,2002.

[2] 董其武,张垚. 石油化工设备设计手册——换热器. 北京:化学工业出版社,2009.

[3] 秦叔经,叶文邦. 换热器. 北京:化学工业出版社,2003.

[4] 钱颂文. 换热器设计手册. 北京:化学工业出版社,2002.

[5] 马重芳,顾维藻,等. 强化传热. 北京:科学出版社,1990.

[6] 杨世铭,陶文铨. 传热学. 4 版. 北京:高等教育出版社,2009.

[7] 过增元,黄素逸. 场协同原理与强化传热新技术. 北京:中国电力出版社,2004.

[8] 刘巍,等. 冷换设备工艺计算手册. 北京:中国石化出版社,2003.

[9] 林宗虎,汪军,等. 强化传热技术. 北京:化学工业出版社,2007.

[10] 辛明道. 沸腾传热及其强化. 重庆:重庆大学出版社,1987.

[11] 程立新,陈听宽. 沸腾传热强化技术及方法. 化工装备技术,1999,20(1):30~34.

[12] 林瑞泰. 沸腾传热. 北京:科学出版社,1988.

[13] 赵镇南. 传热学. 2 版. 北京:高等教育出版社,2008.

[14] 林宗虎. 强化传热技术. 北京:机械工业出版社,2007.

[15] 贺匡国,等. 化工容器及设备简明设计手册. 2 版. 北京:化学工业出版社,2002.

[16] 路秀林,王者相. 化工设备设计全书——塔设备. 北京:化学工业出版社,2004.

[17] 中国石化集团上海工程有限公司组织编写. 塔器. 北京:化学工业出版社,2010.

[18] 夏清,陈常贵. 化工原理. 天津:天津大学出版社,2005.

[19] 陈敏恒,丛德滋,等. 化工原理(下). 北京:化学工业出版社,2008.

[20] 李志义,喻健良,刘志军. 过程机械. 北京:化学工业出版社,2008.

[21] 兰州石油机械研究所. 烃现代塔器技术. 2 版. 北京:中国石化出版社,2005.

[22] 顾芳珍,陈国桓. 化工设备设计基础. 天津:天津大学出版社,1994.

[23] 魏兆灿,李宽宏. 塔设备设计. 北京:化学工业出版社,1988.

[24] 张相庭. 结构风压和风振计算. 上海:同济大学出版社,1985.

[25] 聂清德. 化工设备设计. 北京:化学工业出版社,2002.

[26] 卓震. 化工容器及设备. 北京:中国石化出版社,2008.

[27] 渠川瑾. 反应釜. 北京:高等教育出版社,1998.

[28] 余国琮. 化工容器及设备. 北京:化学工业出版社,1980.

[29] 王凯,冯连芳. 混合设备设计. 北京:化学工业出版社,2000.

[30] 王嘉麟. 球形储罐建造技术. 北京:中国建材工业出版社,1990.

[31] 洪国宝. 球罐. 北京:化学工业出版社,1982.

[32] 郑津洋,董其伍,桑芝富. 过程设备设计. 北京:化学工业出版社,2008.

[33] 丁伯民,曹文辉. 承压容器. 北京:化学工业出版社,2008.

[34] 全国化工设备设计技术中心站. SW6 过程设备程度计算软件包(用户手册). 上

海：2005.

[35] 喻建良，王立业，刁玉玮. 化工设备机械基础. 2版. 大连：大连理工大学出版社，2015.

[36] 林玉娟. 石油化工典型设备设计指导. 北京：中国石油出版社，2016.

[37] 徐英，杨一凡，朱萍. 化工设备设计全书——球罐和大型储罐. 北京：化学工业出版社，2005.

[38] TSG 21—2016《固定式压力容器安全技术监察规程》

[39] GB 150.1～150.4—2011《压力容器》

[40] GB/T 151—2014《热交换设备》

[41] NB/T 47042—2014《卧式容器》

[42] NB/T 47041—2014《塔式容器》

[43] GB 12337—2014《钢制球形储罐》

[44] HG/T 20596—94《机械搅拌设备》

[45] HG/T 21563～21572—95《搅拌传动装置》